当代大学校园空间与景观特征

李　翅　冯一凡　李诗尧　著

中国建材工业出版社

图书在版编目（CIP）数据

当代大学校园空间与景观特征 / 李翅，冯一凡，李诗尧著．—北京：中国建材工业出版社，2023.3

ISBN 978-7-5160-3644-0

Ⅰ．①当… Ⅱ．①李… ②冯… ③李… Ⅲ．①高等学校—校园规划—景观设计 Ⅳ．①TU244.3

中国版本图书馆 CIP 数据核字（2022）第 240076 号

内 容 简 介

大学校园承载着各项教育科研活动，不同形态的大学空间景观能够提供不同的环境品质与功能服务，其空间格局与发展脉络亦展现了校园的历史文化风貌。因此，吸收世界各国先进校园的规划经验，建设适应时代需要的校园空间景观成了当前大学发展的主要目标之一。

本书以当代高校校园空间景观为研究对象，梳理大学校园空间的概念定义、中西方发展历程、空间功能、与城市社会的紧密联系、规划设计原则、规划设计理论依据以及国内外研究进展状况，从空间布局、景观结构、更新发展模式三个方面进行理论构建与案例阐述，探讨大学校园空间景观的发展趋势，以全球 21 所知名大学的空间景观为例进行实例分析与归纳总结，并辅以校园实景鉴赏图片，从而为新时代我国大学校园空间景观的规划设计提供参考借鉴。

当代大学校园空间与景观特征
Dangdai Daxue Xiaoyuan Kongjian yu Jingguan Tezheng
李 翅 冯一凡 李诗尧 著

出版发行：中国建材工业出版社
地　　址：北京市海淀区三里河路 11 号
邮　　编：100831
经　　销：全国各地新华书店
印　　刷：北京雁林吉兆印刷有限公司
开　　本：787mm×1092mm 1/16
印　　张：14.25
字　　数：320 千字
版　　次：2023 年 3 月第 1 版
印　　次：2023 年 3 月第 1 次
定　　价：88.00 元

本社网址：www.jccbs.com，微信公众号：zgjcgycbs

前 言 Preface

改革开放以来，我国高等教育蓬勃发展，为社会培养了大量专业人才。建设教育强国是中华民族伟大复兴的基础性工程，高质量的高等教育体系是国家现代化的重要支撑。面对新科技革命和产业变革浪潮，新时代的大学校园建设要符合社会发展趋势和需求，吸收世界各国先进的校园建设发展经验，借鉴共性，遵循规律，从而更好地办出世界一流大学，发展具有中国特色、世界水平的现代高等教育。

影响高校教育科研水平的重要因素之一就是校园环境。大学校园空间是高等教育和科研创新的重要载体，是建筑、规划、景观等要素构成的整体环境系统。校园空间承载着各项活动的开展，展示校园文化风貌和城市历史底蕴，是师生学习、工作与生活的物质基础与精神家园。不同的校园空间形态与景观设计，不仅意味着不同的空间品质与环境功能，也影响着校园空间格局未来发展的可塑性。随着城市发展由增量扩张转向存量提质，许多大学不同程度上面临着用地紧张、环境拥挤、空间利用效率低下等建设发展困境。如何挖掘既有空间潜力、引导大学校园空间的可持续发展、塑造校园与城市景观的良好互动，成为新时代大学校园规划设计的重要课题。

目前，国内外对大学校园空间的规划实践活动不断增多，但理论研究较多集中于单体建筑或管理体系，空间模式分析与归纳总结的文献相对匮乏。本书以此为出发点，以当代高校校园空间景观为研究主题。首先，梳理大学校园空间的相关概念与中西方大学校园的发展历程，探讨大学校园空间的功能、与城市社会的紧密联系、规划设计原则、规划设计理论依据，并总结了国内外的研究情况。其次，总结大学校园空间形态原型的各类要素，从空间布局、景观结构、更新发展模式三个方面进行理论论述与案例阐释，探讨大学校园空间景观的发展趋势。最后，以全球 21 所知名大学为例，开展大学校园空间发展模式与特征的实例分析与归纳总结，并辅以校园实景图片进行鉴赏，旨在为我国大学校园空间的建设发展提供规划启发与有益指导。

本书研究内容受北京林业大学热点追踪项目——当代大学校园空间景观发展研究（编号：2021BLRD02）资助。参加本次撰写工作的还有北京林业大学园林学院的研究生袁紫琪、王帆、张争光、马婧洁，为本书编写提供图片资料的还有王久钰、鲁慧（哥伦比亚大学）、魏敏（天津大学）、刘钊（北京大学）、杨若凡（清华大学）、邵筠婷（帝国理工大学）、刘艳林（瑞典皇家理工学院）、熊益群（湖南大学），在此谨表谢意。

著者

2023 年 1 月

目　录 Contents

1 大学校园空间发展与规划设计

1.1 相关研究概念

1.1.1 大学

“大学”这一名词源自拉丁语单词“universus”，含义是“沿着特定的方向”，此后这个单词发展为“universe”，含义为宇宙。随后这一单词衍生为“university”，既有“大学”的含义，也有“公会”“行会”“社团”的意思。在古希腊时期，智者在优美的环境中因地制宜地与学生讨论，并传授知识。在中世纪的欧洲，学生组织类似行会性质的研究讨论联合团体，再聘请老师。因此早期的大学精神也都体现了社团、联合讨论、知识传授等词语含义。此后“现代大学之母”——柏林大学的建立贯彻了近代理性大学理念，即“大学是以独立追求真理和学术自由为品性的学术共同体”，明确了人学校园、公权力、教授之间的关系，并从教学授业和科研两方面拓展了大学职能边界，这种大学办学模式此后一直被世界各地的大学广泛采用。

我国的大学在古代指的是学者聚集在一起整理研究、传播知识的机构。如汉代的太学、隋唐的国子监，作为最高学府具有固定的师生和教学场所，也有各自的研究门类，但功能相当于从政人才培养和综合研究机构。清末的留学人员带回了欧美大学的办学理念，创办新式学堂，由此出现了近代特征的高等学府——“大学”。

在牛津词典（Oxford English Dictionary）中，大学（university）的定义为“学生为了取得学位而学习或进行学术研究的高等教育机构”（A high-level educational institution in which students study for degrees and academic research is done）。

1.1.2 大学校园

“校园”（campus）一词源自拉丁语单词“campo”，校园场地起源于古希腊学者公开辩论的场地，因此最初“campo”一词的含义是开阔的公共景观区、连绵不断的绿色场地，以及可供休息观赏的庭园。此后这一单词的含义又包括“秩序井然的罗马军营”，说明大学校园具有自由和控制两个方面的特征。18 世纪后期，在描述普林斯顿大学环

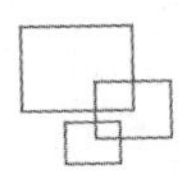

境的文字中，这一单词专指大学或学院，意思是学院建筑前面围合的绿色场地，特指所限定的外部空间区域。19 世纪，该词演化为意大利语单词“campa”，其含义是形状特定的、用来作为学校标志和中心场地的公共开放空间。校园的字义是指绿色的场地，包括建筑物及周边绿地结合起来的景观，因此大学校园可总结为相对固定的高等教育场所内建筑外部的环境。

广义上的大学校园包括学院（college）或大学（university），以及相关的教学或科研机构的所有物质与非物质环境，狭义的大学校园指的是学校范围内建筑物之间相互联系的外部空间。大学校园内通常包含有图书馆、教学空间、学生宿舍、餐厅、礼堂、报告厅和活动中心等建筑设施，以及绿地、花坛、庭院、广场等环境设施。在现代语境中，campus 不仅指学术空间，也含有科研教育园区的意思。

1.1.3 校园景观

“校园”一词作为一个整体性的概念，包含校园内的主体建筑和校园景观。高校校园的使用主体是师生，因此校园景观可以理解为师生的活动空间，包括广场、植被、水体、道路交通等，涵盖了较为丰富的内容。其中，植被、水体等自然要素可以提升校园环境的品质，交通、构筑等人工要素可以提供多样的校园活动场所。各类环境因素串联组合，多样化的设计将校园划分为功能清晰的各个区域，再通过节点设计打造多样的校园景观类型，如植物景观、文化类景观、活动类景观、仪式性景观等。独具特色的校园景观氛围能够让学生们对校园生活环境达到心中所期，有益于学习和生活。

校园景观既是高等教育实施的场所，又是高等院校的标志，因此其最重要的两个特征就是实用性和象征性。实用性可以理解为具体的功能，包括对校园景观的视觉观感、活动参与、使用体验和对环境亲和度的感知；象征性则包括校园景观给人带来的视觉美学、仪式感以及心理、文化层面的主观感受。良好的校园景观能够较好地满足大学师生在校园中工作、学习、生活的使用性要求，满足绿色生态校园的环境要求，为师生提供良好的体验感和使用感，同时又具备足够的美感，且能传承该所学校的文化风貌和精神内涵，使身处其中学习、工作、生活的校园人群能够对学校产生亲切感与认同感（图 1-1）。

图 1-1　北京林业大学校园景观（李翊摄）

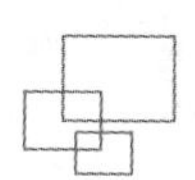

1.1.4 校园景观规划

校园景观规划是一个综合的概念，需要综合考量校园社会文化、生态、活动、教育等多方面的需求。因此，校园景观的规划设计理念需要适应当代社会、经济、文化、科学技术繁荣发展对高等教育的需求，并将其转换为物质层面与精神层面的空间设计落位。校园景观规划可依据规划尺度和规划目的划分为宏观、中观及微观三个尺度，在具体的设计层面上，则需要考虑功能与审美相结合，围绕校园的户外空间设计展开探讨。

在风景园林学和现代景观设计学中，校园景观规划包括了文化历史层面、艺术教育层面、生态环境层面以及景观视觉层面的要求。在文化历史层面上，大学校园需要挖掘蕴含在本土景观中的历史文化、风土民情、风俗习惯等要素，展示当地的精神风貌，成为街道与城市风景组成的一部分。在艺术教育层面上，景观规划所蕴含的设计美学与审美教育，对校园内的学生产生潜移默化的熏陶，从而提升其艺术审美能力，并丰富其精神文化。在生态环境层面上，校园景观规划需要充分利用土地、地形、水体、植物、动物、气候、光照等自然资源要素，从而实现环境保护、生态保护与经济节约等目标。在景观视觉层面上，也就是朴素狭义的对景观的直观感受，需要统筹人工与自然形体，形成良好的视觉感官与空间秩序，这也是对校园景观设计落位的基本要求（图 1-2）。

图 1-2 哈佛大学校园景观（李翅摄）

在方案的总体规划与专项规划中，校园景观规划设计的主要内容集中于生态环境层面和景观视觉层面。一方面，随着生态文明建设理念的深入人心，高校校园作为城市中人口集中的社区环境，成为践行绿色低碳、生态保护、可持续发展等理念的最佳场所；另一方面，视觉观感是师生面对校园景观最直接的体验反馈，也是设计的色彩、韵律、线条、造型要素的直观反映。但是在实际建造中，由于现代社会发展和教育理念的转变，世界各地的校园建设和更新改造均存在着表现手法和设计理念趋同的问题，校园的独特性、历史文化底蕴和创新精神难以彰显。因此，当今的大学校园景观规划也主要聚焦于对大学精神的追求，也就是主题的塑造。

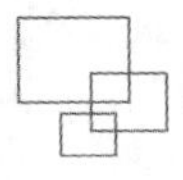

1.2 发展历程梳理

1.2.1 西方大学校园的发展历程

（1）古代大学的起源

早在古希腊、古罗马时期，高等教育以政府机构或非正式学术团体形式存在，“校园”无固定场地，广场、作坊、市场、街道等任何风景优美的地点都可成为智者的施教场所，这也被视作西方大学的起源。早期的希腊文明促进了学校教育的发展，古希腊学园的特色对后世西方大学的发展产生了深远的影响。这一阶段，大学校园环境经历了从圣林与公共场所讲学，发展到古希腊的体育场所，最后形成了私人住宅的学园。校园景观由开放、自然的大自然之景转化为人工庭园的几何造景。在优美的环境中，学者因地制宜、灵活地与学生开展讨论、辩论，传授知识，但总体而言，未能形成固定的场所，教学还是依附于环境和景观。

（2）中世纪欧洲大学

中世纪时期，1088 年的博洛尼亚大学成了欧洲大学建设的开端。伴随着中世纪文艺复兴运动的不断发展，意大利、西班牙等欧洲国家随之开始兴建大学。受中世纪行会的影响，大学多位于街道两侧。此时的校园选址随机且没有固定的建筑，校园空间与城市空间融为一体，街道成为轴线，串联校园空间。这一时期大学的授课场所主要是租借的房屋，没有实体固定的教场，而且由于迁移频繁也未能形成真正的校园模式。随着学生人数的逐渐增加，大学逐渐停止了迁移式授课模式，转向校园置地建房。发展至中世纪末期，学院制式、开放式的校园形式发展日趋成熟。随着各地蓬勃兴起的文学运动和宗教改革，欧洲各地开始大兴土木，加大对大学校园的建设投入，力争提高声望、名誉与校园竞争力。大学内包含各种讲堂、宿舍、图书馆等固定的校园建筑，建筑风格也极具特色。这一时期的大学偏重于修道院模式的封闭庭院形式，牛津大学与剑桥大学作为其典型代表，最初发展可追溯至这一时期（图 1-3）。

图 1-3　剑桥大学校园建筑（李翅摄）

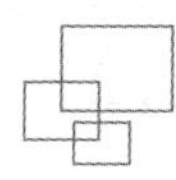

(3) 近代美国大学

1636年，在大规模的移民进程中，美国第一所本土大学哈佛大学由新英格兰移民在马萨诸塞州创立。以哈佛大学为开端的美国大学校园建设，摒弃了英国大学封闭式布局形式，推崇开阔和富有鲜明特色的校园空间布局，如在空阔的草坪上建立独栋教学楼，这样可以让建筑和环境景观更具有亲和力（图1-4）。这种开敞式的空间布局体现了美国新移民主义与外界和谐共处、欢迎外界渗透的思想。17世纪末开始的工业革命推动了现代科学技术的飞速发展，高等教育开始强调教学与科研相结合，校园需要促进自身与城市的交流融合，推动内外的信息交换。校园规划逐渐由开敞分散式的布局向轴线式布局转变，提倡简单的功能分区。

图1-4 哈佛大学校园建筑（李翅摄）

(4) 现代综合性大学

从19世纪开始，政府开始有目的地加快发展高等教育，大学校园建设得到快速发展，注重校园空间与自然环境的融合，并加强开放空间的建设。此时校园总体规划和建筑设计日趋正规，取代了原有单一的建筑设计方案，并且规划建设融入了环境理念和文化寓意。同时社会公众也认为优美的自然环境有助于学生的素质教育和道德培养。因此，自然优先、风景优美的环境条件成为美国许多大学选址考虑的重要因素。19世纪下半叶，由于欧洲社会、经济和知识的发展进步，高等教育规模逐渐扩大，许多著名设计从业者投身到大学校园的规划设计之中。在文艺复兴思潮的影响下，这一时期的校园规划模式和建筑风格呈现了多元化发展与建设热潮，如哥特式风格、对称式风格、学院派风格、现代主义风格等，大学通过风格迥异的建筑语言和独特的校园环境彰显着自身的校园特色和办学宗旨。

20世纪开始，都市主义校园发展趋向成熟，校园选址逐渐由市中心向郊区转移，规划布局紧凑，校园整体性较强。20世纪60年代后，“整体化”的设计理念通过视觉效果的整体统一表达性，颠覆了此前传统校园的设计理念，因此许多大学均倾向于这种

“整体化”的设计理念。20 世纪 70 年代后，大学的规划发展不再单纯运用某一设计理念，而是糅合尝试多元风格，因此各种建筑风格，尤其是后现代主义风格的建筑，以及跟随其后的标志性建筑应运而生。此后至今，国外大学虽呈现出多种结构模式，但依然保留了开放性的特征，空间规划注重公正性、生态性，受到学术理想主义的鼓舞，设计师们孜孜以求地努力，不断建设出优美、实用、建筑恢宏而富有精神文化内涵的大学校园。

1.2.2 中国大学校园的发展历程

（1）古代大学起源

据史料记载，我国在奴隶制时代就出现了集中授课的模式，当时“大学”一词尚未出现，但教学形式已具有大学之实。董仲舒也提出：“五帝名大学曰成均，则虞庠近是也。”《礼记·五制》：“有虞氏养国老于上庠”。郑玄注：“上庠为大学，在王城西郊”，这里的“上庠”指的就是位于王城的高等教育机构。“大学”一词由此出现。相传为孔子弟子曾参所著的儒家经典之作《大学》一书中也道出了大学的理念。夏、商、周、战国时期，分别有名为东序、辟雍、学宫等类似的教育机构。在儒家思想的影响下，各个学派纷纷兴起，中国古代社会由此开始了文化繁荣的施教活动。

（2）封建时期书院式大学

西汉时期，汉武帝创办了“太学”，从而形成了较为正式的大学，也是当时最高的学府。但这种形式的大学是官学，其功能局限于培养从政人才。同时受封建思想的制约，学院内规划景观相对刻板、等级制度明显。随后出现了“书院”形式的大学，大多以私人创办，也称私学。书院的选址受到庄子思想的影响而略具禅道特色，在培养人才和积累教育经验等方面发挥了积极的作用，成为近代中国大学的雏形。中国古代较为著名的四大书院包括江西庐山五老峰下的白鹿洞书院、长沙岳麓山下的岳麓书院、河南商丘的应天书院、河南郑州的嵩阳书院。书院内部大多包含讲堂、藏书楼、学舍和厨房等功能建筑，功能较为独立完善。书院的景观格局和环境特征反映了古代高等学府追求自然风景和山林野趣的建设思想。

（3）近代大学的兴办

中国近代大学的办学历史受到了洋务运动思潮的影响，其创办思想、政治和文化都不免含有西化倾向，西方的文化和建筑思想也就融入了大学校园景观形态之中，形成中西合璧的产物。此后，在康有为和梁启超的维新思想推动下，具有高等教育模式的近代大学开始得以兴办。

（4）现代化综合性大学

受古代书院的影响，国内大学校园空间的基础形态之一是围合式建筑。中华人民共和国成立后，我国大学校园建设逐渐由固定标准形式的“苏联模式”向自主设计模式转变，但仍存在空间结构单一化、开发建设粗放等问题。改革开放以来，我国的高等教育迅速发展，随着教育观念的发展与西方校园影响的加大，我国大学形态开始了由内向空

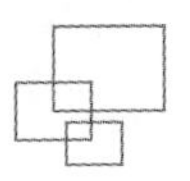

间向外向空间的转变。在新的时期，随着国际交流的增加、视野的扩展以及西方先进的规划理念的影响，大学空间规划汲取国外校园外向性空间与可持续规划的特点，重视空间的合理分配与规划，呈现出多样的空间结构形态，空间规划、建筑和景观设计更具备科学化、人性化、多元化的特征（图 1-5）。

图 1-5 天津大学校园景观（魏敏摄）

1.3 校园空间的功能

1.3.1 文化历史功能

大学作为城市内主要的教育场所，在校园公共空间的规划建设上理所应当体现本地的文化历史，从而在精神情感上向师生传递归属感和认同感。在表达内容上，可包括办学特色、强烈的自然特征、历史文脉、研究创新成果等内容。办学特色是指高校在发展历程中形成的比较持久稳定的发展方式和被社会公认的、独特的、优良的办学特征和专业特色。自然特征是高校校园环境中存在的一些独特的自然景观，能够充分代表本校的场所特征，并升华为鲜明的校园精神象征留存于师生记忆之中。历史文脉则包括地域性历史文脉与高校自身的发展历程。对于高校的师生而言，校园中最能产生感召力和凝聚力的元素，通常就是那些最能反映区域或学校历史文脉的空间节点。科学研究是高校的重要职能之一，高校的科研成果不仅解决了专业领域的重大问题，同时也提升了高校的知名度与师生的集体荣誉感。因此将科技创新成果作为空间要素运用到校园景观中具有重要的宣传展示意义和教育鼓励意义。最后，落位到设计层面，通过挖掘场地原有的精神特性、地域文化、历史文脉，演绎推导大学校园的文化符号，再通过多样的设计形式进行空间的表达。其表现形式包括历史悠久的建筑痕迹、校风校训石、纪念性雕塑、包含历史典故寓意的校园建筑楼宇或景观小品（图 1-6）。

图 1-6　北京大学校园景观（刘钊摄）

1.3.2　艺术教育功能

校园公共空间是对校园文化艺术价值的挖掘和升华，这一过程本身可视作一种文化艺术的表现形式。空间节点的造型、色彩、体量、布局等都应与学校的历史传统、人文精神与风物景观紧密结合，展现和传承校园的文化历史。通过对校园空间环境进行艺术性设计，以园林景观作为传统美学的载体，传达其美学主张，可在无形之中提升学生的艺术审美和艺术修养。每所高校都有不同的办学理念，因此形成了独特的校园文化艺术风格。校园空间的规划设计通过影响校园生活，使师生从景观中获得秩序感、场所感，进而感受到独特的校园文化艺术及大学教育理念。同时，当代大学生思想比较开放，价值观多元，因此在公共空间中融入思想与道德教育理念，对宣扬积极向上的价值理念具有重要意义。蕴含良好的艺术与教育理念的空间节点，不仅可成为校园精神文化的象征，还能传递高校的办学理念方针、发展愿景、精神面貌、学校校风等，从而潜移默化地影响师生的世界观、人生观与价值观，通过公共空间的塑造进行柔性的教育规劝与人生引导。

1.3.3　生态环境功能

大学校园是社会生态系统的重要组成部分，因此注重生态环境的校园规划能够协调建筑、生态和日常活动之间的和谐共生。生态环境也已经成为校园规划设计中最重要的专项内容之一，主要的思路包括保护原有环境与可持续建设两个方面：一方面，校园在规划建设伊始就应当充分遵从原有的地形、地貌、植被、水体等自然条件，塑造延续校园原有的生态系统的景观，如以乡土疏林、水塘、缓丘、野花草甸等本地生态景观作为基底，并通过局部的人工景观进行自然的衔接过渡，从而尽可能降低人工开发对生态环境的压力，体现对自然环境的充分尊重；另一方面，校园后期的更新改造也需要秉承绿色可持续的宗旨。校园环境的建设与使用是一个长期持续的过程，其生态理念也应当结

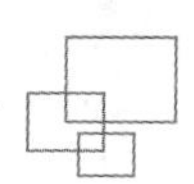

合其他服务功能进行综合设计和布局。校园的生态环境主要围绕绿地展开，如雨水花园、植物配置、节约设施等举措。雨水花园能够控制雨洪并对雨水进行合理利用，作为城市雨水应用系统具有存储、滞留和集排水功能。利用基地高差大的地形特点建立雨水花园，不仅可以缓解暴雨时场地积水问题，还可以收集过滤雨水径流，补充地下水资源。植物配置尽量保留原有植被，栽植乡土树种，降低养护难度与景观维护投入，并保证植物的成活率和生长状态。节约设施则聚焦于校园内日常维护管理所消耗的水电能源、工具设施、人力等资源能源，以实现绿色节约的目的。以校园空间内的绿地景观为例，通过喷雾或滴灌灌溉技术、雨水收集再利用、附属设施的节约设计、废弃材料景观化再利用等内容，提高资源的利用率并践行节约可持续发展的理念。

1.3.4　公共服务功能

校园公共空间能成为各类公共服务功能的载体，如健康活动、校园庆典活动、学生社团活动、教学科研活动等。在健康活动方面，如果长期缺乏运动，学生可能会间接产生亚健康状态、社交恐惧、孤独、肥胖、免疫力下降等生理和心理问题。因此校园环境在声环境营造、植物康养设计和活动空间的设计上，应做到有益于提升师生在校园景观空间中的舒适度与参与度，保持放松平衡的心理状态，从而提升身体素质。在校园庆典活动方面，校园空间作为主要的载体，需要从活动策划主题、举办形式、参与人数、流线组织、后勤保障等多方面进行预设，确保校园庆典类活动的顺利举行。在学生社团活动方面，校园公共空间需要对不同尺度的庭园类型进行空间设计，成为可供师生举办丰富的社团活动的适应性空间，空间的尺度与设施的布局应进行一定的预设，如表演舞台、桌椅、讨论空间、开敞活动空间等。在教学科研活动方面，校园公共空间有时也承载了日常的教学活动，如农林类专业的育苗实验、社会学类专业的实践调查等，校园公共空间应成为打破教学楼边界的户外课堂（图 1-7）。

图 1-7　北京林业大学校园活动空间（李诗尧摄）

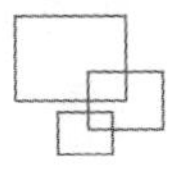

1.4 与城市社会的关联性

大学校园与城市社会之间具有丰富多样的相互关系，一方面大学依托周边的城市环境实现自身的战略发展目标，另一方面大学也向城市提供公共服务并传递自身的影响力。因此校园的建设也被鼓励融入城市，成为本地社区发展和城市综合创新的驱动力。具体而言，主要表现为大学校园通过日常教学、学术活动、社会倡议、网络平台和科学项目等方式实现科学知识的传播交流，并通过便利的生活服务设施、文娱活动组织、体育空间、活动空间、绿地景观、科普展览等方式，与城市社会实现功能的相互补充。随着高等教育机构在城市发展中扮演着越来越重要的角色，大学校园空间可以从公共服务功能、绿色可持续理念、绿地景观与开放空间、社区参与、国际化五个方面促进城市的蓬勃发展。

1.4.1 公共服务功能

随着时间的推移，以及学生数量和教职工数量的增加，大学校园建筑物与服务设施的配置面临着难以满足日常需求的困境。校园的功能设施配置也影响着校园与城市之间的关系。在美国和欧洲的一些大学校园规划布局中，大学建筑物通常分散在市中心或港口核心区域，城市与校园的功能服务由此融为一体。一些亚洲地区的大学校园往往是位于城市边缘或城郊的内向型大社区，可以实现功能自给自足。以上两种不同的大学校园模式也塑造了师生和本地社区居民的日常社会生活习惯，但在校园功能服务方面仍然保持着一些共同的特点。

与城市社区功能相比，校园功能服务围绕校园公共空间展开，服务对象仅包括校内师生以及校工人员，所涵盖的功能类别也更加偏向于教学工作和校园学习生活，内容相对单一，品质往往较低。而城市社区功能则会包含广泛的购物、休闲、文娱、社交、医疗等类型，服务设施品级较高，类别丰富。但大学校园空间内的服务功能所具有的基本保障性、设施集中性、功能混合性等特点仍然成为其优势所在。

因此，大学校园空间相较于其他城市空间而言，具有更高的公共服务潜力。首先，校园的环境设计和功能服务设施会影响师生的活动选择，如果校内不能提供一些公共服务，学生们往往倾向于在学校周围寻找可替代的公共服务，如文化娱乐、餐饮、商业等。而合适的活动空间则是校园外所缺乏的公共功能，因此校园与城市的融合程度越高，学生的日常生活需求就越容易满足。其次，大学校园对于周边社区的公众在情感和宣传层面也具有很深的感知和影响，如富有社区影响力的公共活动、社会层面的宣传、社区归属感等。同时，校园内学生的功能需求也间接促进了周边社区经济的发展和服务设施的完善。最后，大学学生的高密度住宿对于社区形态和社区功能也会产生影响。学生是校园与周边环境主要的联系者，高密度集中的学生住宿社区也是大学校园的特色。“学生化社区”因其便捷完善的服务设施而具有吸引力，但也不可忽视学生的居住模式会对该地区的社会文化氛围产生影响，本地居民与学生之间生活方式的差异极有可能产生两者之间的矛盾与隔阂。

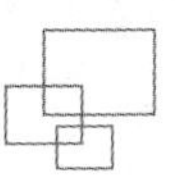

1.4.2 绿色可持续理念

可持续性、绿色建筑、低碳城市建设、节能减排是近年来大学校园建设探讨的主要议题。为了实现校园与城市之间的可持续发展关系，必须将环保、资源节约，以及绿色校园实践纳入大学发展的目标之中。在建筑的更新改造方面，各类节能技术应该得到普及和加强；从校园管理的角度来看，监管机构应该负责规划统筹整个校园的运行秩序，从而实现大学校园的低碳实践；在城市社区层面，大学校园应当成为表率，以自身的行动实践和宣传影响力带动城市区域范围内的低碳转型。

在以上三个层面的探讨中，绿色建筑技术是最佳的实践维度，可以将低碳绿色的理念从微观的尺度进行落地建设，如从节水控制、智能照明控制、采暖制冷智能控制、远程监管系统建设等方面实现建筑的节能减排。大学校园为实现城市低碳、生态、绿色发展理念的规划设计与发展战略提供了先行经验和实践潜力，可以从建筑物的尺度先行应用，并逐渐在校园内乃至城市范围内进行推广。因此在实践层面的基础上，校园绿色管理体系成为可持续性的运行保证，从监督管理体系、运行维护流程和宣传教育方面确保各类措施的运行和落实，例如成立专门的管理委员会、制定绿色大学校园管理系列制度、相关课题的课堂教学和科学实践、科学研究及活动成果推广等，实现整个校园层面的网络化、系统化和科学化的绿色建设。最后，大学校园不是孤立的城市社区，其同时承担着行动影响力和资源调动力的社会责任。因此，应将校园空间环境视作区域整体的一部分，将开发强度与环境容量的平衡放在首要位置，重视校园空间与周边空间的衔接协调，确定适合的建设规模及合理的规划结构布局，以确保校园建设适应区域发展要求并带动区域可持续性建设。

1.4.3 绿地景观与开放空间

大学校园是城市环境空间的重要组成部分。尽管大学校园空间相对独立，但并不是城市中完全自我封闭的孤岛空间，从城市空间的规划设计来看，大学校园内的绿地景观、开放空间与城市内的重要景点、名胜古迹、公共广场、公园绿地布局具有层次丰富的空间联系。大学校园内的绿地景观与开放空间包括各类自然要素与人工要素，在校园空间的组成中往往占据了较大的比例。优美的景观绿地能够提升环境，实现人工与自然的渗透衔接。开放空间能够提供各类活动空间，并成为城市空间序列的组成部分。大学作为高等教育的独立社区，无论是处于城市中心区还是城市边缘区，因自身优美的景观环境而成为区域内风景人文景观要素，并成为城市绿地系统与开放空间的组成要素。

因此在规划设计上，主要通过以下三个方面实现校园内外绿地景观与开放空间的延续渗透。首先是营造渗透性的绿地景观。在校园的边界限定上，并不通过刚性的栅栏或围墙作为屏障，而是通过内外的绿化形成柔性界定。绿地景观通过在校园内外进深与空间开合，形成不同的观赏界面与视线的内外通透。其次，构建节点空间序列。通过空间节点、景观构筑、林荫道、慢行绿道等空间和设施作为点、线、面的叙事线索，将校园内的空间轴线与城市内的空间序列相互衔接，从区域的规划尺度将校园社区内的空间变化纳入城市整体的空间规划设计。如此构成的空间序列不仅丰富了城市的空间形态特征，也为师生和城市居民日常休闲提供了良好的活动空间。最后，依托绿地河道构建蓝绿网络。大学校园的选址和建设往往依托于区域的自然本底条件，独特的自然环境也成了大学校园形象的名片之一。因此，依托大学校园社区内已有的绿地系统与河流体系，将自然要素引入大学的绿地建设与开放空间的塑造中，以建设生态型校园环境（图 1-8）。

图 1-8　剑桥大学与康河（李翅摄）

1.4.4　社区参与

大学校园作为各类教育文化资源的集中区，在参与社区这一过程中能够扮演重要的推动角色。一方面，高校辅助下的社区参与能够有效带动社区发展。作为面向大众的公共教育设施，高校的教学、文娱、体育等各类公共活动均具有相应的硬件配套设施。通过这类资源面向社区的适度开放，可以有效地解决社区内因资金或场地设施短缺导致的活动限制。同时，高校师生作为知识学习和技术创新的重要力量，通过参与社区建设能够有效地完善社区人力资源体系，促进社区长期、持续和稳定地发展。另一方面，社区建设也成为大学良好的科研与实践平台。大学内的研究学者提出的理论假设与研究模型，可依托社区参与这一平台进行实践验证。而实践验证的结果与反馈又可以更好地指导社区建设发展与科研理论研究。同时，通过学生与社区居民的日常互动，以各类丰富的实践活动加深社会层面对高校教学成果的认知，有利于提升高校的知名度与社会影响力。

因此，在社区参与过程中，大学校园承担着引导、服务、促进三个方面职责。首先，大学拥有传播知识和人才培养的先进理念，在挖掘社区潜在需求与各类发展要素等方面具有得天独厚的优势。大学通过自身协调资源的能力，以各类研究和实践为依托引导社区的建设。其次，大学内的师生、仪器设备、理论经验可在社区建设中发挥直接的服务作用。最后，大学能够调动和鼓励居民参与社区建设的积极性。目前很多

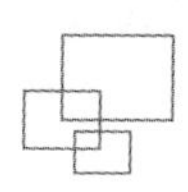

社区参与的难点在于本地居民参与意识较低，而通过学生进入社区开展宣传、讲座、培训、咨询等多种形式，以积极的态度吸引社区居民的注意和参与，可提升社区建设的积极性。

1.4.5 国际化

面对全球化与国际学术交流，大学校园空间的建设使命不仅包括教育科研，还被赋予了国际化这一期望。在大学的规划设计中，国际化成为贯穿校园多方面建设的主题之一，大学校园成为城市内组织开展国际活动的关键空间，具体体现在开放的教学环境、地标性校园节点以及智慧化空间管理三个方面。

开放的教学环境有助于适应各类学习方式的需求。通过充分利用大学建筑内外空间，如教学楼、图书馆中庭、走廊、户外桌椅等分散空间，提供灵活开放共享的办公、自习、阅读与讨论空间。以现有校园空间为依托，通过开放交流的知识对话，为学生不同的学习情景提供平台。地标性校园节点则表现在大学内的重要建筑或景观空间可成为城市国际化形象的名片之一。大学校园本身作为国际交流合作的平台，校内的重要历史遗迹、历史建筑、景观构筑等所蕴含的人文要素与功能服务，也就成了城市区域文化形象的重要组成部分。智慧化空间管理则为大学校园的国际交流提供了全新维度。近年来，伴随着世界范围内的大学逐步建立数字化智慧校园，高度发展的信息技术让知识的传递与交流突破了物理空间的局限性，教师、学生、研究人员、行业合作伙伴和国际合作院校也同样可以跨越空间限制，以实时的合作交流构建国际范围内科研学术的对话空间，从而促进国际大学间的研究合作与人才培养。

1.5 规划设计理论

1.5.1 规划原则

（1）人性化

在大学校园空间的设计中，基于师生的人性化需求是首先予以考虑的建设原则之一。人性化设计是围绕人的需求所展开的设计，通过理性化的科学构架和合理化的功能布局，在思路上要保障各类功能完善，注重人的多样化特征，从而让人在校园空间的体验过程中更加舒适。总而言之，以人为本是人性化设计的主要指导思想。

“以人为本”这一思想起源于古希腊的普罗泰戈拉所提出的“人是万物的尺度”，强调人的价值和作用，认为事物是相对人的个人感觉而存在的。因此在校园空间景观的设计中，人性化需求逐渐被放大。人性化的大学校园空间，其建设目标是构建能切实满足校内各类人员需求和权益的空间，也就是以人为“标杆”，根据环境行为学、环境心理学、人体工程学等理论，创造便捷舒适的大学校园空间。注重“以人为本”的原则已普遍运用到环境建设中，指导建设优美的绿地、户外开敞空间、自主学习设施、游憩活动的节点等，师生在不知不觉中感受着校园环境带来的益处，从而激发对校园的热爱以及对工作学习的热情。

（2）生态性

良好的校园生态环境不仅能够提供优美舒适的活动空间，还能优化城市区域的生态系统，使大学校园成为城市中的“绿洲”。因此，大学校园的空间建设应当考虑生态性原则，这就要结合本地区的自然地理环境，大面积采用适应本地区生态环境的植被与可持续性建材，创造怡人的风景与良好的校园生态系统（图 1-9）。

图 1-9　北京林业大学生态景观（李诗尧摄）

在高等院校的建筑、景观小品、绿化、道路等的具体设计中，可行的措施包括充分利用原有的地形地貌，遵从原有的景观自然条件，尽量避免土壤裸露和水土流失，提高大学校园绿视率，发挥植物群落的最大生产率。根据植物的生态习性进行植物配置、道路铺装，并考虑雨水的自然渗透等，以具体的建设实践和宣传讲解持续地向师生传播环境保护和可持续发展思想。

（3）功能性

大学校园的规划设计中，空间承载的使用功能以各类景观设施为依托，向校内人员提供各种直接的功能服务。现代大学校园普遍面临着办学规模大、校园占地面积大、功能需求复杂等情况，对校园空间的交通流线组织、功能服务布局、设施资源覆盖等方面提出了挑战。因此，“形式服从功能”的功能性原则是校园景观规划设计的重要原则之一，良好的功能服务是校园公共空间与景观存在的真正意义。

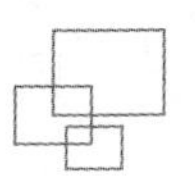

传统的功能"分区式"大学校园布局形式是划分教学区、宿舍区、运动区、办公区等相对独立的功能分区。"组团型"校园功能布局模式是将各学院专业教学楼、学生宿舍、常规室外运动场地和学生食堂成组布置，形成若干相对独立的校园邻里组团。总而言之，以功能性为原则的大学校园规划设计均以教学功能为核心，满足教学、生活、运动等基本功能需求，并注重校内的资源共享和学科交流。

（4）可持续性

随着高等学校的蓬勃发展与办学规模的迅速扩大，校园的环境资源亦面临前所未有的压力。随着可持续发展成为当今社会发展的主题，校园的设计应当顺应时代的要求，秉承可持续发展原则，以整体性的思考从校园建设的多方面进行根本性的改革。校园的可持续发展内容可总结为两个主要方面：一方面是资源环境的可持续发展；另一方面是协调管理的可持续发展。

资源环境的可持续发展是指大学校园空间需要建设资源高效利用、循环利用的校园景观，运用可持续性的建材与清洁能源，降低能源消耗、环境污染和废弃物排放，并通过合理的规划布局为后续的大学发展留有弹性空间。协调管理的可持续发展则是指协调大学内各类资源的均衡配置及良性运作，并协调大学与城市的发展关系。通过促进多个利益主体积极投入建设，共同解决校园空间内外的环境问题与土地利用问题，广泛领域的相互合作正是大学可持续发展的根本动力。

（5）教育性

大学校园的主要使命是教书育人与科学研究，以培养新型人才、激发创新能力为己任。因此，让学生在文化氛围浓厚和景色优美的校园环境中生活学习，成为大学校园空间建设的目标之一。教育性原则在大学校园的建设中，聚焦于环境对师生的思想观念、心理素质、价值取向、思维方式等方面的影响，空间环境应积极塑造和促进人际交往、生活方式、行为方式，并以讲座、社团、沙龙等活动为具体表征。

以教育性为原则的校园空间建设主要包含三方面的要求：培养积极向上的价值观念与传统美德、彰显校风校训与大学精神风貌、体现本校创新前沿的教育理念与知识文化。通过设计文化墙、阅读空间、主题雕塑等空间节点，挖掘校园的历史文化底蕴与学科建设特色，充分反映学校的价值观念、精神风貌以及审美情趣，达到学校环境育人的目的。

（6）特色性

大学校园建设应结合自身实际情况，以地域文化、自然环境和人文环境等方面作为切入点，突出大学办学理念、学科特色和学科精神，塑造具有特色性的大学校园空间环境，从而应对校园特色欠缺、"千校一面"等建设困境。同时，不同高校在其历史发展中都有自己的特色符号与集体记忆，以此为设计元素构建标志性景观节点能够更好地诠释校园文化。

大学校园空间的特色性原则包含两个层面的内容，即区别于其他类型景观的特色和区别于其他大学校园的特色。一方面，大学作为教书育人的文化机构，是科学文化资源的聚集中心，大学校园的空间环境理应具有浓郁的科教氛围，这是区别于其他类型公共空间的特色所在。另一方面，大学校园空间应当充分展示本校的特色，从校园的历史文

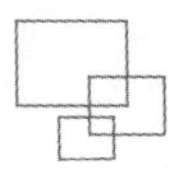

脉、院校性质、办学特色、学校发展历史等方面进行提炼总结。此外，不同的地域也具有不同的气候条件、建筑方式以及植被肌理，这也可成为大学空间特色的标志之一（图 1-10）。

图 1-10　北京大学标志性校园景观（刘钊摄）

（7）美观性

校园空间景观是视觉欣赏要素的集合，以优美的色彩、轮廓、尺度、肌理、线条等设计要素引起学生的兴趣，从而产生美的享受与艺术文化的熏陶。美观性以承载校园文化艺术思想的建筑、景石、雕塑、植物、水景、题刻等为依托，展现校园的文化之美、自然之美、建筑之美等多方面的审美品位。因此在校园环境的建设中，以美学理念为基础，通过环境的美育实现人才的素质培养和美好校园的文化建设。

校园空间的美观性原则包括空间的直观体验感受，即空间的比例尺度、质感肌理以及变化的节奏韵律。和谐的空间比例尺度在视觉上能够唤起师生对景观的美感享受，富有仪式性的校园空间序列正是通过空间的开合与不同的尺度空间单元所构成的。空间的质感肌理则是一种触觉的感受，通过空间内的植被与铺装材质直观展示。不同的材质特征展现了不同的质感与肌理效果，以丰富的触感构建空间节点的内涵与趣味。空间变化的节奏韵律指的是设计要素规律性的变化或重复，形成校园空间规划设计的整体性与变化性（图 1-11）。

图 1-11 北京林业大学校园景观（李翅摄）

1.5.2 规划理论依据

大学校园空间的规划设计理论依据可总结为景观设计理论、建筑与城市空间设计理论、社会学理论和生态理论四个方面。

（1）景观设计理论

①景观生态学

景观生态学（Landscape Ecology）以校园景观作为研究切入点，是受到广泛运用的理论之一。国际景观生态学会（International Association of Landscape Ecology，简称IALE）指出，景观生态学是对于不同尺度上景观空间变化的研究，包括对景观异质性、生物、地理以及社会原因的分析。景观生态学可理解为在一个相对大尺度的区域内，研究由许多不同生态系统所组成的景观整体，分析其空间结构、相互作用、协调功能及动态变化。景观生态学的学科特征在于把地理学研究自然现象的空间相互作用的横向研究和生态学研究一个生态区机能相互作用的纵向研究结合为一体，通过研究景观物质流、能量流、信息流及价值流在地表的传输和交换，考察生物与非生物及人类之间的相互作用与转化，通过研究景观结构、功能、动态变化和景观要素间相互作用的机理，研究景观的优化格局、优化结构以及景观的合理利用和保护途径。

景观生态学理论主要内容包括分析各类景观的稳定性、景观的预测与控制、景观的生态设计与管理三方面。首先，通过探讨各类景观的结构、功能、稳定性及演替，发现其内在规律和三者之间的固有关系，从而建立各类景观生态系统的优化结构模型，对景观进行有目的性的干预，并改进景观品质。其次，通过对景观的监测和预警研究，从而对景观的发展演变进行模拟预测，并适度地介入控制和良性引导。最后，通过景观生态规划，分析景观的特性并对其进行综合评价，从而提出景观最优利用方案，使景观内部的社会活动以及景观生态特征在时空上协调，使景观的设计管理向良性循环方向发展。

在大学校园空间的规划设计中，景观生态学理论更多强调校内人员的各类活动与校园自然生态环境的相互作用、校园绿地景观格局以及校园环境绿色可持续发展等内容。

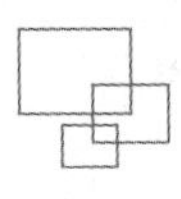

因此，景观生态学的研究成果对于大学校园景观规划设计具有一定的指导意义，通过探究校园内与景观的相互关系，从而更好地提升景观品质，建设环境优美、功能合理的大学校园空间。

②环境美学

环境美学是研究环境美和环境科学的理论性学科，涵盖了哲学与美学的寓意，侧重于探究人与自然、人与社会的关系问题。“环境美学”中的“环境”一词，并非局限于传统意义上的环境空间，它更加侧重的是人与自然的协调关系。一方面，环境美学的本质是归属感和家园感，在人与环境的各要素互动的活动中通过感官体验获得身心的愉悦。另一方面，环境美学是美学的一个分支学科，能够提高人们的审美品位与审美能力，并推动社会审美、生态、环境品质等多方面的发展。

环境美学起源自西方，并于20世纪末在我国发展起来。环境美学同当代风景的变化紧密关联，强调以融合的视野，将艺术学科与人文学科同环境科学形成紧密结合。环境美学的研究内容主要集中在景观品质的技术化评估、基于美学理论的景观品质定义以及构建综合性环境美学景观研究框架。景观品质的技术化评估是指采用量化分析技术解释景观的美学特征，并指导景观规划设计，但难以精确描述人与景观之间的互动关系，分析框架也难以涵盖景观质量的全部构成要素。基于美学理论的景观品质定义将人与景观的感性关系呈现出来，注重文化、历史、风俗、经验、心理等艺术情感因素，相关研究仍然围绕着传统艺术哲学的体系去评价环境领域。构建综合性环境美学景观研究框架是指当代环境美学需要充分研究自然与人文要素，研究体系涵盖感官感受、地域性与历史性审美取向以及文化连续性内容，从而拓宽景观评价的广度与深度，并为环境美学的独立理论架构开启可能性。

在大学校园空间与景观的研究中，环境美学理论往往用于指导各类校园景观要素与校园整体环境的关联问题，以及如何基于美学理论塑造大学校园整体的空间氛围。大学校园空间与美学密不可分，无论是大学景观的要素评估还是设计理论构思，环境美学对自然和人文要素的侧重，反映了大学校园视觉风景的环境艺术化取向。

③景观设计学

景观设计学聚焦景观的分析、规划布局、设计、改造、管理、保护和恢复等相关研究，是一门通过合理利用土地和安排空间，为人们创造一个健康舒适环境的学科。约翰·西蒙兹曾说：“我们可以说景观建筑师的目标和工作是让人、建筑、城市和地球和谐共处。”作为和谐人与自然关系的主体，首先要尊重自然，保护自然生态环境的完整性。其次，应尊重人的体验。最后，应关注人类的精神需求，增强景观设计的认同感。总而言之，景观设计学是一门交叉性学科，与规划、建筑、设计艺术、植物学和生态学都有着密切的关系。

约翰·西蒙兹将景观设计学的主要构成要素分为气候、土壤、水、植物、地形、通道、构筑物等。景观设计学就是在熟悉景观要素和设计原则的基础上，对某一地块的重新整合，将自然景观转变成为人们服务的人工景观。在高度人工化的环境里，通过树林、绿带、流域以及人工湖泊等合理布局，从而兼顾经济效益、美观性、生物和自然。设计之后的场地除满足人们的使用功能外还要赋予其一定的灵性，以此达到满足使用者

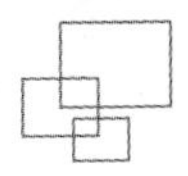

的精神需求和提升生活品质的目的。

现代教育理念的深刻变化对高校校园规划提出了高质量的要求，景观设计学为高校校园环境建设引入了新的理念视角。景观设计学视角下的高校校园建设主要应用于顺应场地设计、空间形式布局、景观空间设计、植物配置、展示文脉特质五个方面内容，充分尊重基地自然环境，体现和表达教育理念，所有的景观设计学要素都是为了创造出更加健康有生机的大学环境，并对大学校园空间的建设维护提供参考借鉴。

④景观叙事

"叙事"一词最简单的意思是对故事的描述，即叙述故事，文学、绘画、雕塑、建筑乃至景观都可成为叙述故事的载体。对于叙事的理解，既是描述的故事也是描述的过程。因此叙事的结构框架可视作一个场所，当景观成为载体时，景观本身既是故事的背景，也可参与叙事的编排之中。景观叙事的目的不仅仅是对于事实的客观描述，还有景观和叙事之间彼此交织、相互作用并相互影响，在景观中感受区域环境内某一事件的诠释，并逐渐熟悉真实的情况与回忆。

景观叙事的内容包括四个方面：隐喻、转喻、提喻和反语。隐喻可理解为继续传递意义，将一个事物的某些典型特征转移和表现在另一个事物之中。转喻是通过联想构建意义，用一个事物作为符号联想起另一个事物。提喻是用事物的部分代表整体或是以整体代表部分，例如通过情节片段想象出一个完整故事。反语是用与本意相反的设计要素来表达原意，从而体现更加强烈的情感表达。

大学校园景观本身就是故事的主题，如学校的历史文化、学科优势、校风校训、教学理念、自然环境等均可成为故事的素材。校园空间与景观的意义也往往以主题的形式形成关联与呈现。这种具体的应用可以理解为，将叙事思维引入景观设计，通过大学校园各类景观要素的整合，运用一定的叙事手法向体验者呈现以大学为主题的故事情节，并按照一定的序列来传达大学人文意蕴，从而将大学校园空间组织成为富有互动性和参与性的景观故事。

（2）建筑与城市空间设计理论

①场所精神

场所理论是以人的角度揭示人与场所之间的综合关系及结构的理论。"场所精神"一词来源于拉丁文，它所表达的是一种古代人类文明的观念，可以理解为人类在环境中生存，依赖于人与环境之间在物质和精神上的契合关系。通过体会和确认生活的环境所具有的特征，就会发现环境所蕴含的独特的、内在的精神和特性，也就是场所精神。

挪威学者诺伯舒兹系统地提出了两种场所精神：定向感或导向感（orientation）以及认同感（identification）。"定向感"是指人辨别方向，明确自己同场所关系的能力，也就是指人清楚地了解自己在空间中的方位，其目的是使人产生安全感。而"认同感"是指了解自己和某个场所之间的关系，从而认识自身存在的意义，其目的是让人产生归属感。总而言之，场所精神是根植于场地自然特征之上的，对其包含及可能包含的人文思想和情感的提取和注入。人们对于一个场所的感受和认知，取决于场所空间的形态和品质，及其对时间、空间联系的反映。除此之外，感知者自身的文化、性情、心理、经

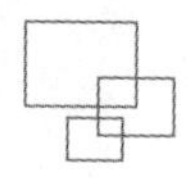

验等也有很重要的影响。场所精神是一个场所的象征和灵魂，它能使人区别场所与场所之间的差异，能唤起人对一个地方的记忆。

大学校园空间作为一种场所，拥有独特和内在的精神和特性，而这都要通过大学内的人来反映。通过对大学空间环境的体验，进一步产生精神上的感受，从而形成大学的场所精神。因此，场所精神在大学校园内是一种客观性的存在，师生可以充分理解却无法用具体的语言来描述或形容，从而以建筑空间环境的各类要素来体现。大学场所精神是一种抽象的反映，实质上是在集结了各类校园要素的基础上形成的对环境的整体反映，由人文背景、场所性质、设计风格等许多复杂的因素共同影响，因此场所精神的运用对于大学校园空间的研究具有重要的启示意义。

②空间句法

20世纪70年代，英国伦敦大学巴利特学院的比尔·希列尔首先提出了空间句法的概念。这一理论强调空间之间的拓扑关系，认为空间是遵循一定组织关系的离散系统。空间组织关系（configurational attributes）在此指一系列独立关系的总和，其中每一个独立关系都是由特定要素与系统内其他所有要素的关系决定的。空间句法从两方面对传统的空间概念进行了拓展和延伸。一方面是描述了空间之间的几何、距离和拓扑等关系；另一方面是不仅关注局部的空间可达性，还强调局部空间与整体空间之间的关系，并关注整体的空间通达性和关联性。

空间句法理论的两个主要研究内容是空间分割和句法测度。空间分割是理论体系的基础，句法测度则是最终得到的结果。一方面，通过句法测度的结果，挖掘、描述一个空间系统内部复杂的关系，从而为空间规划与设计提供决策支持；另一方面，空间分割将整体空间划分为不同的局部空间，在此基础上通过句法测度得出不同局部空间之间组合关系的定量测度值，从而实现对复杂空间系统的理解、认识和把握。空间句法理论的三种经典空间分割方法是凸状法、轴线法和视域法。常用的句法测度指标有连接值、控制值、深度值、集成度（局部集成度和整体集成度）和可理解度。

随着大学办学规模的扩大，许多大学面临着更新改造，或分化形成新老校区，因此需要应对空间优化布局与功能流线设计的问题。空间句法通过融合拓扑分析，在帮助分析大学校园空间结构形态方面有很大的作用，从而为校园空间形态研究提供了新思路。空间句法的变量能较直观地描述校园空间形态，通过全局整合度、全局深度、协同度、可理解度等参数，能较直观地描述校园空间形态，并揭示了校园内教学楼、图书馆、体育馆、宿舍、食堂等功能性建筑外部的校园空间，及其空间关系与交通流线组织对校园各类活动的影响。研究分析结果可以更好地指导大学校园空间的形态优化、功能布局与交通流线组织，从而为大学校园空间规划选址、更新建设、管理评估等工作提供较为科学的决策依据。

③城市意象

城市意象最早是在20世纪60年代由美国学者凯文·林奇于《城市意象》一书中提出的，通过对美国的波士顿、泽西城和洛杉矶的城市意象做系统的调查和分析，提出了构成城市意象的五种要素，即道路、边界、区域、节点和标志物，并认为这五种要素对城市的可意向性起关键作用。通过城市意象五要素的合理组织和设计，能够形成鲜明的

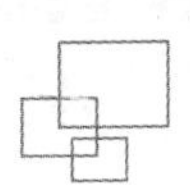

城市意象，不仅能给人们以安全感，而且还能给人们提供更多的视觉愉悦、情感保障，增强人们体验的潜在深度和强度。

总之，城市意象的研究内容可总结为城市的环境意象、公众意象、综合意象以及城市意象的个性和结构。其中，环境意象是观察者与所处环境双向作用的结果，是个体头脑对外部环境归纳出的图像，是直接感觉与过去经验记忆的共同产物。公众意象是大多数城市居民心中拥有的共同印象，由许多个别的意象重叠而成，是“对城市文化的一种群体认知”。综合意象是由城市环境意象的各种要素共同构成的图形，具有浓郁而生动的特征，并具有独特性、唯一性和不可重复性。城市意象的个性是与周围事物的可区别性，结构是意象所包括的物体与观察者以及物体与物体之间的空间或形态上的关联。

大学校园环境对在校师生的交往和行为有强烈的影响。随着高校的更新和扩建，大学校园环境的建设需要延续地域历史文化，以及老校区传统文化精神，从而形成了富有人文气息的校园空间。大学校园的空间结构相对完整，涵盖了道路、边界、区域、节点和标志物，便于开展校园认知和记忆的采集，因此富有空间意象的研究具有较强的可操作性和参考价值。依据城市意象理论，研究校园的可意象性和可识别性，研究结果有助于挖掘校园的集体记忆与特色要素，从而为营造富有特色的校园环境提供决策依据，有效提升在校师生和校友的归属感与认同感。

④“两观三性”理论

“两观三性”思想是何镜堂院士在创作实践中逐渐形成的设计理论。理论以“天人合一”思想为精神内核，在设计中追求“整体观、可持续发展观”和“地域性、文化性、时代性”的协调统一。“两观三性”理论是一个和谐统一的整体，适用于以文化建筑为代表的当代城市规划和建筑设计领域。“两观三性”理论从地域入手，探寻建筑空间形式和场所精神生成的依据，继而以此为基础，提升建筑的文化内涵和品质，并与现代的材料、技术和美学结合，构成有文化和时代气质的新建筑。

建筑的“整体观”是指建筑实施的全过程，就是一个持续整体化与综合的过程，通过各个分工部门的协同配合实现预期的目标。建筑的“可持续发展观”是在建筑的全过程中，体现对自然环境的保护和生态平衡、建筑空间和资源的有效利用、节能技术、集约化设计、建筑文化的传承和发展、建筑全寿命期的投入和效益等内容。建筑的“地域性”是指从地域的环境和人文因素中去提炼地域的特点，确定设计构思定位。建筑的“文化性”是指不同建筑类型自有各自的基本文化性格和精神特征，在建筑的设计中体现对文化的意识和表达意向。建筑的“时代性”是指建筑要用自己特殊的语言来表现所处时代的特色，时代精神决定了建筑的主流方向。

何镜堂院士设计团队较为完整地参与了当代中国尤其是1998年教学改革之后的大学校园高速扩张的建设过程，近40年的大学校园设计实践与“两观三性”理论思想指导建设了一批高水平的大学校园。在大学校园的规划设计中，“两观三性”理论强调大学校园的社会条件、文化背景、地域环境、时代特征等设计要素，总体把握好各个要素之间的关系。从前期调研、规划设计、工程施工到使用运营的各个阶段，都要在整体观的思想下综合把控。因此，“两观三性”思想是大学校园设计实践中不断优化总结出来

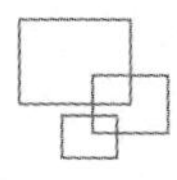

的指导理论，契合大学校园动态更新的发展状态。

(3) 社会学理论

①环境行为学

环境行为学（Environment-Behavior Studies），也称环境设计研究（Environmental Design Research），是研究人与周围各种尺度的物质环境之间相互关系的科学。环境行为学关注物质环境系统与人的系统之间的相互依存关系，从环境和人两方面因素进行研究。研究通过分析物质环境性质的要素，探究各个要素对生活品质所产生的影响关系，从而通过环境政策、规划、设计、教育等方式指导生活品质的改善。环境行为学的研究具有学科交叉的特性，不仅涉及社会学、人类学、地理学等科研专业领域，也涉及美学、规划学、设计学等实践应用类专业领域。

环境行为学的基础理论是环境行为理论，可总结为环境决定论、相互作用论、相互渗透论三个方面。环境决定论认为，环境决定人的行为，即人工或自然要素构成的构筑形态会导致社会性的行为变化。相互作用论是在环境决定论的基础上进一步发展，认为环境和人是相对客观独立的，在相互作用的过程中，人不仅能够消极地适应环境，也能够能动地选择、利用环境所提供的要素，更能够主动地改变自己周围的环境。相互渗透论认为，人与环境不是独立的两极，人们对环境的影响可能会完全改变环境的性质和意义，在物质功能的基础上补充了价值赋予和再解释的内涵。

环境行为学的研究目的是探究环境因素与人的体验之间的相关性，与当下大学校园空间的需求相契合。在实现现代化高等教育目标的同时，也要将师生的活动体验与身心需求作为设计依据，充分尊重人的环境行为特征及人与环境之间的相互关系。研究结果有助于阐述大学校园内人的环境行为特征及人与环境之间的相互关系，并以校内使用者的体验感受为依据，提出适宜性的大学校园开放空间环境优化策略，从而为师生提供更加人性化的学习与生活场所。

②环境心理学

环境心理学诞生于20世纪60年代末的北美。环境科学的研究发现，解决环境问题的若干症结在于人们的心理，环境心理学应运而生。环境心理学是建立在心理学学科基础上结合周围环境进行科学、系统分析而衍生的学科。在人与环境的关系中，人通过对环境的觉察得到关于行为的意义，通过其行为的实施来决定与环境的关系，环境心理学正是用心理学的方法研究环境与人的心理和行为之间的关系。

环境心理学的研究范围较为广泛，聚焦各种环境中人的行为及人与环境的互动，并探究不同环境要素引发的心理和行为变化。环境心理学主要分为认知心理学倾向的环境心理学和生态心理学倾向的环境心理学。认知心理学以认知心理学和现象学研究方法作为其理论根据，把人与环境之间关系的决定因素归结为人的经验及认知方式。生态心理学倾向以生态心理学和学习理论为依据，把决定因素归结于影响行为的环境，强调在观察行为的过程中对“环境—行为”关系进行描述，把个体所处的自然环境作为整个生态环境的一部分。环境心理学的研究内容包括环境认知、人格与环境、环境观点、环境评价、环境与行为关系的生态分析、人的空间行为、物质环境的影响以及生态心理学等，其中，噪声、个人空间、拥挤等研究主题是环境心理学中的经典研究。

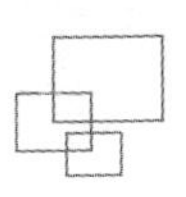

从环境心理学的角度出发，大学校园空间环境的色彩、光线、声环境等直觉要素能够带来心理上的影响。在满足了校园基本功能需求的基础上，满足空间设计的心理需求对大学校园空间环境品质提出了更高的要求。因此，研究不同功能情景下校内师生的行为、心理活动及各种物质环境之间的相互关系，能够充分反映出大学校园空间内人的感觉体验、空间行为与心理认知。以此作为理论依据提升大学校园的景观环境，以迎合在校师生的心理需求与行为方式为切入点，从而创造安全舒适和人性化的大学校园环境。

（4）生态理论

①海绵城市

"海绵城市"（Sponge City）又称为"水弹性城市"，比喻城市像海绵一样，遇到降雨时能够就地或者就近吸收、存蓄、渗透、净化雨水，补充地下水、调节水循环；在干旱缺水时有条件将蓄存的水释放出来，并加以利用，从而让水在城市中的活动符合自然规律的城市形态。"海绵城市"是一种形象的表达，其学术术语为"低影响开发雨水系统构建"（Low Impact Development of Rainwater System Construction，简称 LIDR-SC）。当城市面临洪涝自然灾害时，通过将雨水纳入自身的循环系统，以吸水、蓄水、渗水、净水的流程，实现城市对雨水资源的利用与管理。

国内的海绵城市研究可总结为理论研究、技术研究、规划实践研究三个方面。基础理论涵盖了现代雨洪管理体系的梳理，并通过结合生态城市、低碳城市、智慧城市等理念，从多角度构建海绵城市的规划设计体系。技术研究范围较为广泛，包括径流量计算方法、雨洪模拟技术、材料技术与工程技术。规划实践研究内容则往往围绕特定区域展开海绵城市建设规划实践，对于海绵城市的应用推广具有较高的参考价值。

在大学校园的更新改造及景观设计的过程中，雨洪管理往往与校园整体环境结合起来进行考虑，是总体规划中重要的内容之一，对海绵校园的研究也往往围绕雨水利用予以展开。一方面，将雨洪管理融入校园总体景观规划具备较高的可操作性和适应性，将校园打造成一个完整的雨水排放系统，实现可持续的校园发展理念。另一方面，通过雨洪管控专项规划，以完善的监测体系对校园雨水径流进行分析研究，通过量化及可视化的数据指导校园的雨洪管控。此外，由于大多数高校在初期建成时未考虑雨水管理内容，因此校园雨洪管控实践大多通过校园景观的更新改造来完成。

②绿色校园

绿色校园这一研究概念尚处于不断变化完善的过程中，但其研究侧重点均以可持续发展为核心。国外研究大多以"可持续大学"或"高等教育的可持续发展"为研究对象，国内在 2019 年颁布的《绿色校园评价标准》（GB/T 51356—2019）成为我国绿色校园建设的系统性理论指导，将绿色校园的定义总结为为师生提供安全、健康、适用和高效的学习及使用空间，最大限度地节约资源、保护环境、减少污染，并对学生具有教育意义的和谐校园。

《绿色校园评价标准》针对学校的不同类型分别设定评价内容及指标，进行中小学校、职业院校及高等院校新建校区的规划评价，新建、改建、扩建以及既有校区的设计、建设和运营评价。评价标准体系包含规划与生态、能源与资源、环境与健康、运行与管理、教育与推广五类内容，以校园整体作为评价主体，不仅评价实施的各项“绿色措施”，同时也评价了“绿色措施”所产生的实际效果。

随着我国高等教育从规模发展转向内涵发展，大学校园的建设将更加注重可持续发展理念。将绿色校园理念引入大学校园的规划建设中，既可成为技术性的评价标准，也可从绿色措施与绿色理念上提出可行性的校园建设管理建议。通过将绿色发展思想融入办学过程、人才培养、校园建设与管理工作之中，建好资源节约、环境友好的绿色校园，对大学校园节能减排工作与构建可持续发展社会均有重要意义。

③低碳校园

低碳校园的概念是在发展低碳经济的基础上提出的，目前具体的定义还处于发展和完善之中。低碳是指更低排放以二氧化碳为主的温室气体。低碳校园则是在可持续发展的理念指导下，尽可能地减少传统高碳能源的消耗，降低温室气体排放。因此低碳校园的定义可以总结为：校园的建设发展以低碳理念为核心，通过降低能源消耗、优化空间布局、提升管理制度、采用低碳技术、培育低碳理念等方式，最大限度地降低校园内的二氧化碳排放，从而构建碳排放总量较低的校园系统。

低碳校园的研究内容包括高校的土地、建筑、基础设备、交通、水电暖、饮食、废弃物、文体活动、医疗等一系列校园活动。在高校现有运行模式的基础上，将校园视作整体性的系统，通过分析物质输入、输出以及循环过程，以二氧化碳排放量作为定量评价指标，从而指导构建环境友好的低碳管理体系与校园提升策略，探索校园系统的针对性减排途径。

近年来，随着高校的建设规模、学生人数以及耗能设备急剧增加，大学校园能源消耗和碳排放总量逐年增加。“双碳”目标下，以人才培养、科学研究以及服务社会功能为职责的大学校园，通过积极探索减排途径，能够更好地节约资源，促进校园低碳化和可持续性发展，并成为“双碳”目标的先行者和引领者。

1.6 国内外研究总结

1.6.1 国外大学校园空间研究总结

国外大学的校园空间研究起步较早，成果较为丰富，其研究内容可总结为物质空间规划、人文主义思想与可持续理念、人的行为与环境关系三个研究阶段。

（1）物质空间规划

第一阶段是中世纪至 20 世纪 70 年代，研究聚焦于大学校园空间的规划设计与实践经验总结上，关注校园的物质空间形态。这一时期，大量的理论著作围绕建筑、规划和景观等内容展开，以整体规划的视角探讨校园建筑形态、建设理念、规划设计以及二战后的更新扩建经验等，并辅以高校建设的实例进行充分说明。

（2）人文主义思想与可持续理念

第二阶段是 20 世纪 70 年代至 21 世纪初期，西方大学校园建设逐渐以更新改造为

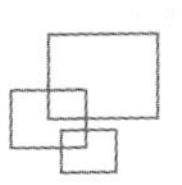

主。此时人文主义思想的引入，让校园建设逐渐从注重形式主义与物质空间布局转向了人文主义、场所精神、社区关系等精神文明内容。这一时期的社会在经历了经济危机与生态危机爆发后，人们开始反思对能源的消耗以及人与环境的责任关系，建筑领域内率先开始了节能技术的应用。因此从 20 世纪 80 年代开始，建筑设计形成“以人为本”的普遍共识，注重校园建筑环境的可持续性技术，并逐渐关注校园的历史文化延续、绿色校园体系的构建、可持续性教育理念等内容。

（3）人的行为与环境关系

21 世纪以来，随着可持续理念的深入人心，大学校园空间的研究逐渐关注人的行为与环境关系。一方面，大学校园在可持续理念的研究上形成了较为丰富的成果，将校园空间环境与内部活动视作系统整体，探讨以高等教育的可持续发展为导向的大学校园评估体系。另一方面，以校园作为研究单元，以校园的空间形态、绿地景观、功能布局、活动行为、心理情感等内容作为研究对象，不同学科基于生态学、心理学、建筑学、社会学等理论广泛展开了定量分析，探讨人的行为与校园环境之间的相互关系。

1.6.2　国内大学校园空间研究总结

改革开放以来，我国大学的校园空间规划模式深受美国校园模式的影响，总体来讲可以分为起步期、高速发展期、深化研究期三个阶段。

（1）起步期

由 20 世纪 80 年代开始，建筑规划学界开始了对大学校园设计系统性的研究。此后对于大学校园规划设计、建筑设计、环境设计的相关研究逐渐积累，以学位论文和系统性著作为主要理论成果。

（2）高速发展期

自 1998 年我国高校大规模扩招之后，伴随着建设量的爆发式增长，国内建筑与规划学界也掀起了关于大学校园规划设计的研究高潮，并积累形成了较多的校园空间研究成果。这一时期校园的研究范围包括了建筑设计、规划设计、空间形态、交通网络等物质环境，同时也涉及了校园文化、社会交往、历史建筑等精神文化，并探讨了建设管理、生态节约、可持续发展等内容。这一时期的研究深度与广度，均在起步期的基础上有了较大的提升，并涌现了一批以实践案例阐述为主的研究著作与学位论文。

（3）深化研究期

自 2012 年以来，高校校园建设与研究内容呈现多元化趋势，并逐步与国际接轨，关注人与校园环境的责任关系和行为互动。一方面，以可持续理念为核心，围绕绿色校园、低碳校园、生态校园、海绵校园等理念，展开了内涵深化、实践探索、评估体系的相关研究。另一方面，围绕人与空间环境的行为模式，对人、空间、行为、心理等因素展开了较多的定量分析，探讨校园空间范围内人的行为与环境因素之间的相关性。

2 大学校园空间景观特征及更新发展模式

2.1 校园空间结构特征

校园的空间结构模式是校园各种功能空间的组织模式，决定了师生的学习、工作、生活方式，其中，户外空间的组合方式对校园空间结构的形成具有重要意义。本节将结合实例研究，选取国内外典型大学校园进行空间结构量化分析。有关研究资料来源于各高校卫星地图、官方网站规划介绍及文本、相关文献与著作。依据定量与定性结合的空间分析与研究，将当代大学校园空间归纳为轴线式、院落式、街区式、自由式四种基本空间结构模式。

2.1.1 校园空间结构的量化分析

空间句法是基于建筑学、城市科学、拓扑学、社会学、语言学及数学等跨学科研究而发展出的拓扑关系诠释空间关系的建筑和城市理论以及研究方法。Depthmap 分析软件能够实现对空间性质的量化分析与评估。本研究选取轴线计算和凸空间分析两种主要的分析方法，通过整合度、可达性和人流模拟三个参数的计算结果对校园空间结构进行量化表征，颜色越趋向于红色，参数值越高，越趋向于蓝色，参数值越低（表 2-1）。

表 2-1 国内外高校空间句法分析

学校名称	整合度分析	可达性分析	人流模拟
华盛顿大学——轴线式	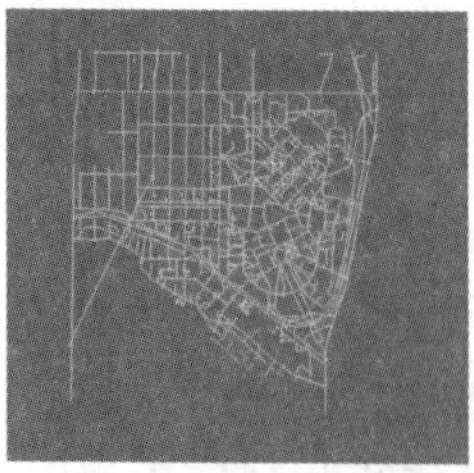	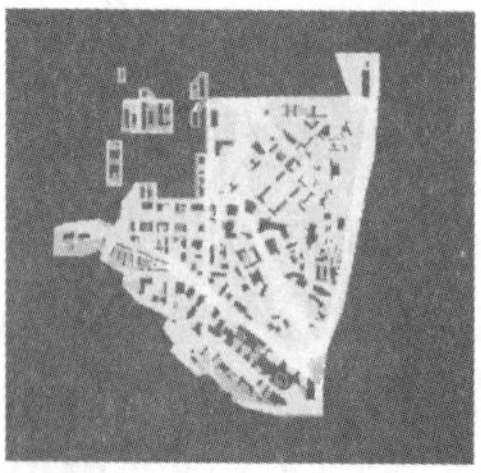	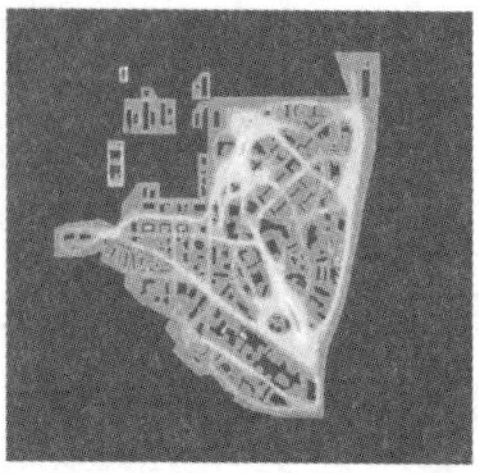

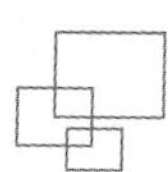

续表

学校名称	整合度分析	可达性分析	人流模拟
天津大学（新校区）——轴线式			
哈佛大学——院落式			
南开大学（新校区）——院落式			
兰卡斯特大学——街区式			
湖南大学——街区式			

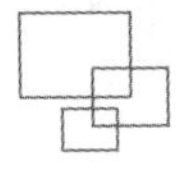

续表

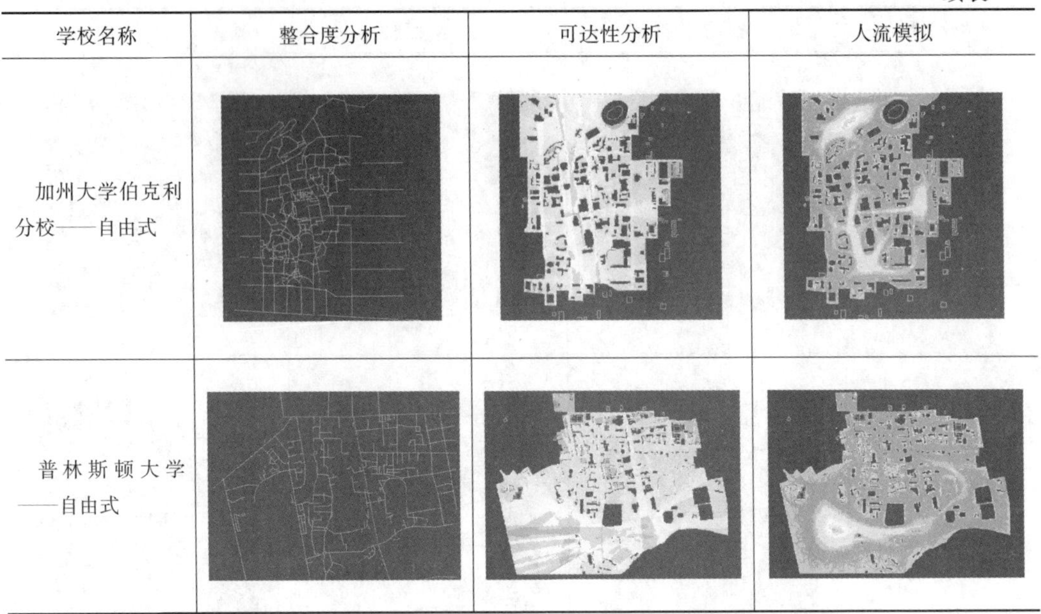

学校名称	整合度分析	可达性分析	人流模拟
加州大学伯克利分校——自由式			
普林斯顿大学——自由式			

整理绘制：冯一凡。（清晰彩图扫描下方二维码获取。）

2.1.2 校园功能布局分析

结合使用者、使用目的、使用方式三要素，大学校园用地可划分为教育教学用地、行政后勤用地、生活娱乐用地、体育活动用地、教职工附属用地、社会服务用地六类（表 2-2）。对研究选取的八所国内外大学校园功能分布进行归纳整理，结果见表 2-3。结果表明，教育教学用地在所有用地中占比最大，生活娱乐用地与体育活动用地因校园结构不同而呈现不同的分布状态。所列表中的国外大学校园内的体育活动用地所占比重普遍大于国内高校（表 2-4）。

表 2-2 大学校园用地分类

用地类型	空间类型	具体内容
教育教学用地	教学空间	公共教学空间及各学院教室
	科研空间	各学院实验室、研究室、实验用地等
	图书馆	全校、院图书馆
行政后勤用地	行政办公空间	全校、院系行政办公室
	后勤管理空间	校园运作后勤支持空间，包括保卫处、物业管理处等
生活娱乐用地	住宿空间	学生宿舍
	餐饮服务空间	食堂、咖啡厅等面向师生提供餐饮服务的空间
	文体娱乐空间	礼堂、电影院等面向师生开放的娱乐休闲空间

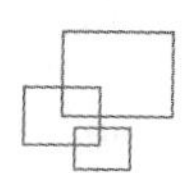

续表

用地类型	空间类型	具体内容
体育活动用地	室外运动场地	操场、各类露天球场、配备有运动设施的场地
	室内运动场馆	体育馆、健身房等
教职工附属用地	教职工生活空间	教职工宿舍楼、家属区等
	附属中小学空间	提供教职工子女就学场所的中小学学校用地
社会服务用地	展览空间	可对外提供会展、培训的展览馆、博物馆、画廊等公共空间
	社会服务医疗空间	校属对外提供医疗服务的空间
	科技产业空间	校企合作的产业园区、科技研发投产空间

整理绘制：冯一凡。

表 2-3　大学校园各类用地所占比例统计表

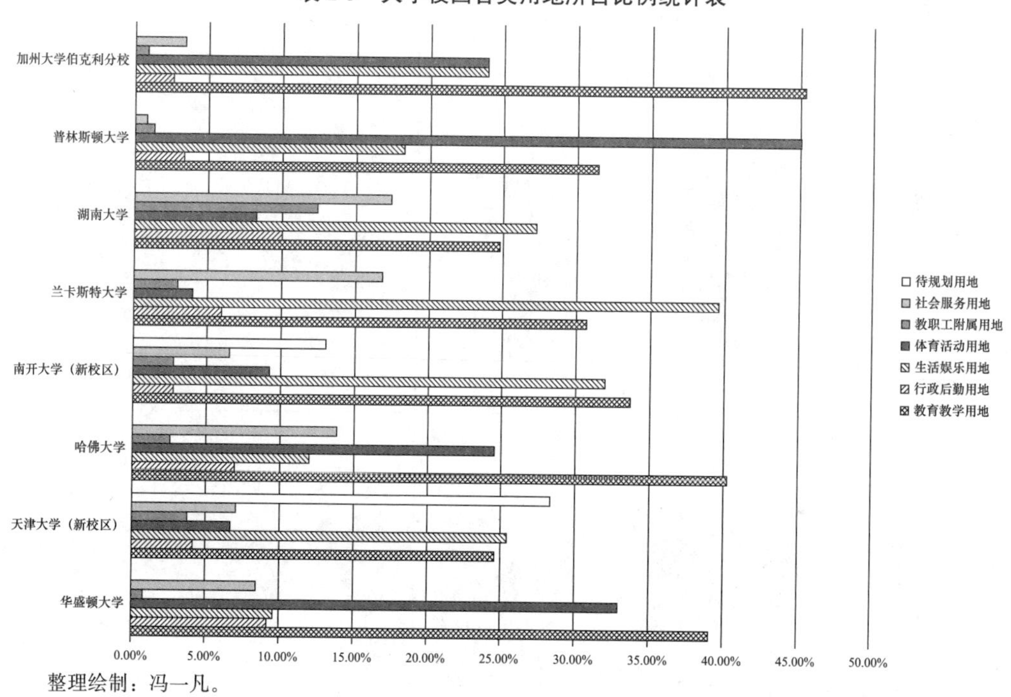

整理绘制：冯一凡。

表 2-4　国内外高校功能布局分析

学校名称	校园总用地 道路广场	教育教学用地 行政后勤用地	生活娱乐用地 体育活动用地	教职工附属用地 社会服务用地
华盛顿大学——轴线式 依托道路系统以轴线串联校园内广场、绿地等开放空间，建筑和景观实现竖向变化赋予场地的立体空间的塑造	1-a	1-b	1-c	1-d

续表

学校名称	校园总用地 道路广场	教育教学用地 行政后勤用地	生活娱乐用地 体育活动用地	教职工附属用地 社会服务用地
天津大学（新校区）——轴线式 校园规划以东西向的中心线为基轴，通过基本对称布局的矩阵网格道路体系，将校区分隔成若干区块，体现以学生为导向的理念与布局模式	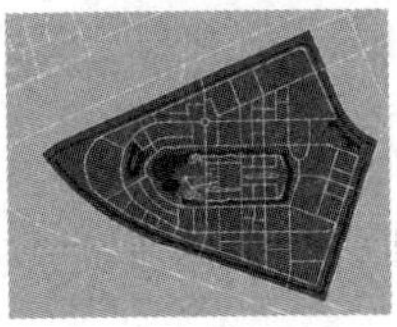 2-a	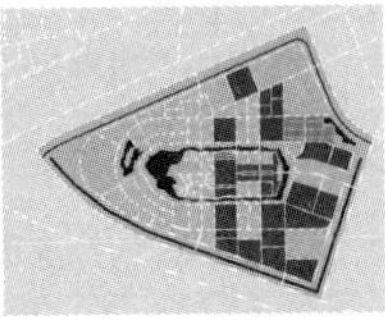 2-b	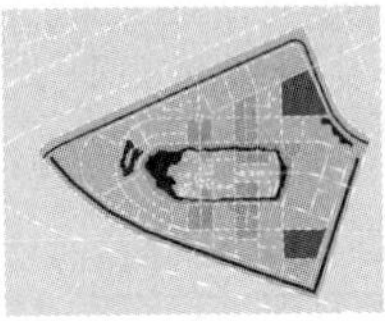 2-c	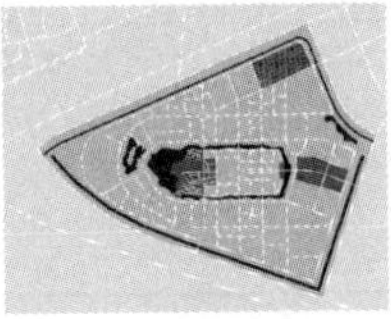 2-d
哈佛大学——院落式 校园空间形态上为方院围合式，宗教色彩浓厚，同时校园整体布局讲求对称，追求气派，方院尺度较大	 3-a	 3-b	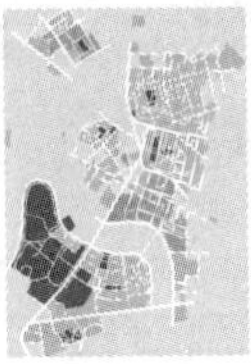 3-c	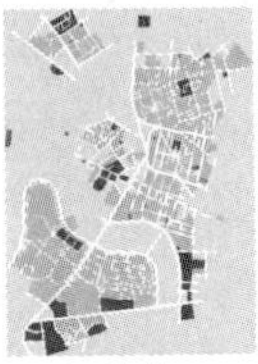 3-d
南开大学（新校区）——院落式 校园规划将相近学科合并，构建多个包含生活、学习、娱乐等多重功能的组团，并通过内、中、外三级环路串联各组团	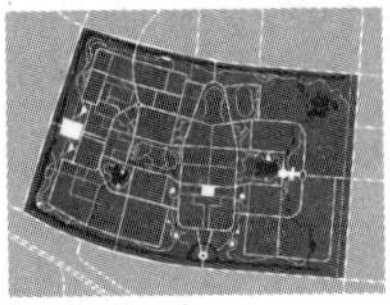 4-a	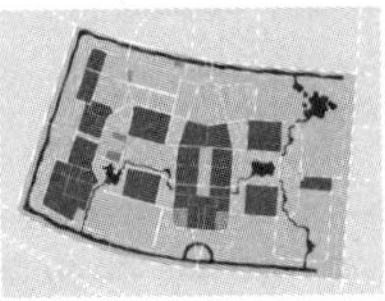 4-b	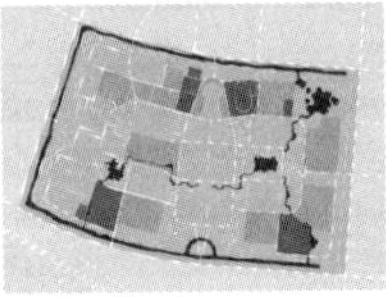 4-c	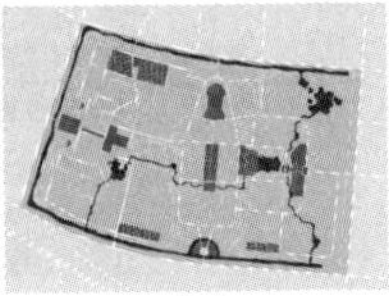 4-d
兰卡斯特大学——街区式 规划布局集中紧凑，以步行体系为主脊串联校园空间以及生活娱乐场所，形成多个学习、社交、教学和管理交织的功能综合体	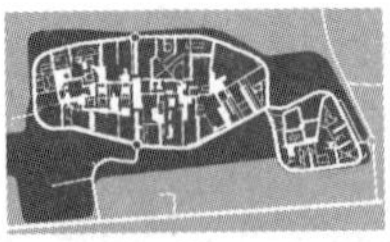 5-a	 5-b	 5-c	 5-d

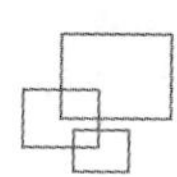

续表

学校名称	校园总用地 道路广场	教育教学用地 行政后勤用地	生活娱乐用地 体育活动用地	教职工附属用地 社会服务用地
湖南大学——街区式 校园规划秉承开放式街区格局，以岳麓书院为核心，依托南北、东西两条主要街道串联其整个校园，教学、管理、生活等空间沿街布置	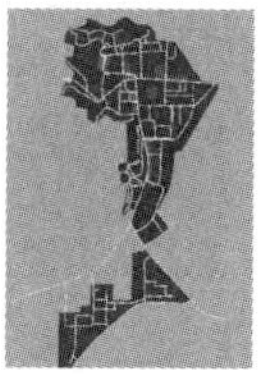 6-a	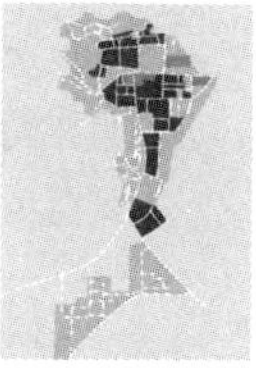 6-b	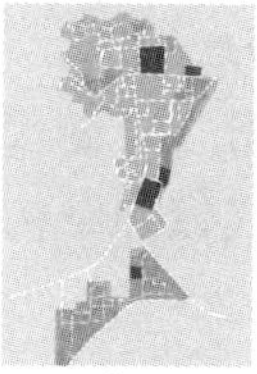 6-c	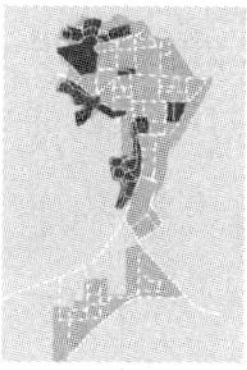 6-d
加州伯克利大学——自由式 自由式轴线组织多种类型校园空间，主要的曲线轴线以绿地景观和公共活动建筑的形式进行塑造。道路系统丰富，功能布局紧密集中	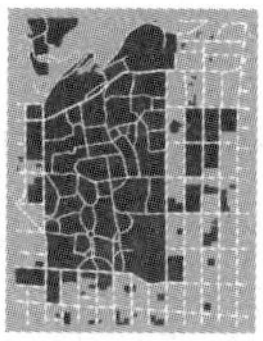 7-a	 7-b	 7-c	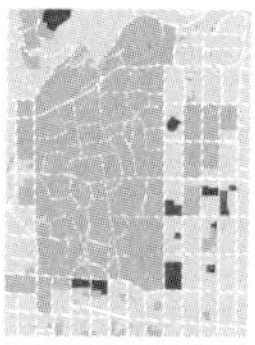 7-d
普林斯顿大学——自由式 校园建筑布局形式较为灵活，建筑密度较低，空间变化丰富，各类功能布局交错	 8-a	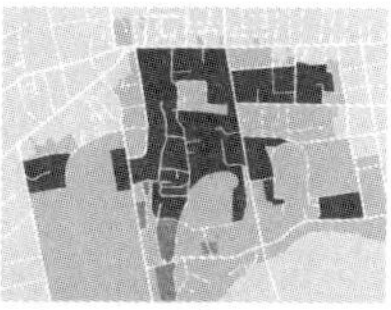 8-b	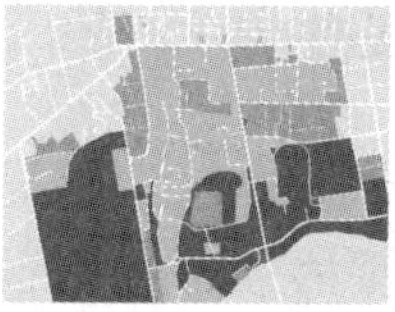 8-c	 8-d

整理绘制：冯一凡。（清晰彩图扫描下方二维码获取。）

2.1.3 当代大学校园空间结构模式总结

（1）轴线式

轴线式空间结构，指空间沿轴线元素排布而形成的一种结构模式，常见的轴线元素包括主干道、景观廊道、带状水体等。这种空间结构模式具有良好的宏观控制能力和定向扩展能力，有利于形成完整的空间体系。美国华盛顿大学与天津大学（新校区，即北洋园校区）校园为典型的轴线结构。

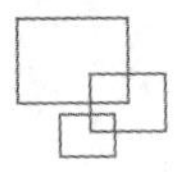

（2）组团式

组团式空间结构是一种多层次的空间结构模式，产生了校级—学院级—系级三级有序的公共空间体系。组团式结构的校园中存在由多个分中心通过某种空间要素串联结合为一个整体的多核心空间结构模式，整体呈“众星拱月”的结构模式，即有一个校级中心区，各组团围绕校级中心区独立布置，形成多个地级中心区。组团式校园多以主干路以及公共交通系统作为纽带联结多个教学、生活组团，组团之间设置有多尺度的绿化环境，从而形成整体有机融合的校园空间。哈佛大学与南开大学（新校区，即津南校区）校园可被归纳为组团式校园结构。

（3）街区式

街区式校园以主要街道为空间发展的“脊柱”和行为活动的载体，紧密结合教学、生活和服务等混合功能的校园建筑与自然景观环境。该结构模式的校园内主街道两侧由连续的建筑界面限定成尺度宜人的街道空间，并局部放大形成广场、绿地等公共空间，有明显的节奏感和序列感，有利于形成丰富的空间层次。英国兰卡斯特大学与湖南大学是较为典型的街区式校园。

（4）自由式

自由式校园多处于优越的自然环境中，通过自由式的空间结构适应地形的起伏或水系环境。该结构模式的校园适应性较强，具有以下基本特征：道路系统为自由式，主干道通常为不规则曲线，没有严格的轴线约束，建筑群体分散，建筑物多采用灵活的排布方式，只在局部出现轴线或规整的几何形态。受教育观念的影响，国外校园采用自由式结构模式的案例较多，美国加州大学伯克利分校与普林斯顿大学是其典型代表。

2.2 校园景观要素构成

校园景观的组织模式与空间结构，体现了校园景观的规划设计构想，也是决定校园环境空间特征的重要因素。校园公共空间是校园景观的重要组成部分，依据空间功能与使用人群的不同，将校园公共空间划分为核心空间、纪念空间、广场空间以及庭院空间四种主要类型。

2.2.1 核心空间

核心空间多与校园内重要建筑群结合，多处于轴线相交处，是对整个校园的景观结构、功能组织、环境空间具有控制性的区域。核心空间在大学校园中具有多种表现形式，常见的有大草坪、水景、景观轴线等。清华大学与北京林业大学校园核心空间由开敞大草坪构成，为师生提供空气新鲜、环境优美的生态休闲游憩场所。开敞草坪周边通常布置有图书馆、礼堂、行政办公楼等重要建筑，提高了核心空间的利用率（图 2-1）。北京大学校园内未名湖与周边景观构成了校园内重要的开敞空间，构成了北京大学的景观与文化内核。美国华盛顿大学校园内的雷尼尔雪山景观轴线构成了校园的核心空间，

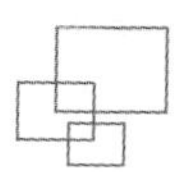

是校园空间景观的主要控制轴。轴线结合树阵、广场、道路等不同尺度的空间，营造出变窄—放大—广阔的多层次空间序列。

图 2-1 开敞草坪核心空间实例

上：清华大学大草坪（引自清华大学官网）

下：北京林业大学主楼前大草坪（冯一凡摄）

2.2.2 纪念空间

纪念空间并非简单的纪念碑式的纪念物，而是能够体现共同记忆与情怀的空间环境与结构。纪念空间可以有多种表现形式，可与具有历史意义的建筑结合形成纪念性节点，也可将纪念物串联构建一系列纪念性场景。南开大学津南校区在东西向文化主轴上复建木斋馆、秀山堂、思源堂三栋历史建筑，配合纪念广场成为校园历史纪念性空间场所的核心。清华大学从二校门至图书馆的纪念性外部空间，通过一系列的纪念物串联（二校门、日晷、礼堂的穹顶、图书馆的拱窗）并勾连出一系列历史时间的场景，构成纪念性场景的空间序列（图 2-2）。

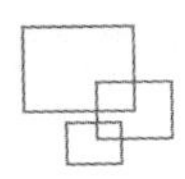

图 2-2　纪念性场景实例
左：南开大学津南校区复建的历史建筑（冯一凡摄）
中：清华大学校门（杨若凡摄）
右：清华大学礼堂穹顶（引自清华大学官网）

2.2.3　广场空间

广场的开敞空间可以容纳大量的人流，多位于道路相交处或重要建筑周边，为师生提供学习、交流与活动的空间。根据广场所处的位置、周边环境以及所承载活动的类型不同，可分为外向型广场与内向型广场两种类型。外向型广场多位于主要轴线或道路上，校前广场是城市进入校园的过渡空间，与开放景观结合，是常见的外向型广场空间。内向型广场位于图书馆、实验楼以及宿舍楼、食堂、体育馆等建筑之间的广场，满足师生课间休闲、日常生活的需求。美国华盛顿大学的校园广场位于华盛顿湖与联合湖畔，与松树、樱花以及古典雅致的建筑共同构成诗意空间（图 2-3）。

图 2-3　美国华盛顿大学校园广场实景（李翘摄）

2.2.4　庭院空间

庭院空间是大学校园中重要的景观单元，无论西方早期方院式校园还是中国古代书院的形制，都决定了围合式的建筑组合方式，有利于形成内向性的庭院空间。庭院空间与各类建筑相结合，形成了大学的室外课堂。美国加州大学伯克利分校数学科学研究所庭院内布置有巨大五角形玄武岩柱状的座椅，座椅前方有可供户外学习使用的黑板，为师生提供了多样的学习交流空间。湖南大学教学区内教学中楼、复临舍、外语学院院楼、新闻传播与影视艺术学院院楼所围合出的庭院空间被设计为外语公园，植被丰富、

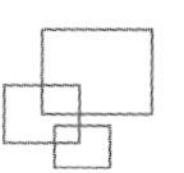

枝繁叶茂。每年春季，长廊上的紫藤花如瀑布一般倾泻而下，营造出静谧、浪漫的校园空间。

2.3 校园更新发展模式

2.3.1 延续与改造

校园的传统建筑和环境是不可多得的历史文化资源，在大学校园更新建设过程中，既要充分尊重和利用历史资源，从尺度、材料、肌理等方面体现对历史校园的尊重，传承校园的历史空间与传统风貌，又要适当改造以满足当前以及未来的使用需求。依据更新的结构特征，延续与改造具体划分为轴线式延伸、同心圆式扩张和单元生长三种类型。

（1）轴线式延伸

当代大学校园中，轴线是组织空间结构的主要方式之一，通过轴线的延伸，引导建筑及空间的定位，既保留核心区的完整格局，又能为合理地扩容新建找到发展空间，是保留整体格局下更新的主要方式。轴线有实轴与虚轴之分。实轴是可见的道路或广场，引导和组织建筑及空间，建筑往往位于轴线的重要位置上，形成层层递进的景观空间格局。虚轴不一定有严格的对位关系，但同样对引导和组织建筑及空间起重要作用。

东南大学四牌楼校区的更新过程就体现了轴线式延伸的发展模式。南大门—中央大道—喷水池—大礼堂是串联校园空间的主要轴线。中央大道东侧的中大院、前工院以及中山院与中央大道西侧的图书馆绕中心草坪围合布置，成为校园的核心空间。2000 年后，延续主轴线，在大礼堂北面新建了中心楼和李文正楼，向北拓展了校园空间。新建建筑在体量、材质以及风格等方面与老建筑形成呼应，延续了校园特色（图 2-4）。

图 2-4 东南大学校园南大道—中央大道—喷水池—大礼堂主要轴线实景（冯一凡摄）

美国华盛顿大学是典型的轴线式校园空间结构，其更新也体现了轴线式延续的特点。在对现有校园各类空间进行整合统一的基础上，沿轴线植入公共空间，增强内外连

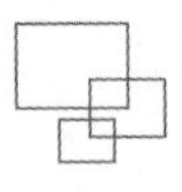

通性，激活水岸，实现由自然生态环境渗入到校园之中。在轴线基础上，打通校园内外与社区之间的联系，形成整体、便捷的景观网络（图 2-5）。

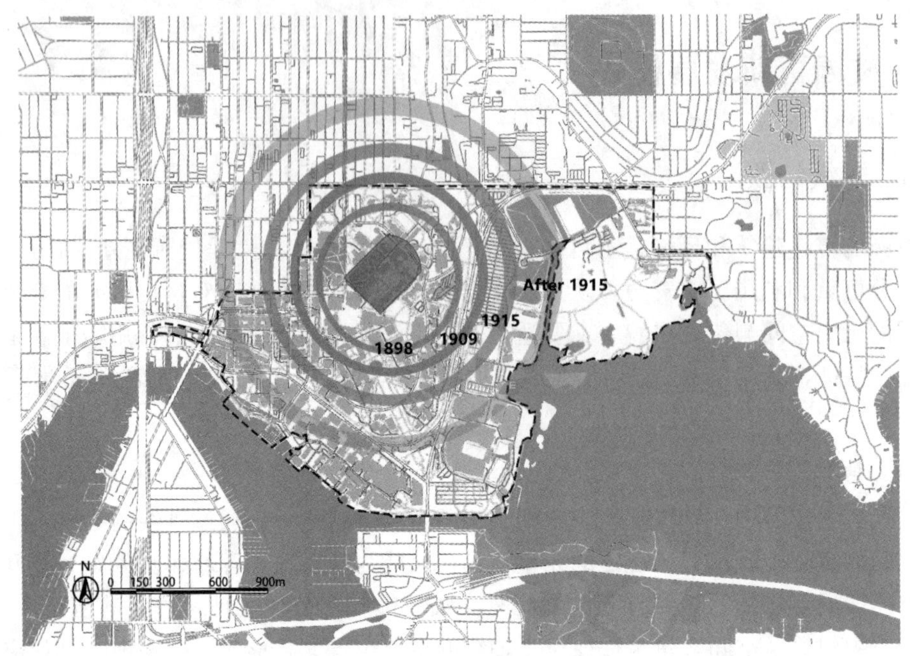

图 2-5 美国华盛顿大学更新历程示意图（马婧洁绘）

（2）同心圆式扩张

同心圆式扩张的校园大多有明确的校园核心区域，在校园更新与发展过程中，始终围绕该核心区域向外扩张，整体呈现出同心圆的发展模式。较为典型的案例有湖南大学与美国普林斯顿大学。

湖南大学始于岳麓书院，经过自卑亭、牌楼口，至于湘江这一文脉主轴线。柳士英先生依据校园地貌特征，提出“四个同心圆”规划理念，即以体育活动区为中心，向外依次为教学区、学生活动区、教职工活动区以及岳麓山风景区，几部分相互融合与渗透，构成现代风格的开放式校园。自 1980 年起，校园用地不断扩张，校园空间在原有同心圆结构的基础上，沿南北科技轴与东西文化轴向外延伸，并与城市过渡区域形成桃子湖、牌楼口等公共空间节点。校园空间与城市结构及自然环境相互协调，延续城市区域肌理，实现校园与城市公共空间的连续性和整体性（图 2-6、图 2-7）。

美国普林斯顿大学校园历经 200 多年的发展演变，以 Nassau Hall 为圆心，不断向外扩张延续。最初校园规划为传统的、有开口的中轴对称方院布局，各建筑按照等级进行布局和设计，Nassau Hall 位于中央。19 世纪中后期，校园规划逐渐由教会学院式的布局发展为不再强调对称轴线的现代学院式布局。在 20 世纪校园持续扩张过程中，建筑类型不断丰富，局部联系不断紧密，便于师生的教学与生活。20 世纪末至 21 世纪初以来，普林斯顿大学校园在持续扩张的过程中，更加关注校园的步行可达性、新建建筑与历史校园环境和谐共存、校园景观和自然系统的持续发展，并对未来校园人口及需求进行预测，合理规划校园空间（图 2-8）。

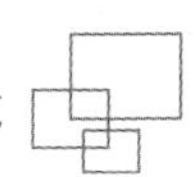

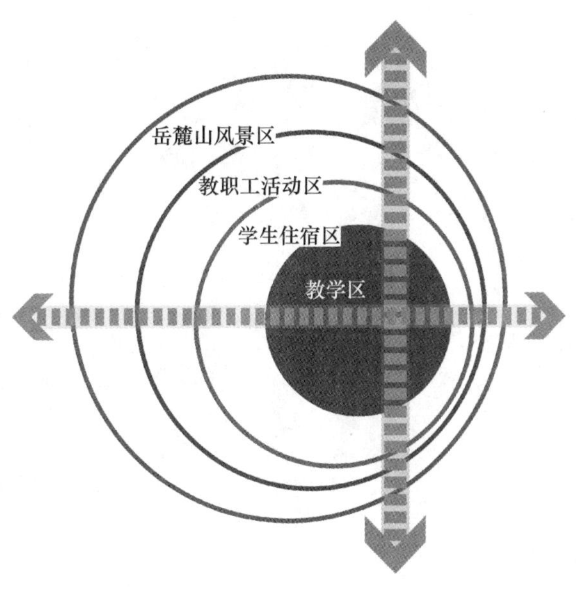

图 2-6 湖南大学“四个同心圆”规划（冯一凡绘）

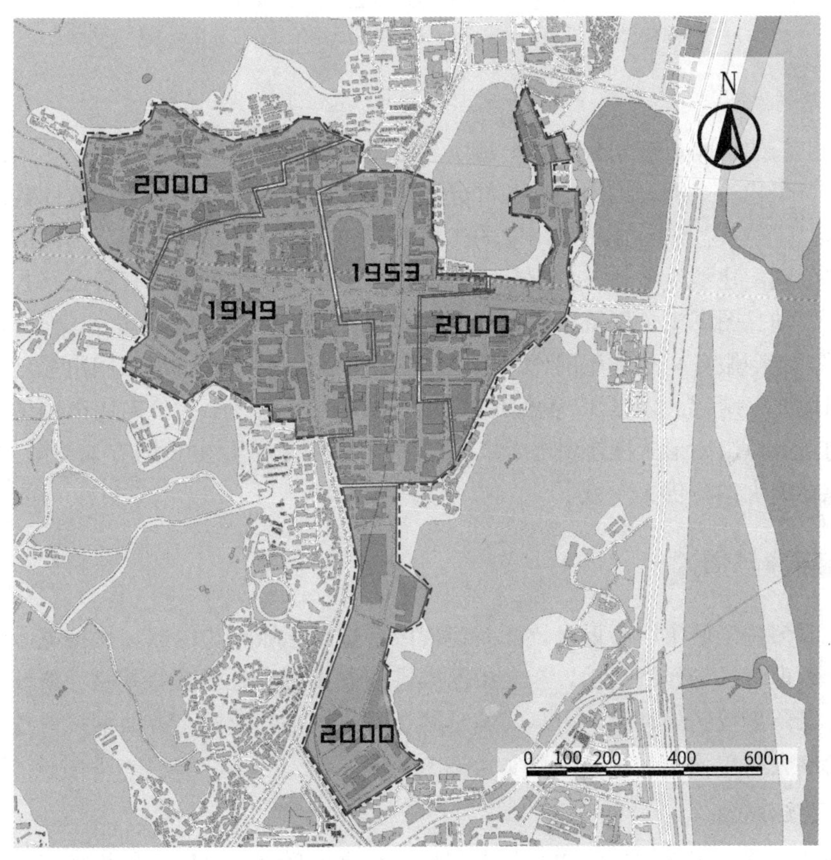

图 2-7 湖南大学校区发展历程示意图（王帆绘）

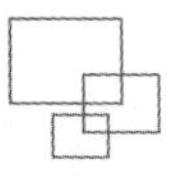

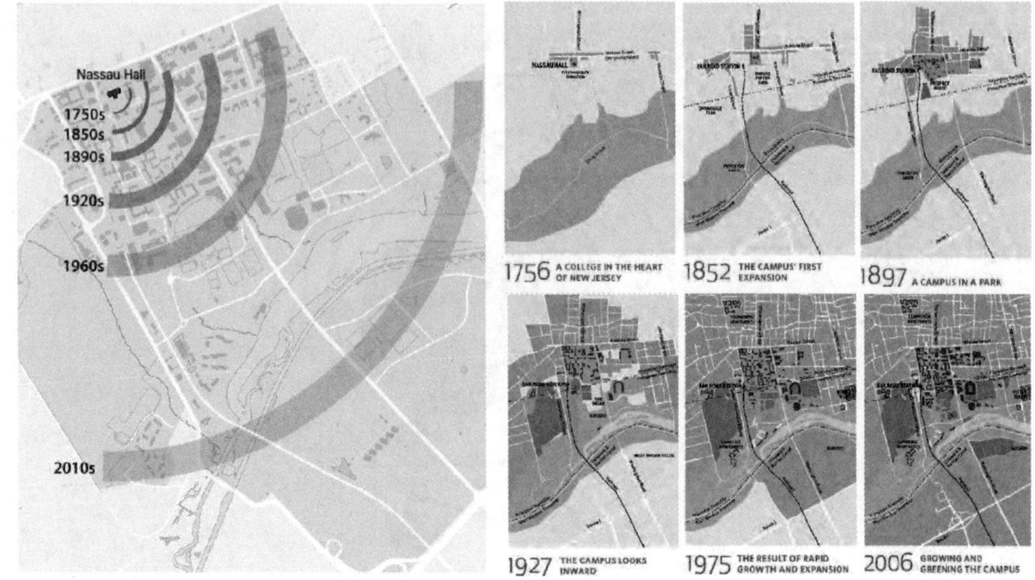

图 2-8　普林斯顿大学扩张历程

左：普林斯顿大学扩张模式示意图（马婧洁绘）

右：普林斯顿大学 1756—2006 年的校园发展历程（引自普林斯顿大学官网）

（3）单元生长

单元生长的校园可被划分为多个组团，组团规模视校园实际情况而定，大到一个校区，小到一个建筑组群。组团内部各部分紧密联系，同时与其他各组团共同构成整体的空间结构。这是从校园自身特质出发的扩建方式，根据学科相关性划分不同的教学科研组团，并分别配建学生宿舍、食堂等生活配套设施，使学生们能够在最短路程内完成学习与生活活动。图书馆、展览馆等大型公共设施位于整个校园核心部分，保证与各组团间的联系，起到服务全校师生的作用。组团形成单元生长模式，组团间由绿地、广场等开放空间填充。哈佛大学以 17 世纪形成的“哈佛院”为核心部分向周围辐射，不同时期建设的新区以组团形式围绕其各自扩展，整个校园以单元生长的方式逐渐发展壮大，形成了现在庞大的哈佛大学城。

2.3.2　新建与增添

老校区多位于城市中心地区，而新建校区多选址于城市边缘区，用地宽敞，但没有相关人文地理背景与经济活动，与老校区丰富的人文历史底蕴有些差距。新校区的规划与建设应保留老校区的特点，可从文脉延续、建筑风格呼应两个方面承接老校区的空间特质。哈佛大学单元生长核心区域实景见图 2-9。

（1）文脉延续

高校老校区通常具有比较成熟的空间格局和景观形态，在人文历史发展的不断滋养下，形成独特的校园风貌与历史文脉。新校区的建设应延续历史文脉，植入独有的文化脉络与空间形态，使校园文化与大学精神文化环境得到延续。

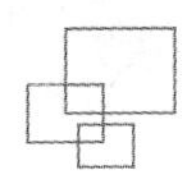

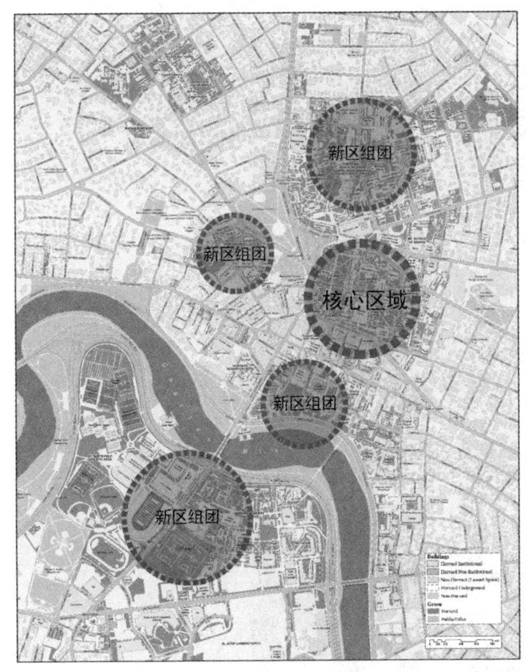

图 2-9 哈佛大学单元生长核心区域实景

左：哈佛大学单元生长示意图（冯一凡绘）

右：哈佛大学核心区域实景（引自哈佛大学官网）

一方面，新校区中可在重要节点（校门、重要建筑前、广场、校园道路节点等）处布置老校区的记忆或遗存纪念物，如创始人雕塑、纪念碑刻等。在北京林业大学主楼西侧绿地景观中，设计有学校创始人梁希的雕塑。纪念雕塑与绿地景观结合，形成了庄严、肃穆的纪念性景观，充分表达了北林人深刻缅怀梁希先生，“忆林人初心，担林人使命”，继承先生“替河山装成锦绣，把国土绘成丹青”的遗志，践行“知山知水，树木树人”的校训，投身绿色事业伟大实践的信心与决心。另一方面，新校区中可结合校园开放空间设置历史性景观节点或景观轴，复现历史建筑或以时间为轴、依托空间序列回溯校园发展历程。通过凝练校园历史、办学理念、公共精神以及历史性构筑物或建筑，体现校园独有的精神内核。北京林业“林之心”校园景观中，设计有校史泉节点。校史泉的泉水流淌于铭刻着北京林业大学重要事件时间节点的石台之上，象征着北京林业大学不断向前发展的勃勃生机（图 2-10）。此外，南开大学津南校区中对木斋馆、思源堂、秀山堂三栋历史建筑进行复建。三栋建筑采用对称的线性空间结构布局，位于校园东西向文化主轴线上，成为历史纪念性空间场所的核心，体现学校贯通历史、薪火相传的理念。三栋建筑围合出纪念广场，居中设计有一处南开八角校徽形涌泉，更加突出了校园特质与文化符号，独具南开特色（图 2-11）。

（2）建筑风格呼应

地域文化对校园建筑的空间布局、整体形式以及色彩装饰等具有深远影响。老校区中具有地域特色的历史建筑或传统建筑，新建校区建筑传承老校区建筑风格，对原有建筑进行概括与总结，对其整体形式或局部构造进行改进与再加工，使其符合现代的功能和需求。新建校区建筑在色彩和装饰细节上，也通常与老校区重要建筑形成呼应。

图 2-10　北京林业大学校园内校史泉景观节点（冯一凡摄）

图 2-11　南开大学复建历史建筑及前广场（冯一凡摄）

群贤楼是厦门大学老校区中的地标性建筑物之一，中央主楼的屋顶采用闽南民居的大屋顶“三川脊”歇山顶建筑，高低错落，富有节奏感。厦门大学新校区的设计中，其建筑形式抽象化了老校区中传统大屋顶的形制，简化了飞檐，采用更加轻盈的坡屋顶。新建筑色彩与材质仍与群贤楼的立面呼应的同时，又呈现出现代建筑的特点，既体现了对老校区建筑风格的继承，又具有新时代校园的风貌特色。

3 大学校园空间景观提升策略

3.1 激活边界空间

3.1.1 基于共生理论的校园边界空间评价

“共生”是生物学概念，指不同种生物之间的互利关系。在共生关系中，两方相互依赖，互惠互利。校园与城市是两个不同的体系，但二者都不能脱离对方存在。空间与资源上的互补为校园和城市提供了共生的可能性。其中，校园边界空间是校园开放与校园-城市融合的重要载体。因此，本研究引入生物学概念——共生，将其与校园边界空间属性结合，对校园-城市边界空间的连通性与整合性展开研究，提取开放性、渗透性以及融合性三方面的目标因子层，构建校园-城市边界共生性评价框架（表 3-1）。

表 3-1　共生性校园-城市边界空间评价框架

因子层	因子	度量方法
开放性	开放率	$B_O=L_K/D$
	边界曲率	$B_C=L_i/L_j$
	可达性	空间句法整合度分析
渗透性	延展度	$B_E=L_k/W_k$
	嵌入率	$E_D=D/S$
融合性	功能混合度	$H_{mn}=-\sum_{i=1}^{n}(p_i \times \ln p_i)$
	绿廊密度	$I_G=L_g/S$
	周边关系指数	$I_R=T_N/S$

整理绘制：冯一凡。

（1）开放性

开放性是共生性校园边界空间应具备的基本属性之一，表征边界空间的形态特

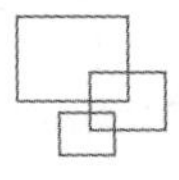

征。在本节的研究中，通过边界开放率、边界曲率以及可达性对开放性进行刻画与分析。

开放率指校园有效开放边界长度与边界总长度的比值，是对边界开放程度的基本描述，数值越大，边界开放程度越高，计算公式如下：

$$B_O = L_K / D \quad (1)$$

式中，B_O 为边界开放率；L_K 为有效开放边界长度；D 为边界总长度。

边界曲率反映边界的蜿蜒程度，是边界的实际长度与节点之间的直线长度的比值。曲率越大，校园边界与城市接触面越破碎，开放可能性越低。计算公式如下：

$$B_C = L_i / L_j \quad (2)$$

式中，B_C 为边界曲率；L_i 为边界节点间的实际长度；L_j 为节点间的直线长度。

空间句法可将空间量化为整合度和凸空间视域可达分析，从而研究空间的可达性和开放程度。整合度越高，通行效率越高，可达性越高；凸空间视域可见性越好，空间吸引力越高，开放可能性越高，有利于进一步提升共生可能性。

（2）渗透性

渗透性良好的边界内外互相连通、交流，能为校园与城市提供更多交流的可能性。评价渗透性的因子为延展度和嵌入率。

延展度为边界空间宽度与长度的比值，同等面积下，延展度越高，边界渗透性越高，越有利于边界内外的互通。计算公式如下：

$$B_E = L_k / W_k \quad (3)$$

式中，B_E 为边界延展度；L_k 为边界宽度；W_k 为边界长度。

嵌入率表征边界本身的不规则程度，指区域边界周长与区域面积的比值。嵌入率数值越大，边界内外相互融合基础越好，越有利于边界效应的发挥，从而具有更好的渗透性。计算公式如下：

$$E_D = D / S \quad (4)$$

式中，E_D 为嵌入率；D 为校园周长；S 为校园面积。

（3）融合性

校园边界空间是实现校园与城市功能互补、空间活力提升、环境融合的载体。因此，边界周边功能和环境的整合对于校园与城市的共生至关重要。本研究通过功能混合度、绿廊密度和周边关系指数三个指标衡量边界整合度。

功能混合的区域能够避免单一功能区所带来的生活不便、空间割裂等问题，有利于区域的整体发展。本节研究将边界周边环境 Poi 数据划分为居住生活、公共服务、文化教育、商业服务、交通设施、绿地广场六类（表 3-2），通过统计各功能类别的 Poi 数据计算功能混合度。计算公式如下：

$$H_{mn} = -\sum_{i=1}^{n} (p_i \times \ln p_i) \quad (5)$$

式中，H_{mn} 为功能混合度，第 m 行 n 列网格中的函数混合比例；n 表示 Poi 类型的数量；p_i 是第 i 个 Poi 类型的数量占网格中所有 Poi 数量的比例。

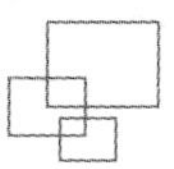

表 3-2 大学校园各类用地所占比例统计表

Poi 分类	具体内容	
居住生活	居住区	居住小区、社区配套设施
公共服务	行政管理	政府机构
	医疗服务	综合医院、社区医院、药店、诊所
文化教育	教育机构	大学、中学、小学、培训机构
	研究机构	产业园区
	文化展示	博物馆、展览馆、美术馆、图书馆等
商业服务	餐饮	各种类型的餐饮服务商业点、食堂
	住宿	酒店、民宿等
	购物	商场、超市、市场等
交通设施	公共交通	地铁站、公交车站
	交通服务	停车场
绿地广场	景点	风景名胜区、名胜古迹
	绿地	各种等级绿地
	广场	各种类型广场

整理绘制：冯一凡。

绿廊是联系校园与城市绿地系统的重要纽带，绿廊密度能直观反映边界内外环境的融合程度。本节研究中，绿廊指校园内部可以用于连通校园内外绿地资源的带状绿色开放空间，包括带状绿地以及绿道等。绿廊密度越大，校园与城市绿地资源整合度越高，环境融合性越好。绿廊密度计算公式如下：

$$I_G = L_g / S \tag{6}$$

式中，I_G 为绿廊密度；L_g 为校园内绿廊长度；S 为校园面积。

周边关系指数反映校园与周边环境的关联性。本节研究通过校园内公共交通连接设施的密度表征周边关系指数。周边关系指数越大，校园内部的公共交通站点越多，校园与城市的关联性越好，边界具有更好的融合性。周边关系指数计算公式如下：

$$I_R = T_N / S \tag{7}$$

式中，I_R 为周边关系指数；T_N 为校内公共交通站点；S 为校园面积。

3.1.2 校园边界空间优化策略

基于上述共生性校园边界空间评价，本节研究针对边界本身、边界空间以及边界内外区域提出优化策略如下，以期创造有利于校园知识溢出、城市创新发展的校园-城市关系。

(1) 提升边界本身开放性：合理增加边界开口区域

在保证校园环境安全的前提下，按需增加边界的开口密度。若边界靠近城市快速通道，需要建立隔离，以确保校园内部的安全。若边界与城市居民区、商业区等城市活力空间相邻，则应尽可能打开边界。

（2）提高边界空间渗透性：丰富开放空间层次与功能

在入口和重要空间节点区域增加多样化的活动和交流空间，营造活力、渗透的边界空间。开放空间应根据周围环境和不同使用者的需求进行针对性设计。此外，将开放空间与车站、停车场等其他服务设施相结合，以提高使用效率和服务质量。

（3）增强边界内外的融合性：加强校园与城市的内外联系

一方面，对校园内外分布破碎的绿地斑块进行整合，提升区域环境质量，增强区域生态安全的稳定性。另一方面，加强校园内外的联系，如构建完整绿道系统、完善公交转换分布等。绿道的规划与建设应兼顾自然和人文景观，构建具有场地特质的慢行系统，体现山水特色，延续场地文脉。

3.2 建设低碳景观

3.2.1 构建以低碳理念为核心的校园碳汇景观设计模式

以低碳理念为核心的校园碳汇景观包括降低排放和增加碳汇两方面。其中减排包括建设过程减排和养护管理减排，从技术、运输、材料、管理、工程等多方面最大程度地降低碳排放。增加碳汇的过程包括绿地系统、植物配置和水系统三个方面，提升景观的碳汇总量（图 3-1）。

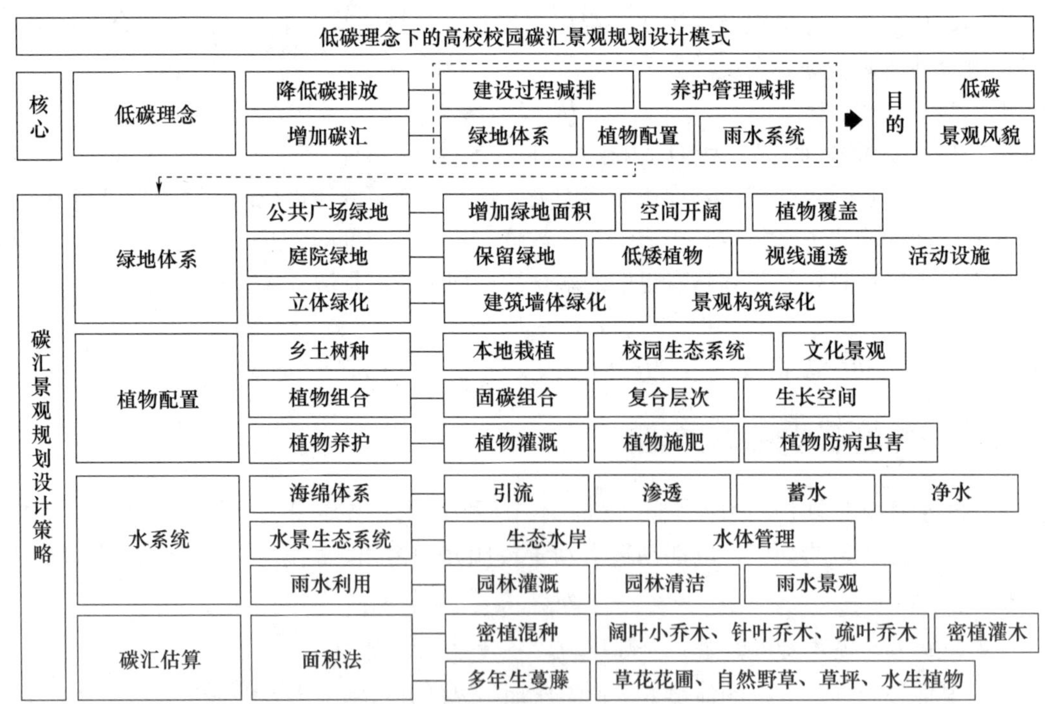

图 3-1　校园碳汇景观规划设计模式图（李诗尧绘）

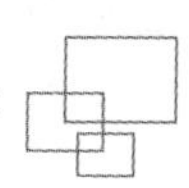

（1）降低碳排放

在建设低碳景观的过程中，顺应场地现状的地形条件，充分运用场地的造景要素与可持续建材，减少材料的堆砌与消耗，灵活调整土方挖掘与机械作业，可以降低建设经济成本与施工过程的碳排放。在养护管理阶段，顺应植物的形态与习性修剪养护，选择低能耗的养护设备，利用雨水资源灌溉清洁以降低对城市供水的消耗，通过生物防治减少化学药剂的使用，对工作人员进行低碳理念与技术能力培训，以降低养护工作中的污染与碳排放。

（2）增加碳汇

在绿地体系方面，通过增大绿化面积，增加植物对地表的覆盖，充分利用现有的山林湖塘绿地资源，形成林地、园地、池塘等多样的碳汇景观，可以提升校园绿地的碳汇总量。在植物配置方面，固碳植物与观赏性植物相配置能够兼顾碳汇要求与景观美学，引入本地乡土固碳植物能够良好适应本地自然地理环境，保持较好的生长状态和固碳状态。在雨水系统方面，通过校园内各类水景观的水质净化与循环利用，促进水生植物生长并灌溉其他植物生长以增加碳汇量。

3.2.2 校园碳汇景观的绿地体系规划

低碳理念下的校园绿地体系规划，通过丰富类别与扩大面积增加碳汇。校园人口密度较高，人均绿地面积较低，绿地的用地开发潜力较低。因此，绿地体系围绕广场绿地、庭院绿地和立体绿化展开，提升校园绿地的丰富性和层次性（图 3-2）。

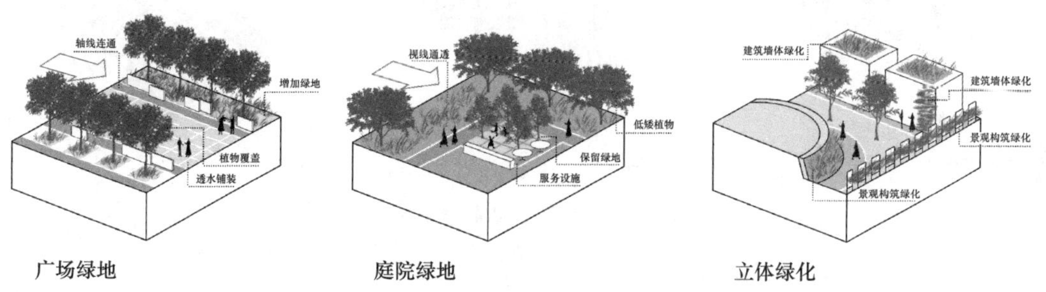

图 3-2　绿地体系策略模式图（李诗尧绘）

（1）公共广场绿地

校园公共广场绿地是展现校园精神风貌与文化形象的仪式性空间，也承担着步行人流、聚集活动、疏散空间等功能。通过扩大绿地面积，增加地表植物覆盖，可以增加碳汇总量。同时用开阔的草坪营造活动与疏散空间，用乔木灌木围合划分活动空间，并可通过行道树、空间开合、节点对景等方式强化景观轴线的连通性与仪式感。

（2）教学庭院绿地

教学庭院绿地是校园内半开放空间，为教学楼内的师生提供课间休息活动的空间，面积相对较小。在满足消防要求的基础上，应尽量保留庭院绿地，以低矮的观赏性小乔

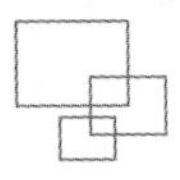

木与花灌木增加绿化。同时，观花观果树种可塑造教学文化主题，配以座椅、景墙、廊架等活动设施，可为师生提供讨论交流和亲近自然的空间。

（3）立体绿化

立体绿化是依据校园内的建设条件，在建筑墙体外立面、护坡、屋顶、挡墙立面等建筑设施，以及门庭、花架、栅栏、廊柱、棚架等景观构筑上栽植铺贴攀援植物或其他植物，以较小的平面占用空间，提升校园的绿化覆盖率与环境品质。立体绿化需要考虑建筑立面构造、支撑强度、墙体表皮材料、消防等条件，选择适宜的布局位置，常见做法是安装金属栽植基盘和藤类植物攀援辅助材料。

校园内可通过屋顶绿化、围栏绿化和外立面绿化增加绿地面积并提升碳汇。屋顶绿化和外立面绿化需要考虑建筑载荷、植物特性和工程经济成本等问题，可选择师生活动较多的重要建筑布局，栽植质量轻盈、色彩丰富、根系不发达的小型花灌木。校园边界往往通过围栏分隔空间，可通过绿篱带或攀援类植物增加绿化面积。

3.2.3 校园碳汇景观的植物配置

校园的碳汇过程主要通过植物来实现。不同植物的固碳能力差异较大，校园景观还需兼顾生态、美学、健康等多种效益。因此，植物配置策略可从乡土树种、植物组合、植物养护三方面展开（图 3-3）。

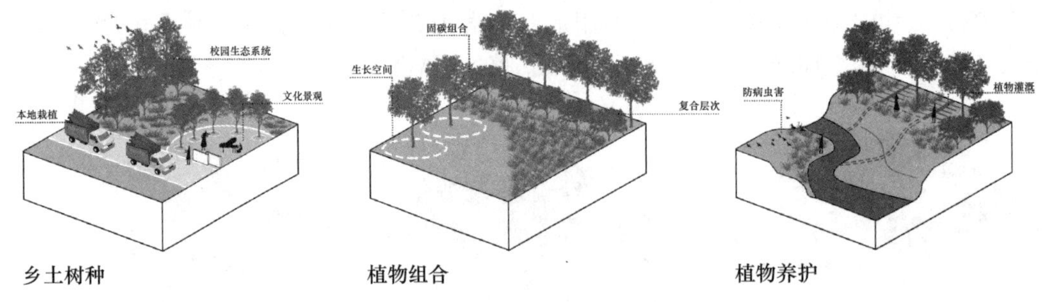

图 3-3 植物配置模式图（李诗尧绘）

（1）乡土树种

应用乡土植物是校园碳汇景观重要的植物配置原则。乡土植物适应本地气候、土壤且生长良好，从而最大程度地发挥固碳释氧效益。同时，乡土植物具有本地采购、耐病虫害、养护成本低、节约水资源等优点，能降低栽植的经济成本与养护管理中的碳排放。乡土树种具有地区特色，能够营造地方文化景观，可成为校园文化精神的重要展示窗口。

（2）植物组合

通过不同的植物组合可以实现碳汇效果与良好的景观效果。乔灌草结合的多层次密植植物群落对地表覆盖程度较高，具有更好的碳汇效果，可成为校园内广泛应用的植物组合形式。选择叶面积大、冠幅较大、处于成长期的乡土阔叶乔木作为主要绿化树种，能够增大碳汇量。引用观赏性的景观树种可以构建不同主题风貌与文化寓意的观赏空

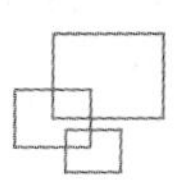

间。同时，植物的栽植组合应预留足够的生长空间，以提升植物的存活率与远期生长状态。

（3）植物养护

植物的后期灌溉、施肥、防虫害等养护管理均需采取低能耗、低污染的可持续措施。通过校园内的雨水循环利用系统降低市政用水的消耗，通过节水喷头降低灌溉用水的损耗，可从水源和水量两方面降低灌溉的能源消耗。通过利用落叶树种的叶片来补充土壤养分，可降低化肥的使用量。对于主要的病虫害，通过构建吸引捕食性天敌的生态环境并减少农药的使用，以生物防治措施的形式保持植物群落的健康稳定生长。

3.2.4 校园碳汇景观的水系统设计

校园景观用水源自人工引入和雨水收集等途径。由于景观中的水流动性较低，水质易受污染，富集的微量元素会促进浮游植物生长，影响水体的美感与卫生，破坏水环境生态系统的平衡。碳汇水系统主要通过构建海绵体系、水景生态系统、雨水利用等方式提升水体的自我净化能力，并促进水生植物生长，从而增加碳汇并降低水质管理中的碳排放（图 3-4）。

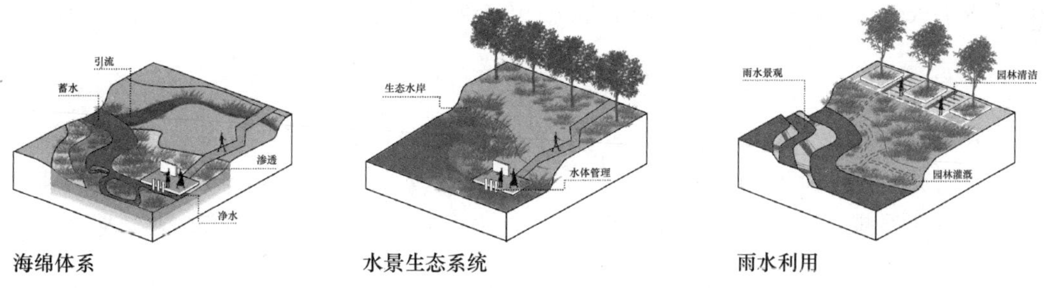

图 3-4　水系统设计模式图（李诗尧绘）

（1）海绵体系

海绵体系能够在降雨时充分地引流、渗水、蓄水、净水，增加对雨水的就地利用并降低市政用水的消耗，雨水灌溉植物又可增加碳汇。校园内的海绵体系包括植草沟、植被缓冲带、暴雨花园、透水场地、蓄水池等装置景观，并与市政排水管道衔接。植草沟引导雨水径流进行收集和排放，在地表对雨水进行初步的过滤净化。植被缓冲带借助坡度较缓的地形，利用植被降低地表径流的流速，并对雨水进行初步的过滤。暴雨花园是自然或人工挖掘的浅凹下沉绿地，汇集雨水并通过植物和垫层过滤净化，让雨水逐渐渗入土壤。透水材料铺装或孔洞植草砖能够促进雨水的下渗补充地下水，透水垫层可净化过滤雨水，植草砖中的孔洞可植草，从而增大绿化面积与植物覆盖。蓄水池可将雨水临时性储存，对校区内排水用水的调度具有积极的作用。

（2）水景生态系统

水景生态系统内的植物和土壤能够储存大量的有机碳，因此水景观设计要充分考虑校园地表水资源和雨水资源，通过驳岸、植被、土壤、水质的建设与管理，构建水岸和水体健康稳定的滨水景观。人工生态水岸的设计通过模拟天然水岸的结构和功能，以自然的水岸线柔化水陆边界并促进植物生长。水岸与水塘内生长的湿生植物能够净化空气、涵养水源和增加碳汇，并有效地沉淀和降解水中污染物，降低水景养护管理的碳排放。

（3）雨水利用

雨水利用能够有效减轻城市雨洪压力与水资源短缺等问题。校园内的建筑雨水可通过高位花坛或雨水收集装置汇集，也可借助建筑退台或地形高差变化设置跌水景观。雨水经过收集与过滤净化，可大量用于对水质要求不高的园林绿化灌溉和园林清洁，减少对供水资源的消耗。另一部分雨水则可引流至校园内的溪流景观或水池景观内，通过水景内栽植的植物和水体中的微生物进行沉淀、过滤和净化，成为补充水景观的清洁水源之一。

3.2.5 校园景观碳汇量估算

校园景观的碳汇量估算采取种植类型—面积法，依据校园景观的植物配置方式进行分类，计算各类种植类型的种植面积与单位面积年固碳量（参见表 3-3），并通过温度带修正因子进行校正，这种方法能够普遍适合各类城市的绿化碳汇计算。计算公式为：

$$C_a = \sum_{i=1}^{n} A_i \times C_i \times k$$

式中，C_a 为绿化年总固碳量（$kg \cdot a^{-1}$）；A_i 为不同绿化类型的种植面积（m^2）；C_i 为不同种植类型单位面积年固碳量（$kg \cdot m^{-2} \cdot a^{-1}$）；$k$ 为温度带修正因子，由低到高取值依次是寒温带 0.3，青藏高原气候区 0.4，中温带 0.6，暖温带 0.7，亚热带 1，热带 1.2。

表 3-3 不同种植类型年固碳量

序号	种植分类	固碳量（$kg \cdot m^{-2} \cdot a^{-1}$）
1	大小乔木、灌木、花草密植混种区（乔木平均种植间距＜3.0m）	30
2	阔叶大乔木	22.5
3	阔叶小乔木、针叶乔木、疏叶乔木	15
4	密植灌木	7.5
5	多年生蔓藤	2.5
6	草花花圃、自然野草、草坪、水生植物	0.5

3.2.6 碳汇景观设计探索——以重庆忠县某艺术学院为例

（1）区位概况

艺术学院的校园选址位于重庆市忠县新城开发区北部，邻近沪渝高速，周边山环水抱，风景宜人，拥有得天独厚的环境优势。忠县拥有厚重的文化底蕴“忠文化”，宣扬

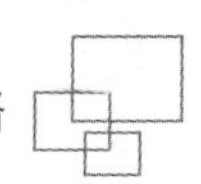

“忠诚”“忠孝”“忠信”等传统美德。忠县是山水之城，富有诗意的山水文化具有一定的知名度。校园规划总面积 20.11 公顷，其中绿地规划总面积为 6.92 公顷（图 3-5），围绕入口建筑、教学楼、食堂、宿舍等建筑环境与公共空间展开（图 3-6）。场地内现状总体较为平坦，局部存在一定的高差变化，西南侧现状有一处高 4.5 米左右的土丘，其面积约 0.5 公顷。场地内保留一定的乡土植物，分布于综合楼南部和南入口北部。同时，设计需要满足师生在不同校园生活场景下的功能需求，并在要素上充分营造校园文化氛围。在现状分析的基础上，以低碳理念为核心，提出绿地体系、植物配置、水系统三方面碳汇景观规划设计策略，以实现生态节约和低碳示范校园的校园景观建设目标。

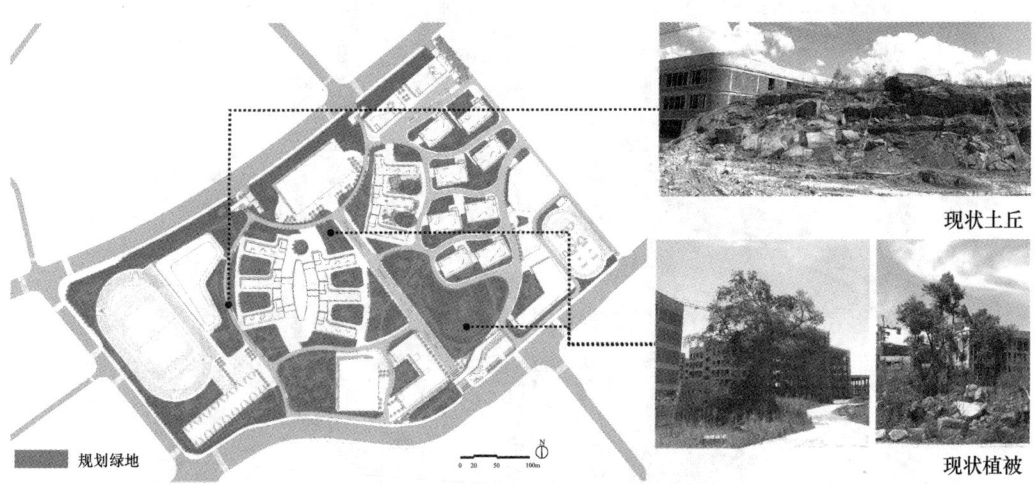

图 3-5　规划绿地分布图（李诗尧绘）

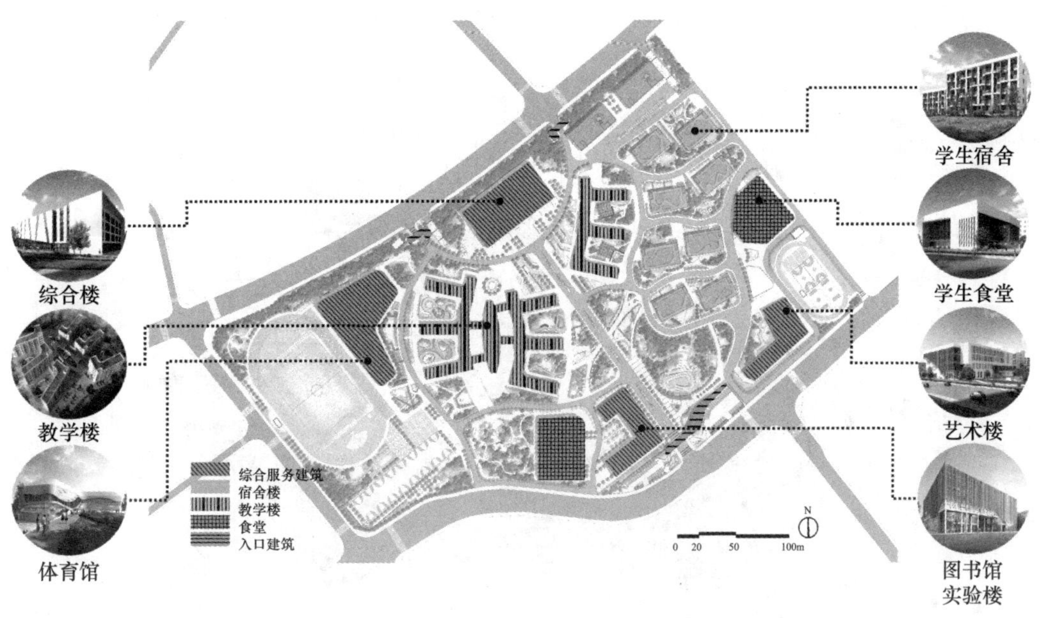

图 3-6　建筑功能分布图（李诗尧绘）

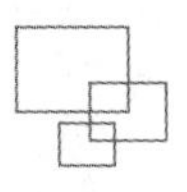

(2) 校园景观规划设计思路

校园总体空间结构以核心中央大道景观轴线为骨架，依据建筑功能分为中央景观区、教学综合区、生活服务区、体育运动区四个景观分区（图 3-7、图 3-8）。毓秀大道、惟吾德馨、桃李芬芳、海棠逸趣、硬石种榉五个核心景观节点围绕景观轴线展开，是展示校园精神风貌和服务师生活动的重要节点。十二个各具特色的主题景园分别设置在主要建筑的周边区域，构成各具特色的庭院绿地空间（图 3-9、图 3-10）。

图 3-7 校园总平面图（李诗尧绘）

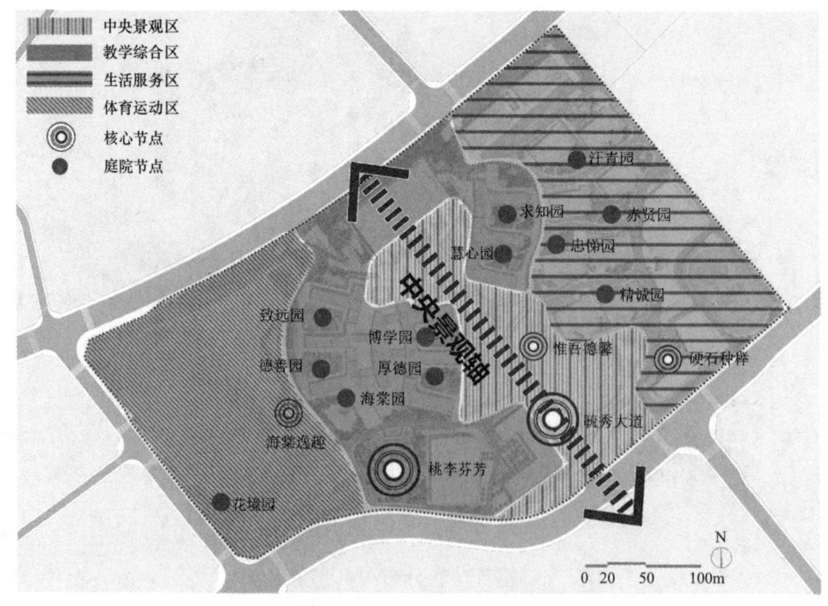

图 3-8 校园景观规划结构图（李诗尧绘）

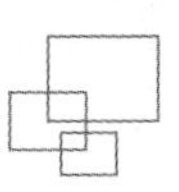

图 3-9 校园景观效果图（李诗尧绘）

图 3-10 节点效果图（李诗尧绘）

（3）丰富绿地层次，扩展绿地面积

校园绿地体系由中央广场绿地、教学庭院绿地和立体绿化三方面组成，通过尽量扩大校园的绿化面积来增加碳汇（图 3-11）。中央广场绿地以毓秀大道景观为核心，坐落于校园南入口至综合楼前广场，通过银杏行道树覆盖步行道，通过树阵种植池覆盖广场铺装。教学庭院绿地则对各个教学楼、宿舍楼的楼间绿地进行主题设计，在满足消防要求的基础上尽量保证绿地面积，形成十二个主题小庭园，为师生提供不同类型的学习交流空间。立体绿化采取屋顶绿化、护坡绿化和栅栏绿化三种形式。屋顶绿化选择在学生活动密集的 1 号宿舍楼两个屋顶布局。宿舍楼是学生居住和活动较为密集的场所，学生的呼吸、饮食、水电、通风等能耗较大，碳排放量较高。宿舍楼屋顶绿化能够充分扩大碳汇绿地的面积，并为住宿的学生提供休闲游憩空间。护坡绿化在山体混凝土挡墙外挂种植框架，以活泼多元的植物墙图案美化护坡设计。围栏绿化则通过攀援类植物柔化校园外栅栏的空间分隔，增加绿化面积。

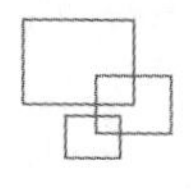

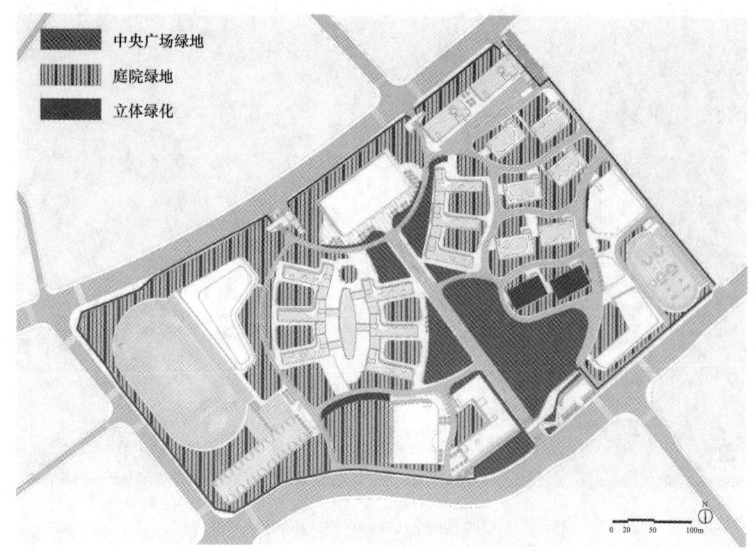

图 3-11 校园绿地体系（李诗尧绘）

（4）运用乡土植物，塑造文化风貌

艺术学院的植物配置充分考虑植物在本地气候下的成活率、生存状态、观赏效果、碳汇能力，并考虑栽植的经济成本和施工难度。在广场绿地中以观赏性树种银杏为主，凸显校园的景观序列。在庭院绿地中，选择乡土树种如黄角树、小叶榕、羊蹄甲、香樟作为主要的乔木树种进行大面积绿化，并选择具有较好文化寓意和观赏效果的木樨、红叶石楠、玉兰、李树等树种构建局部观赏性节点，塑造汗青园、忠悌园、赤贤园等寓意忠县忠义精神的文化景观。屋顶绿化综合考虑建设成本与载荷，选择根系浅、地表覆盖度高的观赏性乡土地被植物，如凤尾蕨、肾蕨、麦冬、玉簪等常见地被植物。挡墙绿化选择佛甲草、垂盆草、红花檵木、红叶石楠等养护成本低、生态效益和观赏性较好的植物品种。围栏绿化则选择藤本月季、紫藤、爬山虎等适应能力强且观赏价值高的藤蔓类植物，丰富校园的植物景观层次。

（5）雨水充分利用，构建可持续水景

艺术学院的水系统设计通过海绵体系、景观水体生态系统和雨水利用三方面内容构建低碳可持续的校园水景（图 3-12）。海绵体系结合建筑功能与绿地布局，设置植草沟、植被缓冲带、暴雨花园、透水场地等设施。景观水体则结合地形坡度设计浅凹形绿地与景观水池，并搭配种植湿生植物构建景观水体生态系统。雨水利用则是通过地表植被沟渠收集和输送雨水，经由雨水收集池的汇集、过滤与清洁后应用于景观灌溉、冲洗清扫等养护管理用水中。同时，应顺应校园场地内的高差变化和建筑排水结构设置局部跌水景观。

（6）艺术学院景观碳汇量估算

通过种植类型—面积法估算碳汇总量。密植混种区是单位面积碳汇量最大的种植类型，在艺术学院内种植面积最大，分布在师生公共活动涉足较少的场地，以密林景观的形式实现大规模绿化。阔叶大乔木的碳汇能力较强，因此种植于铺装面积较大的活动广场中，在满足师生活动与疏散功能的同时，尽量增大植物对地面的覆盖。草本种植类型的碳汇能力较低，而养护管理成本较高，因此校园内单一草本植物景观的种植面积最小。此外，立体绿化通过种植草本植物以降低建筑载荷及构造成本，中央广场的阳光草坪景观可营造开阔的轴线空间，并提供面积充足的户外活动场地（图 3-13，图 3-14）。艺术学院各类绿地面积的年固碳总量约为 1259957.59 千克，能够较好地在践行低碳理念的同时塑造优美的校园景观风貌（表 3-4）。

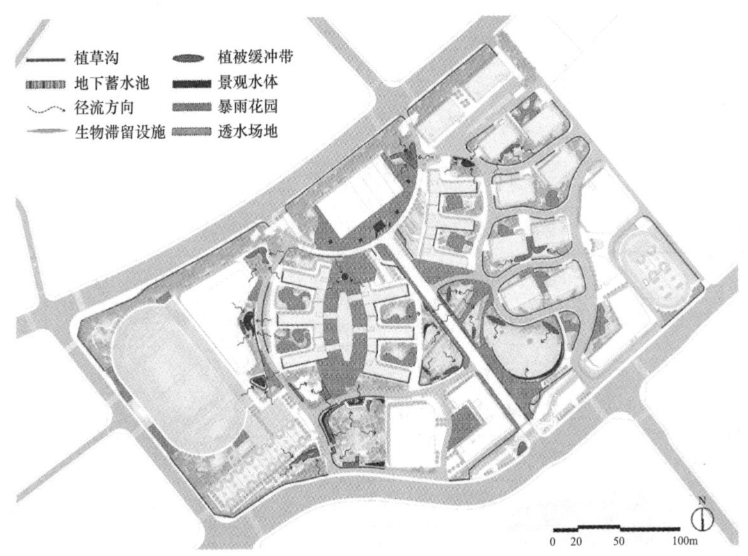

图 3-12　校园水系统设计（李诗尧绘）

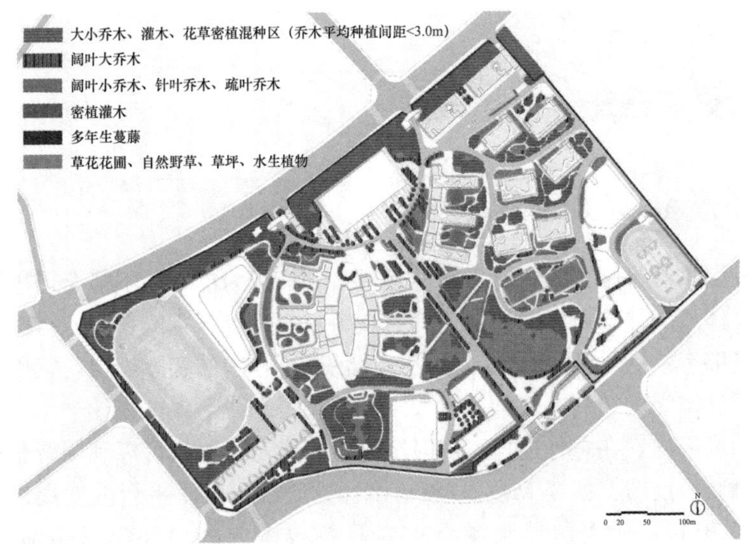

图 3-13　校园绿地种植类型分类（李诗尧绘）

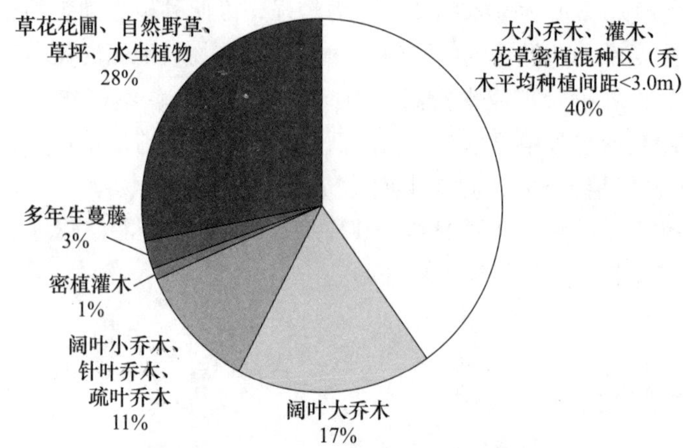

图 3-14　种植类型饼状图（李诗尧绘）

表 3-4　艺术学院碳汇景观年固碳量

序号	绿地种植分类	面积（m^2）	CO_2 年固碳量（$kg \cdot a^{-1}$）
1	大小乔木、灌木、花草密植混种区（乔木平均种植间距＜3.0m）	28290.72	848721.60
2	阔叶大乔木	12300.67	276765.05
3	阔叶小乔木、针叶乔木、疏叶乔木	7668.76	115031.43
4	密植灌木	693.39	5200.39
5	多年生蔓藤	1751.24	4378.11
6	草花花圃、自然野草、草坪、水生植物	19722.02	9861.01
	合计	70426.80	1259957.59

整理绘制：李诗尧。

3.3　智慧更新提升

3.3.1　基于智慧校园的景观设计技术

传统的校园景观是师生学习、生活的场所，功能较为单一，不能全面感知自然环境要素和识别个体或团体学习者的特征，并且较少承担户外课堂的功能。智慧校园景观的设计和建立能够有效满足师生在校园学习、生活和工作中的实际需要，突破课本的局限性，支持时间和空间的拓展，使学习从线下实体拓展到线上虚拟，让学生突破在校园室内课堂学习的局限性，在户外也可以随时随地进行学习，并且可以利用智慧校园的信息服务系统及时获得反馈。如今 MOOC 和腾讯课堂等线上教学平台的发展以及新冠疫情对全球教育的影响，让人们越来越看重在高校校园内的户外学习生活的支持环境（图 3-15）。

智慧校园是对现代教育的诠释，是对教育信息化理念的诠释，它将“物质”现代化向“人”的现代化更迭。智慧校园可以为师生提供全面的智能感知场域和综合的信息服

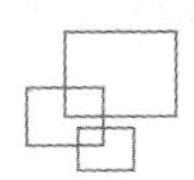

务场域，并提供基于角色的个性化定制服务。智慧校园集智能化感知、智能化控制、智能化管理、智能化互动反馈、智能化数据分析和智能化视窗等功能为一体。在下文中，将介绍基于智慧校园理念的三种景观设计技术。

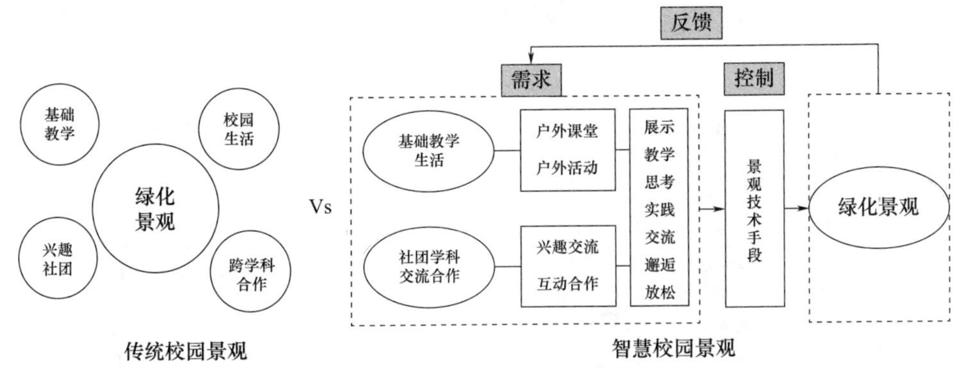

图 3-15　传统校园景观与智慧校园景观对比

（1）行为感知技术

通过景观中内置的摄像头或传感器等设备，捕捉师生的话语或手势等行为活动，触发装置内部的控制器引起景观的变化，形成人与人、人与自然之间的互动。这种行为感知技术可以激发多人共同参与，利于校园户外课堂展示、社团活动交流以及跨学科合作。

（2）环境感知技术

环境感知技术是指利用互动装置将环境中的自然环境要素进行信息可视化，其自然环境要素主要包括温度、湿度、风速和光照等。师生可以依据可视化的信息，进行生态等相关学科的户外认知和学习，例如在北京林业大学"林之心"项目中，灯柱的光线颜色与土壤水分变化的信息相对应，土壤传感器感知校内国槐（Sophora japonica）、油松（Pinus tabuliformis）、桧柏（Sabina chinensis）等 11 棵有代表性的大树根系的水分变化，当植物缺水时，灯柱的颜色会变红，学生可以依此了解到更具体的植物特征（图 3-16）。

图 3-16　北京林业大学"林之心"景观（李诗尧摄）

（3）虚拟交互技术

师生可以根据相应的学习或生活的要求，借助硬件设备，如手机、iPad、LED屏幕和VR设备等改变景观内的装置。例如，北京林业大学东区下沉广场的喷泉内置有互动设备，师生可以根据自己的喜好扫描喷泉对应的二维码改变喷泉图案，依此可以有效提高校园景观的参与性与互动性（图3-17）。

图3-17　北京林业大学下沉广场喷泉（李诗尧摄）

3.3.2　基于智慧校园理念的大学校园景观提升策略研究——以中南林业科技大学为例

（1）基本信息

中南林业科技大学位于湖南省长沙市，校园分为东西两个园区，整体环境较好，所在地具有气温高、湿度大、降雨集中等气候特征。考虑到风景园林学科对专业时间与交流具有较大要求，基于智慧校园景观设计理念对中南林业科技大学风景园林学院楼前绿地进行改造。该场地总面积约为3700m²，北侧靠近住宅区，其余三面临近教学区，东侧和南侧直接与校园主干道相接，受行人和车辆影响较大。场地内部为传统模式的校园景观，景观结构较为单一，有连续的连廊空间，但是仅具有简单的停留和通行功能。总体而言，该楼前绿地使用频率较低，是不具有吸引力的消极空间，现状问题可分为以下三点。

①场地空间功能单一，未能体现校园特色；

②场所校园记忆体现不足，交流空间缺乏；

③受外部因素干扰较大，空间品质有待提高。

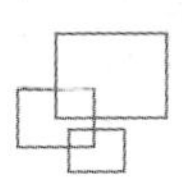

（2）现状问题分析

①场地空间功能单一，缺乏特色

通过调研可知，该场地空间功能可大致分为停留、通行和实践种植三个类别。可以发现学生在该场地的活动方式大多为行走通过或者简单停留，并且由于场地内主要通行道两侧停放有较多机动车，师生们在该户外场地停留的时间甚短。在绿地内设置的学生植物种植区域尚未形成良好的观赏效果。由上可知，场地功能单一，不能体现风景园林学院的特色。

②场所校园记忆缺失

校园内的开放空间是校园记忆的载体，事件性是校园记忆建构的核心。然而，经调研发现，该场地空间缺乏促进事件发生的构筑物，师生难以在此举办事件性活动。正如《人性场所——城市开放空间设计导则》一书中所说，“交流是校园外部空间最重要的功能”，交流也是构成校园记忆的核心内容，但该场地因为缺乏设施和引导性，知识交流和跨学科合作等活动受限。

③受外部因素影响较大

由于场地位于校园与外部城市相连的主要干道上，经过的人流、车流量较大，有较多的噪声，并且在自然因素方面受到通风和光照的影响，夏季通风不畅，冬季寒风凛冽，场地平坦没有缓冲地带。夏季傍晚西面日照严重，太阳辐射大，夜间缺乏照明，场地使用时间受到限制。

（3）智慧校园理念下校园景观提升策略

①按需组织空间，满足多种功能

原有的功能空间较为单一，且场地受外部条件的限制，所以以师生的校园学习活动为切入点，按照需求组织空间。场地整体设计分为开放和私密两种空间类型，开放空间为模块化布置，根据师生对场地的安排，可进行相应的转换，开放空间的使用方式包括户外课堂、小剧场、露天电影等。

私密空间的功能包括思考、交流等，在场地东侧建立微地形，缓解外部环境对场地的干扰，并减少外部噪声，在场地内部建立流动的路径，创造大大小小的限定空间，以满足私密空间的需求。

②增设景观设施，结合交互装置

景观中的设施通过采用智慧校园技术实现人与人的互动以及人与景的互动。设置配有 LED 屏幕的室外亭廊，满足小型讲座、交流、答疑、展示等功能。配备三人一组、五人一组或十人一组的交互装置，当场地内达到相应人数时，装置会发出特定的音乐，以期达到团队交流和跨学科合作的目的。

在智慧化标识方面，每片区域都设有紧急呼叫装置，保证场地的安全性；在植物实践用地中设置检测仪，将植物的生长情况、种植天数、水分等信息进行可视化呈现；实时统计场地的使用情况，将空闲座椅数量及位置展示于 LED 显示屏上，方便场地高效使用；户外教学时段，对外来人员的来访提出警示。

③能源持续利用，低碳校园设计

在场地内设置太阳能、风能发电装置，以达到能源可持续利用和夜间照明的作用，并且结合地砖特点设计实时显示器，用来记录发电量、产生的经济价值和减少的碳排放量，实现校园景观智能化。绿地照明加入交互元素，使用光强和行人感知路灯，降低电耗。智能照明系统可以自动感应周围的光环境，从而调整发光强度，也可以通过红外探测器识别人的行为，继而提供有效照明，降低能耗。

在雨水收集方面，配备有智慧检测系统，对下沉式绿地、透水铺装等生态雨水设施进行检测、处理，分析雨水径流量、渗透率及汇集量等系列数据，并将数据可视化呈现，以期让风景园林专业学生在实践中对专业知识进行深入探究。

④师生管理绿地，营造场地记忆

场地内的绿地作为户外实践用地，老师和学生均可利用场地进行植物实验种植和学习，这为师生的共同参与提供机会，让学生在实践中对专业产生了深刻理解，也美化了环境。随着时间的推移，种子逐渐发芽和生长，最终形成宜人的校园绿地。这里不仅是每一个使用者主动参与塑造的景观，更是承载了共同记忆的空间。

在具体的管理方面，按班级分为多个学生小组，每个小组轮流管理绿地内的植物种植，学生在观察场地植物生长情况后，利用智慧校园 APP 等进行阶段性反馈，以推动智慧校园可持续进行绿地管理。

⑤建筑界面提升，全息投影展示

原有的建筑立面与校园绿地互动性较弱，现代技术为建筑立面的提升创造了新的路径：一方面，可以将较为封闭的建筑立面打开，让室内空间室外化，使建筑与环境的对话更加频繁；另一方面，可在建筑立面上设置全息投影装置，展示风景园林学院的优秀图纸。

全息投影技术将二维图纸转换为三维空间，将纸上方案投射到实际应用，互动变得更为直观和有趣，营造出具有特色的景观环境立体化的展示平台，充分展现风景园林学院特色。

3.4 未来发展趋势

3.4.1 开放化

随着教育观念的转变以及社会的转型升级，大学的社会服务属性不断增强，大学校园作为高等教育的场所逐渐打破过去的封闭式教学模式，向校—城融合的开放性大学转变。开放的大学校园空间不仅是自身空间形态的开放，也应包含校园与城市之间的功能关联和互补。空间上，大学校园逐渐打破单一封闭的围墙边界，在校园与城市交界处植入绿地、活动场地等开放空间，增强了校园与城市空间的渗透与融合，也有利于提升小区域生态环境；功能上，学校的部分设施，如科研设施、公共设施等也可以成为城市功能的一部分，增加校园与城市的共享空间，使两者能够互补互助，相得益彰。

3.4.2 人性化

大学校园的根本属性为教书育人的场所，应将人的需求放在首位，在满足学习、生

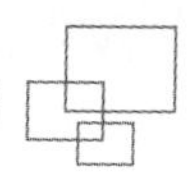

活等功能的同时，也应努力营造学习、思考、交流、聚会的场所，发挥空间环境对人的行为、心理、审美、精神的影响。多样化的公共空间功能布置以及适宜的步行环境都是人性化校园的重要体现。建筑以及公共活动空间的布置应考虑多样化的使用需求，除了满足传统使用需求，还应尽可能提供基于使用者的个性化空间，增强空间的互动性与体验感。慢行体系是人性化校园空间的重要载体。通过慢行体系的规划设计，将机动车与步行学生、非机动车流分离开来，创造步行尺度适宜、步行环境优美、步行体验良好的大学校园空间。

3.4.3 生态化

随着生态与可持续发展理念成为全球的共识，绿色生态也成为了校园发展的重要方向之一。如美国华盛顿大学的“绿色大学”行动、英国爱丁堡大学的“环境议程”等，其目的都是要推动校园可持续发展。低碳节能、生态建设是校园景观更新的重要原则。在校园建设中积极推广生态规划设计技术，按照低碳经济的发展要求，大力提倡低能耗、低污染、低排放的节约理念，在学校的日常管理工作中纳入环境友好的管理制度，营造绿色、低碳、生态的校园环境。

3.4.4 智慧化

随着5G时代的来临，信息化技术不断革新，各大高校向智慧校园转型和发展，浙江大学于2014年提出“智慧校园”，教育部于2018年颁布了国家标准《智慧校园总体框架》(GB/T 36342—2018)。作为智慧校园环境载体的校园景观空间，更应体现智慧化特质，使校园师生之间实现最大程度的信息共享与交流，推动高校向着更加信息化、智慧化的方向系统发展。智慧校园是学校建设的理想目标和教育发展的更高级形态，也是当前教育信息化发展的趋势与潮流。智慧校园是利用大数据、云计算、物联网、人工智能、虚拟现实等信息技术手段，打造一种环境全面感知、智慧型、数据化、网络化、协作型一体化的教学、科研、管理和生活服务的智慧学习环境。

4 大学校园空间发展模式与特征实例分析——以全球21所知名大学为例

4.1 北美高校

4.1.1 加州大学伯克利分校

(1) 校园区位概况

加州大学伯克利分校（University of California，Berkeley），简称“伯克利”，坐落于美国旧金山湾区伯克利市，是世界顶尖的公立研究型大学，在学术界享有盛誉，其位置在付尔默山峰的西侧，西侧为城市街区，东侧为山地景观。校园面积为178公顷，校园学生人数31804人（图4-1）。作为加州大学的创始校区，伯克利以自由、包容的校风著称，其学生于1964年发起的“言论自由运动”对美国社会产生了深远影响，改变了几代人对政治和道德的看法。作为世界重要的研究及教学中心之一，它与旧金山南湾的斯坦福大学构成美国西部的学术中心（图4-2）。

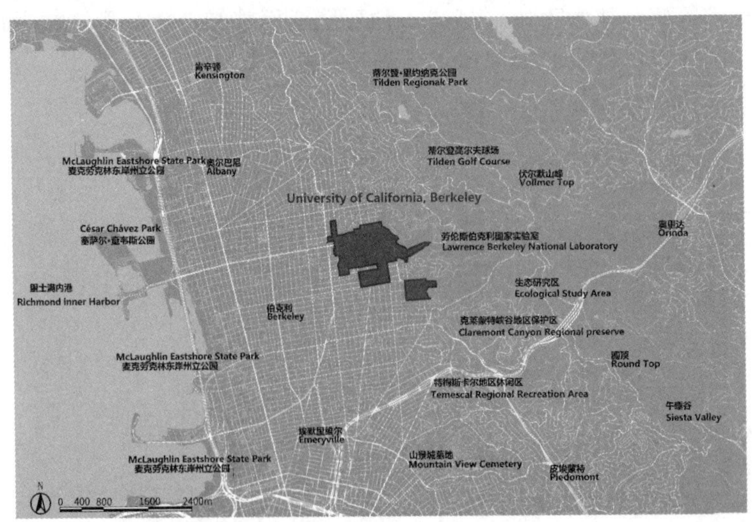

图4-1 加州大学伯克利分校区位图（张争光绘）

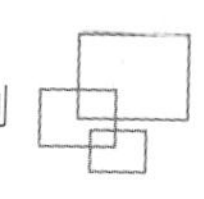

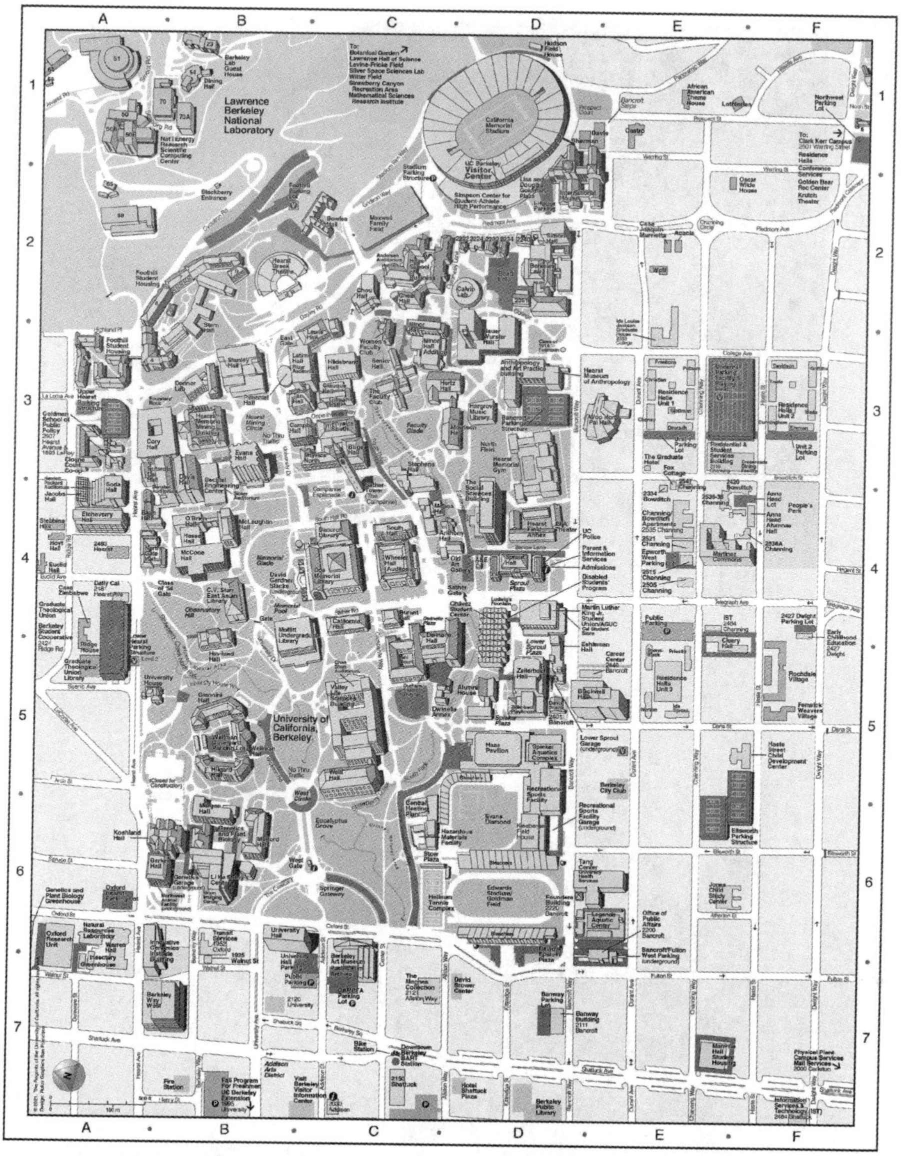

Produced by the Office of Public Affairs 20003 0221

© 2021 Regents of the University of California

图 4-2 加州大学伯克利分校校园地图（引自加州大学伯克利分校官网）

（2）校园空间布局分析

伯克利街区尺度的图底关系显示，校园西侧的区域为紧密的方格网状街区，里面零散分布着块状的不规则的绿地，校园的东侧为大片的山林绿地，校园处于城市与山林的过渡区域（图 4-3）。

伯克利呈现出不同区域的特异性，校园中央区域建筑依附于中央区域的主要绿色空间，沿着绿色空间周边流动布置。南部区域建筑规整，呈现出街区性质。东部区域的建筑分散布置在绿地之中，类似于乡村建筑的布置感觉。正如街区尺度反映的那样，学院整体的建筑图底关系反映了外部区域的变化（图 4-4）。

图 4-3 加州大学伯克利分校街区尺度图底关系（张争光绘）

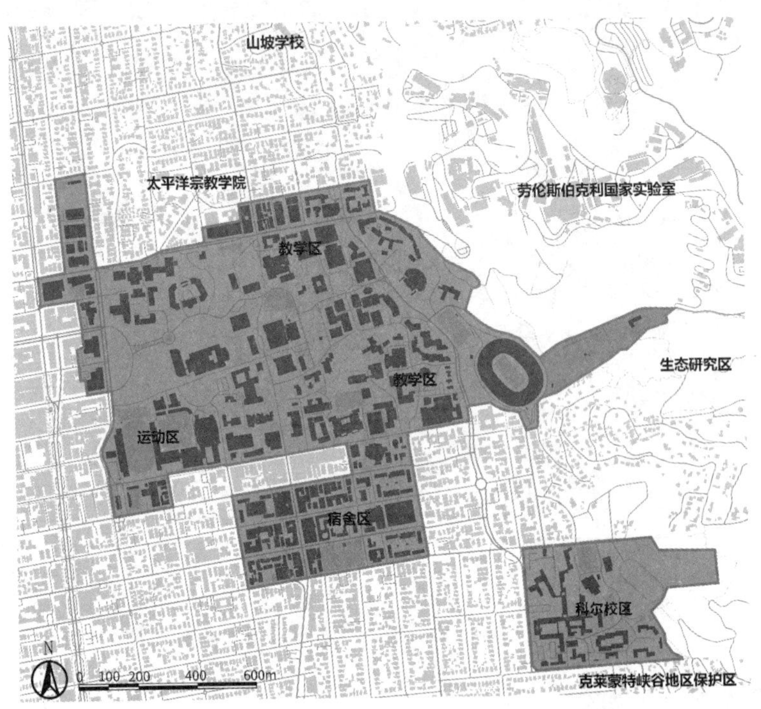

图 4-4 加州大学伯克利分校校园图底关系（张争光绘）

伯克利的校园开放空间主要依托于原校园中央保留的绿色空间区域，形成三条明显的开放空间条带，串联校园中央区域的大大小小的开放空间，形成自然流畅的空间条带，并连接通向学院东北角的绿色山地区域，完成了由建筑到自然的过渡。开放空间核心主要分布在中间的主要轴线部分，在其余两条弯曲的轴线上也有所体验，空间节点自由地分列在校园的建筑围合院落之中，自西向东数量越来越多（图 4-5）。

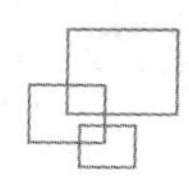

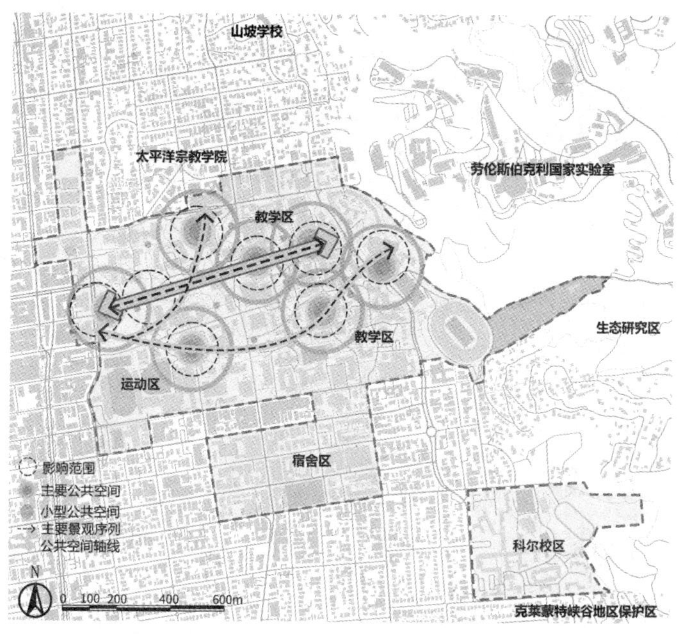

图 4-5　加州大学伯克利分校校园开放空间体系（张争光绘）

（3）校园景观结构分析

伯克利的校园景观序列主要沿着一条东西向贯穿于校园的直轴线与两侧的流线和轴线分布展开。西侧校园入口的景观引导着校园的三条景观序列轴线，将它们分散到校园的不同区域之中，联系校园整体景观，保证其完整度（图 4-6）。核心景观在一条主轴线和两条流动轴线上，点缀整个校园区域。景观大节点分布在景观核心之间，进一步联系核心景观之间的关系，并过渡、缓和城市与郊野的变化（图 4-7）。

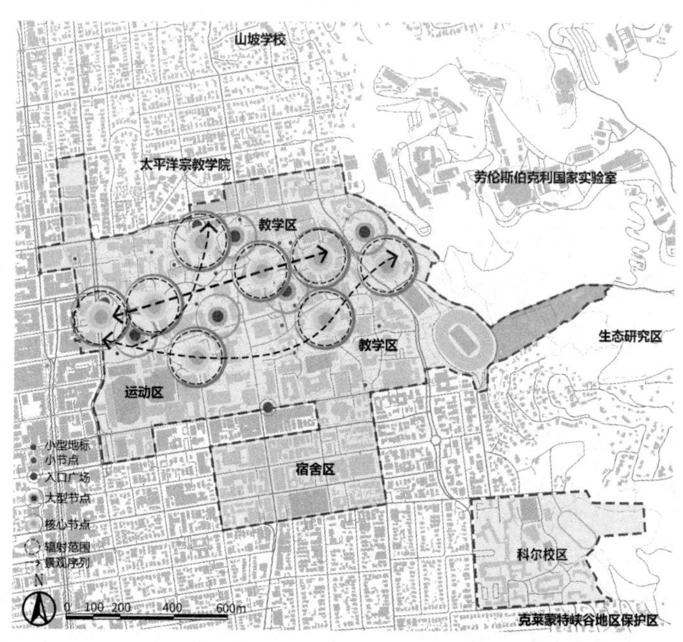

图 4-6　加州大学伯克利分校校园景观序列（张争光绘）

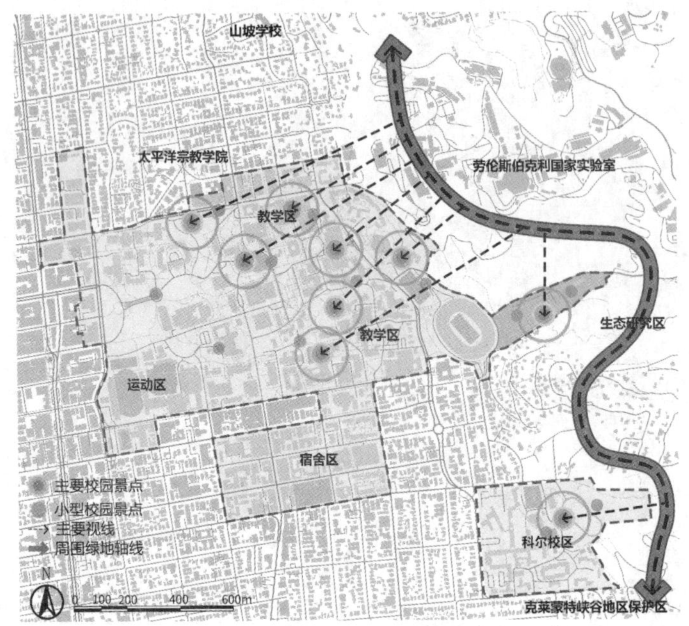

图 4-7　加州大学伯克利分校区域景观结构（张争光绘）

伯克利的景观视廊主要集中于校园的中心区域，由中心建筑群向外部轴线方向延伸，层层过渡，远近空间变化错落有致，将校园内人群视线向中心景观牵引，并对于校外空间产生视线联系，将远处城市的景观引入到校园中。其次从出入口空间对校园主要核心景观的视线引导，聚集学院内部人群的视线到重要区域，凸显出校园主要景观的重要性。视廊大部分顺延校园后方的山体，对外成景，映衬山林，打开校园前方的视野（图 4-8）。

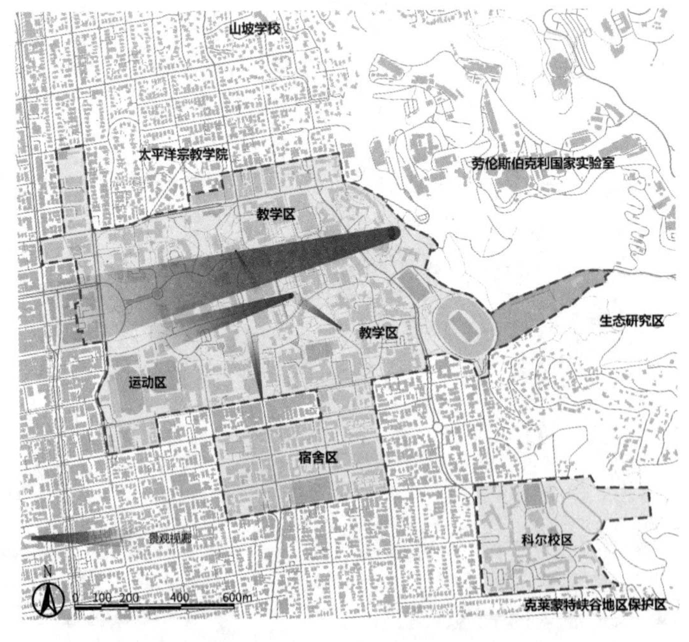

图 4-8　加州大学伯克利分校校园景观视廊（张争光绘）

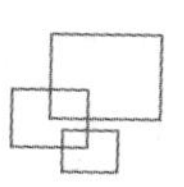

伯克利的校园景观特征主要体现在特有的环境地理位置，城市与郊野山林的过渡，体现在校园的变化之中，并且采用合理的方式，将郊野的景色用带状空间引入到校园当中，从感性逐渐偏向理性。校园的景观特征也体现了一个观点：校园是一个有机的生命体，能够在今天、明天以及未来的时代，对大学的需求做出迅速反应。伯克利校园在绿树环绕中点缀着美丽的白色建筑，加上后续的补充和修整，这些都成为伯克利自由思想和维护文化特征的标志。

（4）校园更新发展策略

在伯克利最初成立的30年里，校园中的几座建筑风格杂乱且缺乏秩序。1898年，学校进行全面的校园建设。伯克利分校的建设高峰出现在20世纪60年代，随着学生人数的增长和加州大学体系的发展，需要更多的建筑来满足发展需要，这一时期的建筑风格呈现出多样性，装饰派、现代主义风格、后现代主义风格（图4-9）。在20世纪70年代到21世纪初，校方完成了新的校园规划，其中包括以下要点：将相关项目集中在指定的学术区、保护历史和自然资源、将未来的建设集中在某些城市化的区域，以保持绿地面积和步行区的传统公园格局（图4-10）。

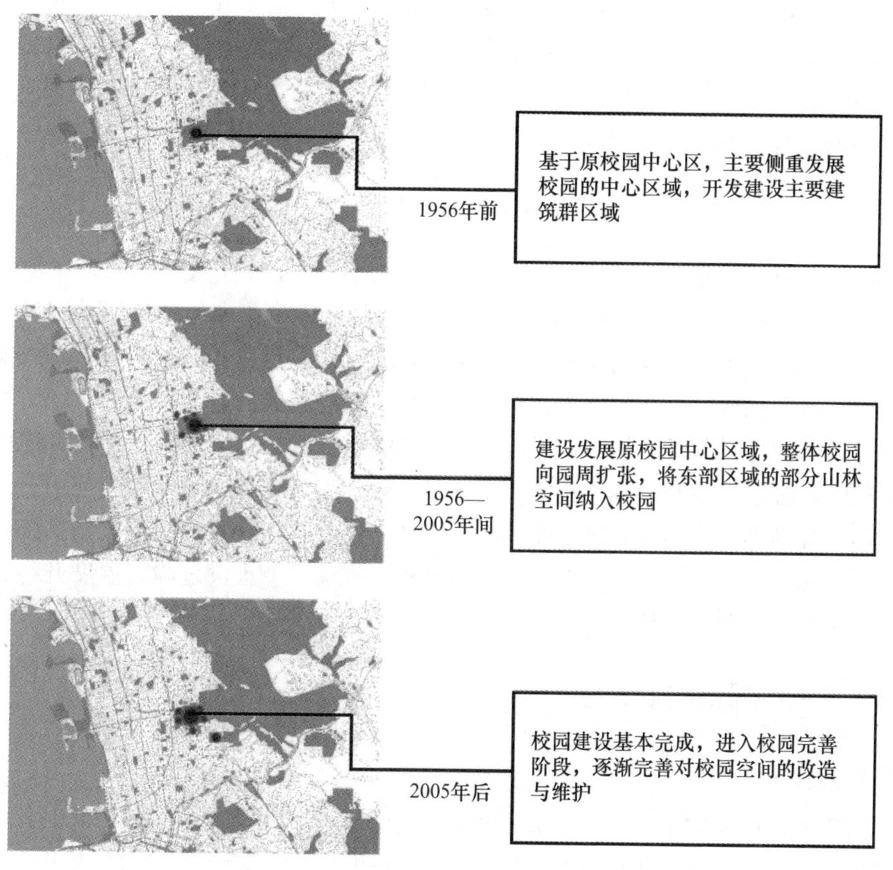

图4-9　加州大学伯克利分校校园建设历史沿革（张争光绘）

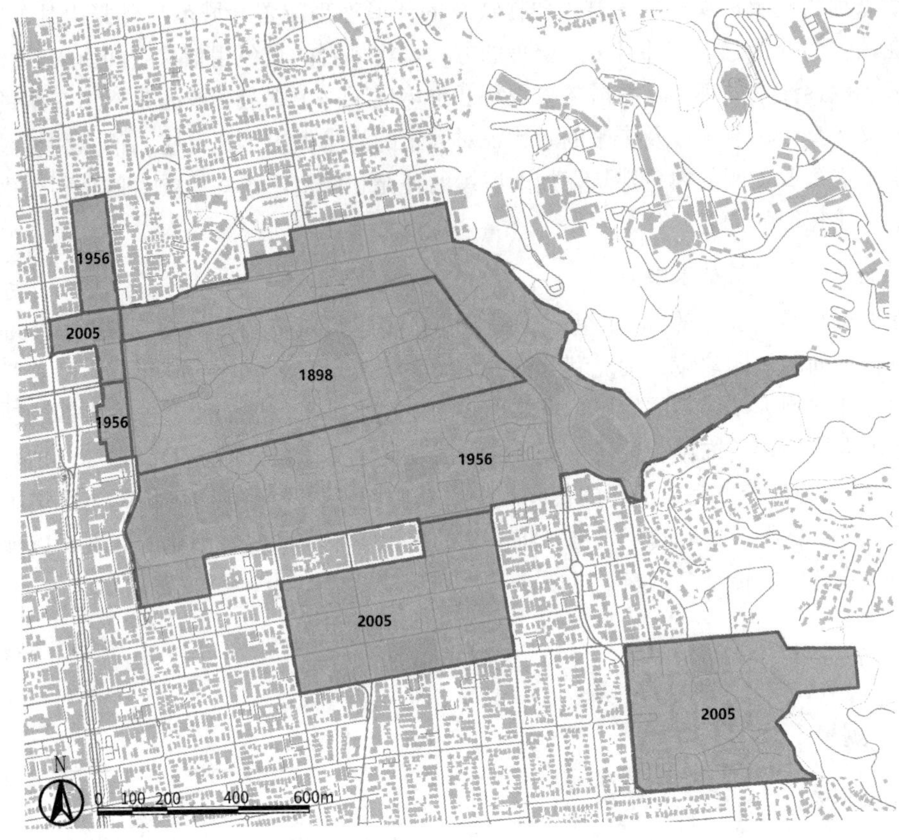

图 4-10　加州大学伯克利分校更新发展阶段（张争光绘）

加州大学伯克利分校 2004 年校园景观规划指出：现状校园景观规划发展策略主要有可持续性和恢复力、LRDP 和校园总体规划。可持续性是指在生活环境中满足当前需求的能力支持生态系统的承载能力，且不损害环境后代满足自身需求的能力。恢复力是指个人、社区、机构、企业的能力和系统的生存、适应和成长，缓解他们所经历的压力和急性冲击。LRDP 和校园总体规划：将校园定位为生活中的实验室；优先考虑可持续的流动战略，推进碳中和目标，包括更新中央供热的工厂；继续减少水的使用，促进水的再利用，并推进雨水排放管理，使其达到最佳利用方式；恢复和维持自然系统，把它作为一种校园设施来对待；促进校园生态多样性；提前适应火灾危险、温度升高、洪水等问题；优化利用现有资源。

4.1.2　不列颠哥伦比亚大学

（1）校园区位概况

不列颠哥伦比亚大学位于加拿大不列颠哥伦比亚省温哥华市，简称“UBC”，前身为麦吉尔大学不列颠哥伦比亚分校，于 1915 年获批独立。该校是加拿大著名公立研究型大学，加拿大 U15 研究型大学联盟、环太平洋大学联盟、全球大学高研院联盟、Universitas21 和英联邦大学协会成员，加拿大不列颠哥伦比亚省历史最悠久的大学之

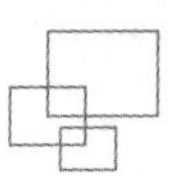

一。校园面积约为402公顷，学生人数55184人（图4-11）。温哥华是加拿大西海岸的文化中心，优越的地理位置和自然条件也使它成为加拿大西海岸最大的港口和国际贸易中心，不列颠哥伦比亚大学优越的地理位置与学术地位正是以上信息的体现（图4-12）。

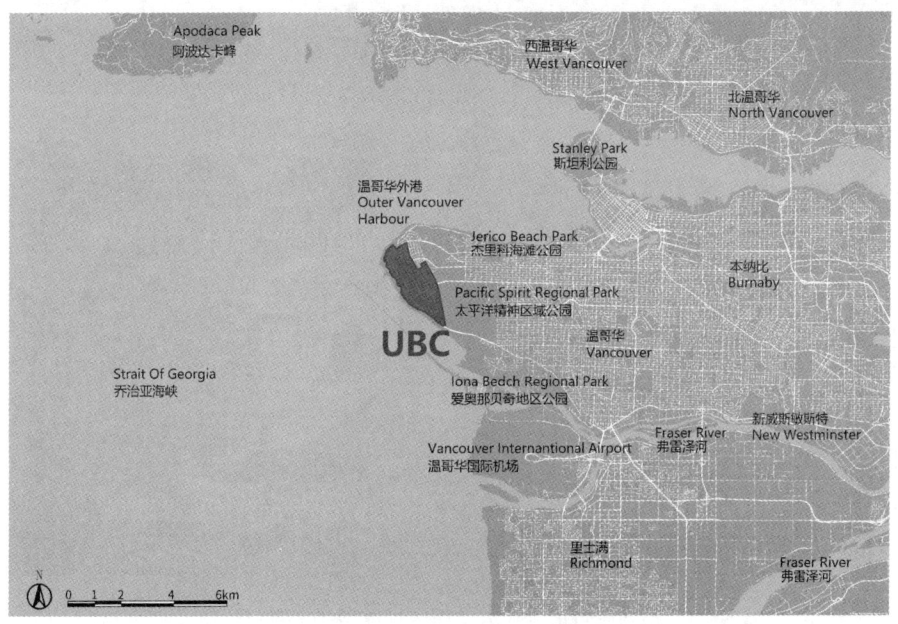

图4-11 不列颠哥伦比亚大学区位图（张争光绘）

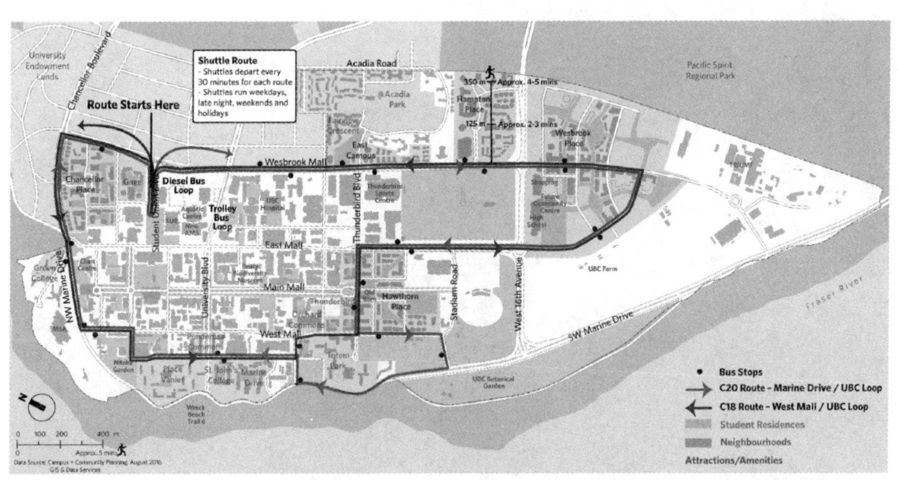

图4-12 不列颠哥伦比亚大学校园地图（引自不列颠哥伦比亚大学官网）

（2）校园空间布局分析

不列颠哥伦比亚大学街区尺度的图底关系表现为校园的东侧是集散的绿色空间，与东边较为密集的方格网状街区空间形成鲜明对比，突出校园空间的集散有致（图4-13）。不列颠哥伦比亚大学的校园建筑群主要集中在校园的西北区域，呈现出街区建筑的性质，东南侧的建筑较为稀疏，略显分散，整体的建筑群落感较强，组团分布成块。在中心区域留有足够的空间，整体校园空间的布置按照方格网的形式，整体比较稀疏（图 4-14）。

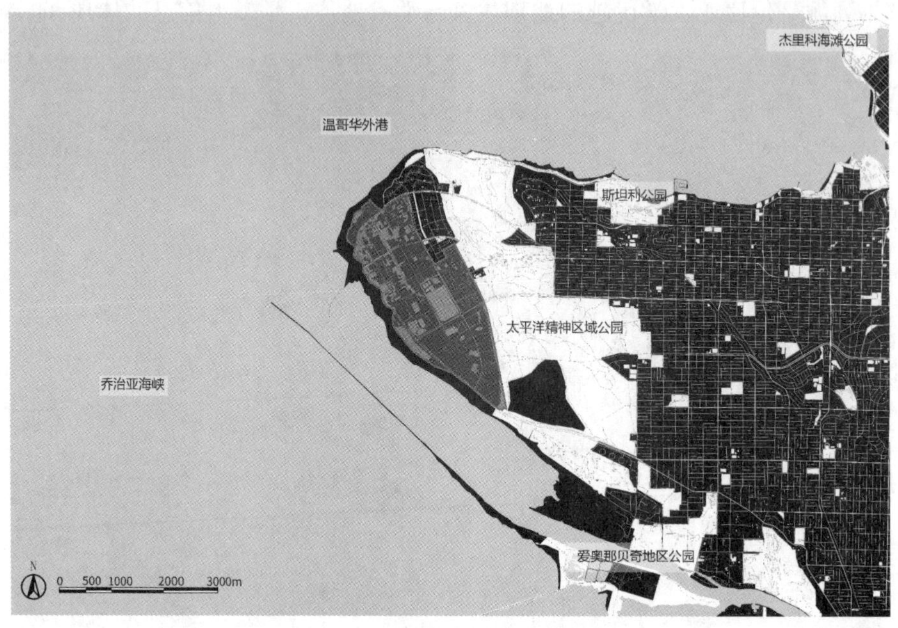

图 4-13　不列颠哥伦比亚大学街区尺度图底关系（张争光绘）

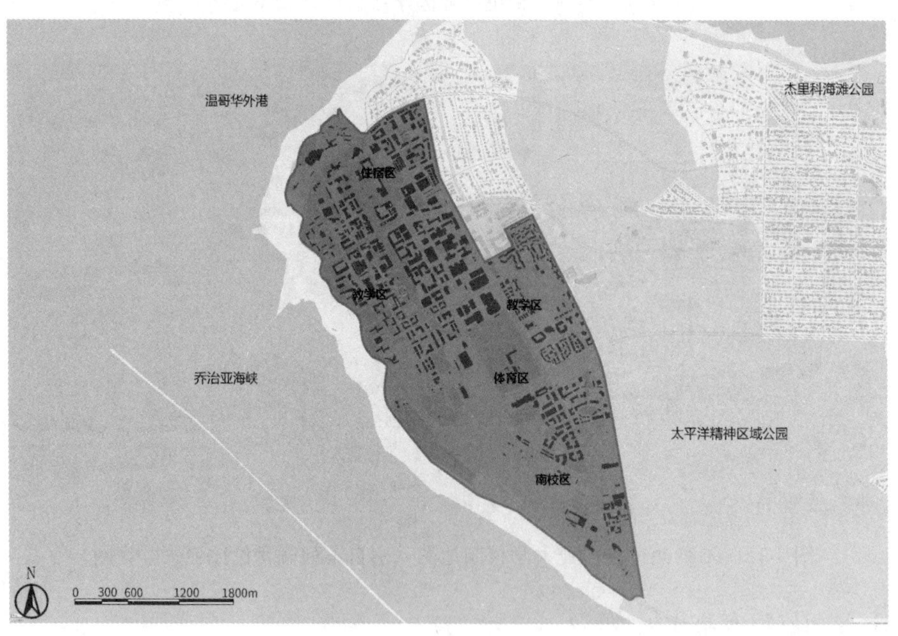

图 4-14　不列颠哥伦比亚大学校园图底关系（张争光绘）

不列颠哥伦比亚大学校园分为教学区、生活区、体育运动区等。校园开放空间体系为线型分散式空间体系，西侧为校园核心区域，东侧为新建开发区域，校园内有广阔的森林及大型绿地系统。校园的开放空间主要依靠于校园西北方向的轴线展开，其主要衔

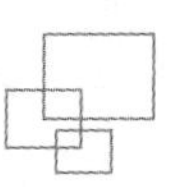

接校园北部区域的开放空间，南侧的校园开放空间主要是分散布置于楼宇之间，形成北侧布局规整、南侧错落有致的校园开放空间体系（图 4-15）。

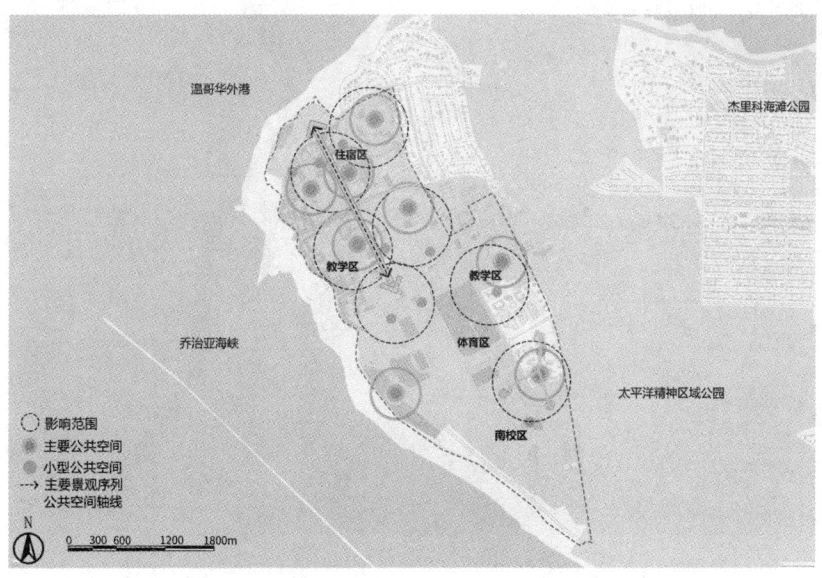

图 4-15　不列颠哥伦比亚大学校园开放空间体系（张争光绘）

（3）校园景观结构分析

不列颠哥伦比亚大学的校园景观序列主要沿着西北侧的景观主轴展开，沿着轴线分列开来，校园的东南部景观序列偏于自由流动，散落有致（图 4-16）。核心景观广场被校区景观主轴串联，景观大节点主要集中于西北侧的景观主轴两侧，一小部分随着小节点分布在校园东南区域。体育区集中在校园中部区域，提供了开阔空间，联系了校园两侧的景观集群，同时也方便了人群的集中使用（图 4-17）。

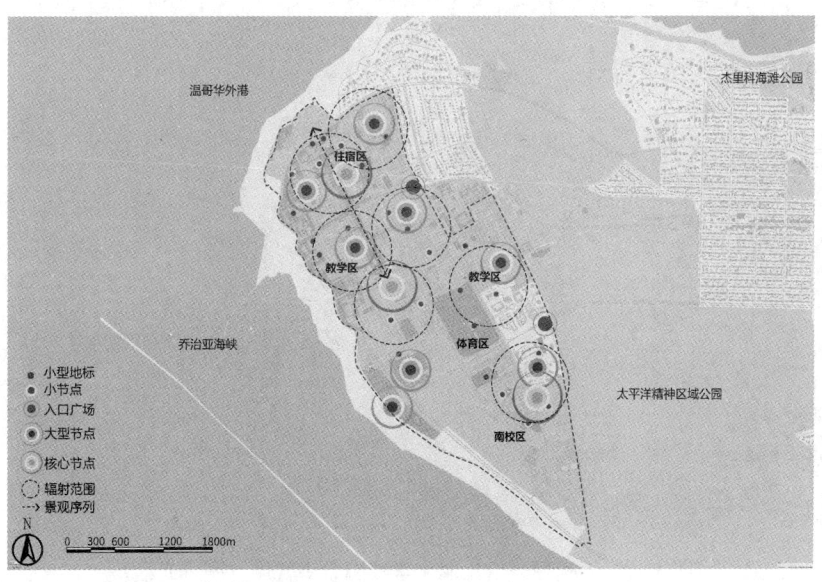

图 4-16　不列颠哥伦比亚大学校园景观序列（张争光绘）

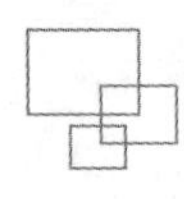

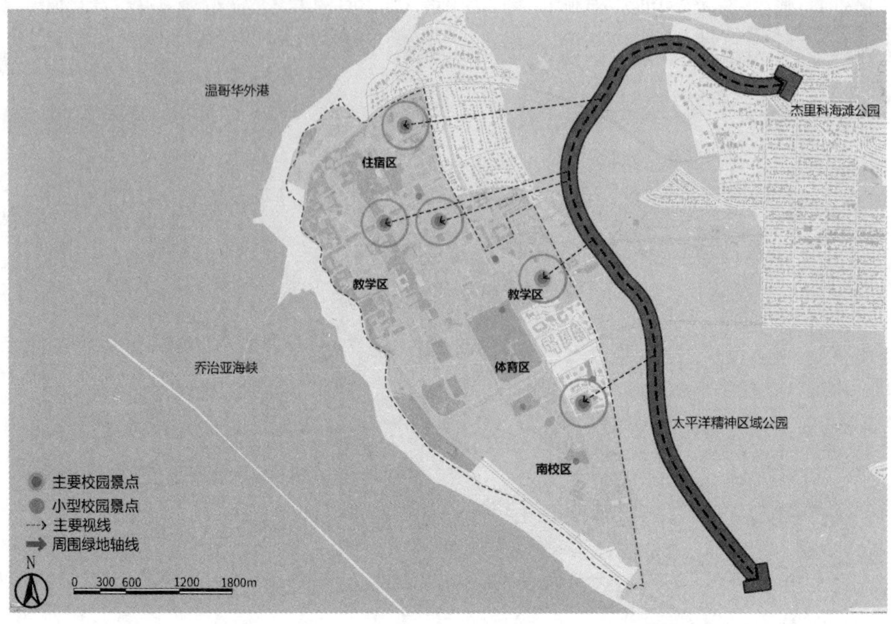

图 4-17 不列颠哥伦比亚大学区域景观结构（张争光绘）

不列颠哥伦比亚大学的校园景观视廊主要依靠于西北部的主要景观轴线与沿海岸分布形成的对景沿海景观视廊，将校园的视廊引向校外开阔的海景处。校园内部以主要的轴线形成景观视廊，由北向南贯穿了校园的主要区域，引导了校园内部区域的主要视线，视线所过之处掠过了学校主要的景观节点，承前启后，形成层次分明的景观观感体验；南侧的景观视廊比较自由，没有主要引导方向（图 4-18）。

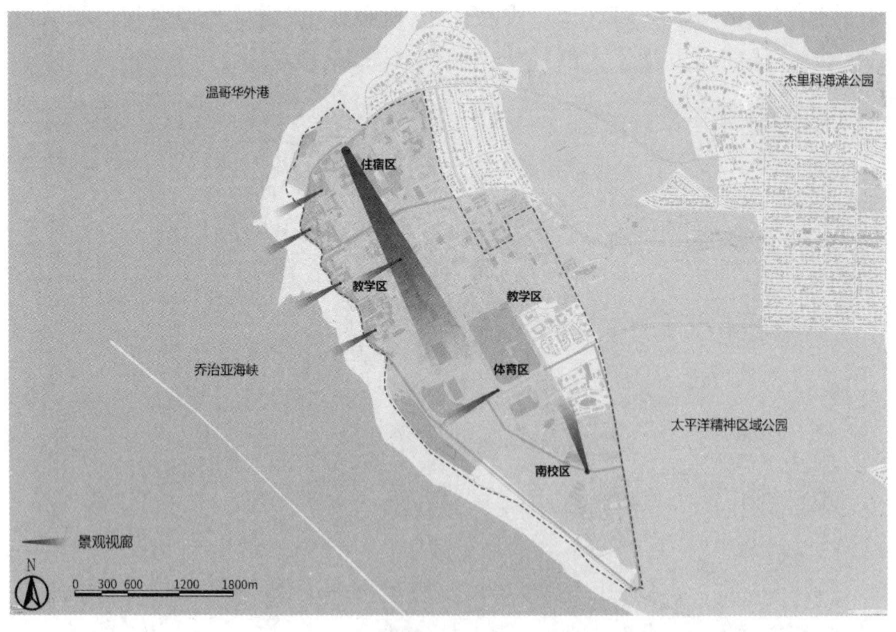

图 4-18 不列颠哥伦比亚大学校园景观视廊（张争光绘）

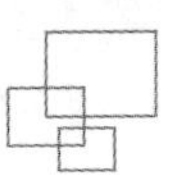

不列颠哥伦比亚大学的校园景观整体变化过渡和谐，借助不同建筑群落围合处多样的校园景观，不同区域的景观结构风格各异，北侧主要由轴线两侧分布形成的庄重古典的校园景观，而南侧的校园景观风格凸显出自由分布，景与景之间优美过渡，四处皆为景，四处皆成景。不列颠哥伦比亚大学的校园景观空间也是表现出偏向于街区形式的感觉，中心区域的景观轴线对于校园主要区域的空间引导性较强，校园边缘区域的空间自由排布，与周围自然环境形成良好过渡，引人入胜。

(4) 校园更新发展策略

不列颠哥伦比亚大学最早的校园规划完成于1912年，1914年进行过一次调整。之后，曾于1957—1959年和1968年两次编制发展规划。现在和以后发展的基础都是基于1968年的总平面，并且持续完善改造之前的建筑群落与建筑围合空间（图4-19）。之后在1997年，确立了可持续发展校园规划总体发展理念，一直持续至今，并且在学校发展的不同历史时期，设定了不同的可持续性建设目标，使校园可持续性建设保持着动态更新，时时刻刻增添着校园整体活力（图4-20、表4-1）。

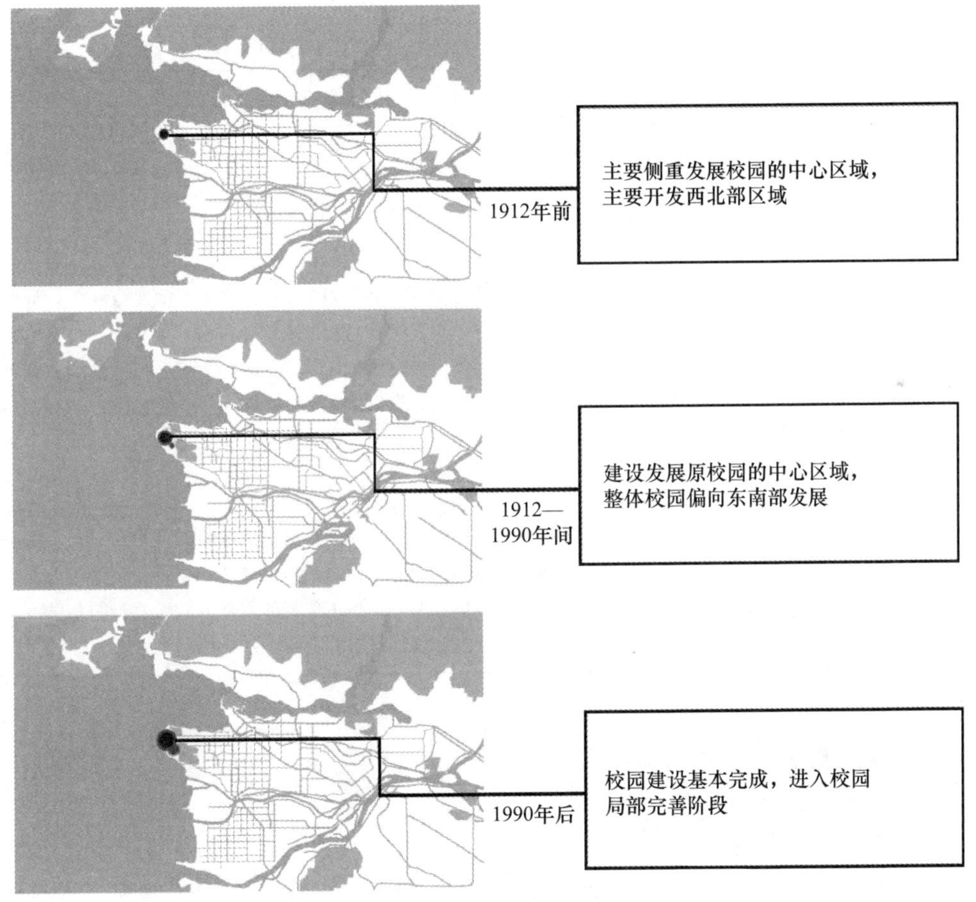

图4-19 不列颠哥伦比亚大学校园建设历史沿革（张争光绘）

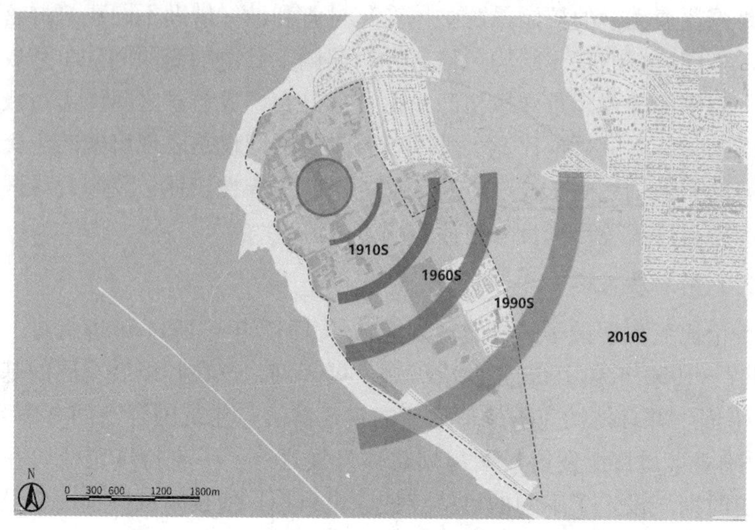

图 4-20　不列颠哥伦比亚大学更新发展模式（张争光绘）

表 4-1　不同时期 UBC 更新措施

更新措施	更新时间	更新内容
UBC 的下一个世纪战略计划	2018—2020 年	对当今社会关注的重要主题进行提取凝练：包容、协作和创造。该计划描述了这三者之间的紧密联系主题和核心领域，继续定义校园目标：人与土地，研究卓越、变革性学习以及本地和全球交流，强调了关于学术卓越和本土参与的持久关注，维持可持续性
2018 年本土战略计划	2020—2024 年	UBC 先前的战略规划对学术方面产生了重大的影响，同时进一步引导本土人民参与社区的深化部分，使其趋于可持续发展方向，并鼓励校友参与其中。信息技术将会把机构的注意力和活动转移到国际合作、文化间理解与工作环境上来。总的来说，这些成就使学校能够很好地拥抱未来，抓住机遇，应对未来的挑战
可持续性和福利	2024—2028 年	在本地的校园和社区中显著扩大学生访问数量、校友联系以及加强全球和地方合作的机构伙伴关系联结，将领导力作为学习和工作的首选，并利用独特的互补方式激发校园和学习场所在学术支持和管理方面的优势，实现灵活性

4.1.3　斯坦福大学

（1）校园区位概况

斯坦福大学（Stanford University），简称“斯坦福”，是一个擅长发现、富有创造力和创新精神的地方，位于旧金山湾区，坐落于 Muwekma Ohlone 部落祖先的土地上（图 4-21）。斯坦福大学今天由 7 所学院和 18 个跨学科机构组成，拥有超过 16000 名学

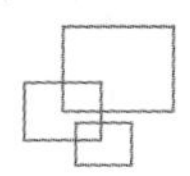

生，2100 名教师和 1800 名博士后学者。校园占地 8180 英亩（3310 公顷），有近 700 座主要建筑（图 4-22）。

图 4-21　斯坦福大学区位图（马婧洁绘）

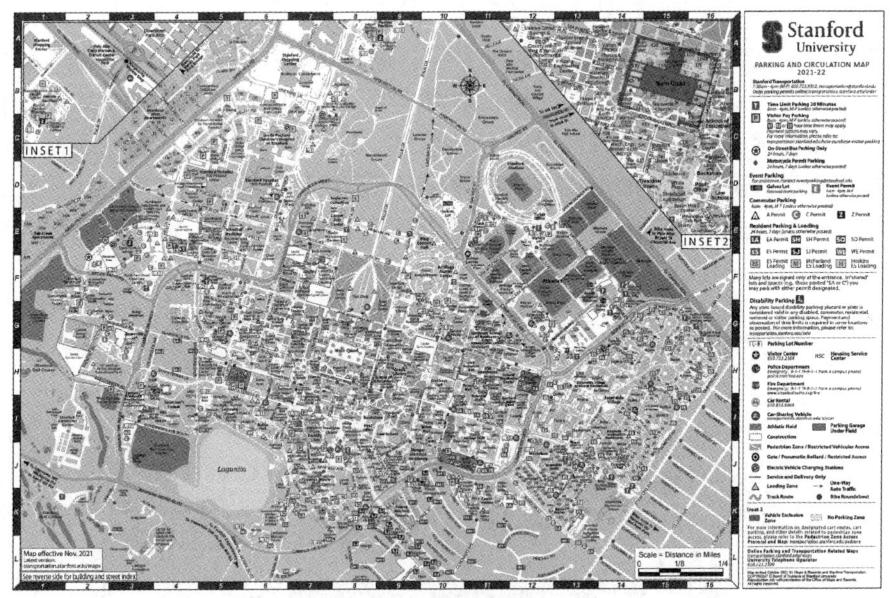

图 4-22　斯坦福大学校园地图（引自斯坦福大学官网）

（2）校园空间布局分析

斯坦福大学的地理位置位于美国加州旧金山湾区南部帕罗奥多市境内。斯坦福大学邻近美国最重要的创新基地——硅谷，距离最近的机场为旧金山国际机场，交通便捷，具备科技创新的地理优势。

创始人所选择的辽阔土地为学校的发展奠定了基础，并为众多的研究所、学校和实验室腾出空间。这些研究所、学校和实验室成为改变世界的创新的诞生地，例如高度纯化的干细胞的首次分离、生物活性 DNA 的首次合成，以及许多其他突破，都起源于斯坦福大学（图 4-23）。

图 4-23　斯坦福大学街区尺度图底关系（马婧洁绘）

斯坦福大学是美国占地面积第六大的大学。整体规划以一条富有纪念意义的轴线控制校园中心，是典型的对称式布局结构，结构清晰。四方院在校园发展中处于核心位置并在校园中不断延展。针对学校规模的不断扩大，新建筑的布局按照格网正向建设，并延续了传统中以方院为中心的形式，以拱廊与方院相连环绕而建，随着时代的发展逐步向外扩展延伸。与此同时，为了与四周山林湖水的自然环境结合，建筑逐渐分散、放松，与周围环境和谐相融（图 4-24）。

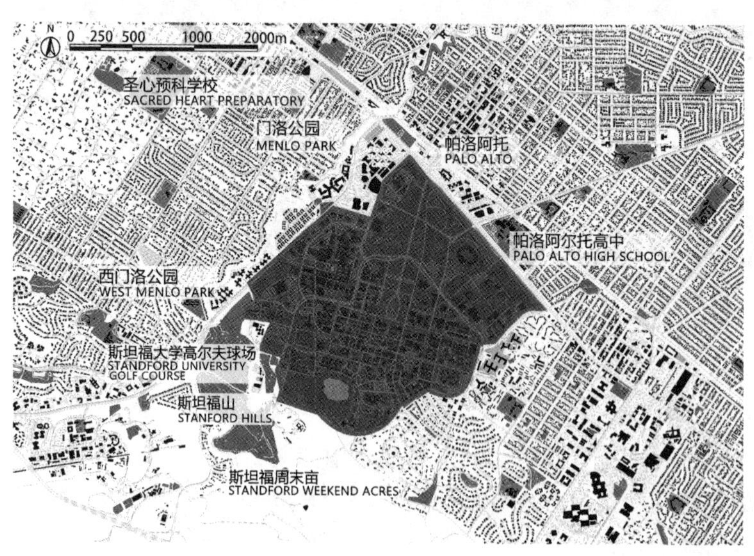

图 4-24　斯坦福大学校园图底关系（马婧洁绘）

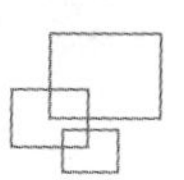

斯坦福大学的主要公共空间以棕榈树路、主门、草坪等空间为主，构成南北向的公共空间轴线。开敞、自由的空间遵循最初规划方案中的轴线布置，与周围的自然景观协调并置。小型公共空间分散排布于校园各处，以围合式的庭院空间为主，自然散开布置，逐渐与周围山林湖池融为一体（图 4-25）。

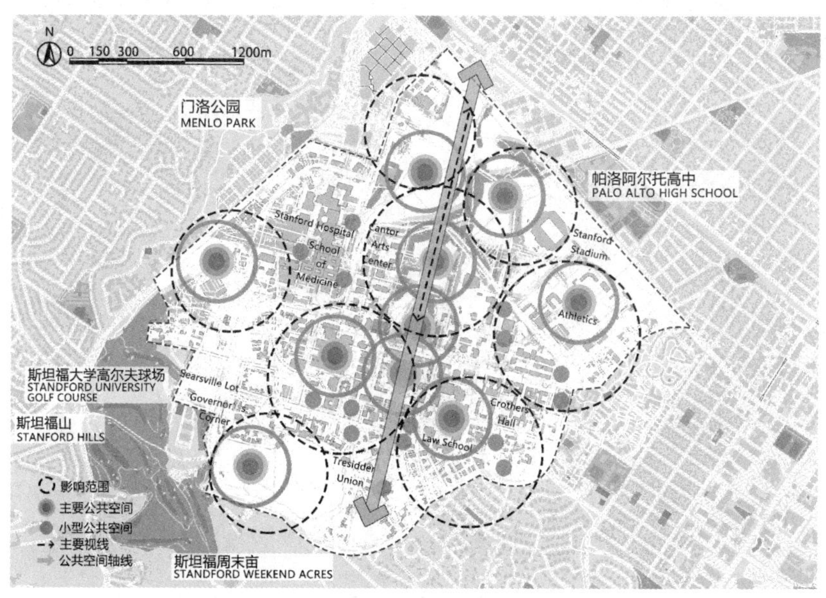

图 4-25 斯坦福大学校园开放空间体系（马婧洁绘）

（3）校园景观结构分析

斯坦福大学主要景观序列即南北向的“棕榈树路—正大门—主楼”序列。次要序列为东西向延展开的庭院空间序列（图 4-26）。

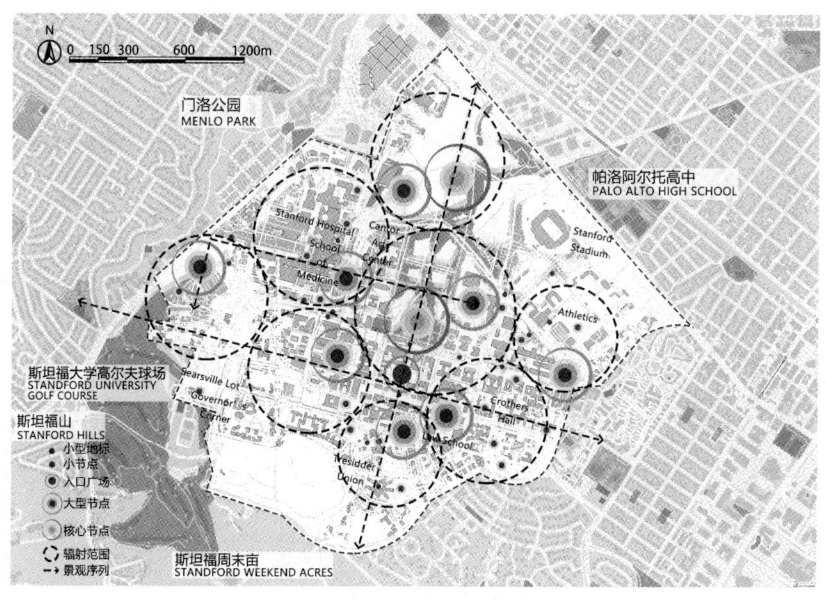

图 4-26 斯坦福大学校园景观序列（马婧洁绘）

南北向序列开端为笔直、宽广且壮丽的棕榈树路，一端是斯坦福大学的正大门，向北直通主楼，长 2 千米，宽 40 米，行道树挺拔高大，整齐而美丽的棕榈树是进入斯坦福的标志。椭圆形的草坪直径 300 米、横径 200 米，修剪整齐犹如绿色地毯，人们在这绿色广阔天地中躺着晒太阳、漫步、行走或运动（图 4-27）。

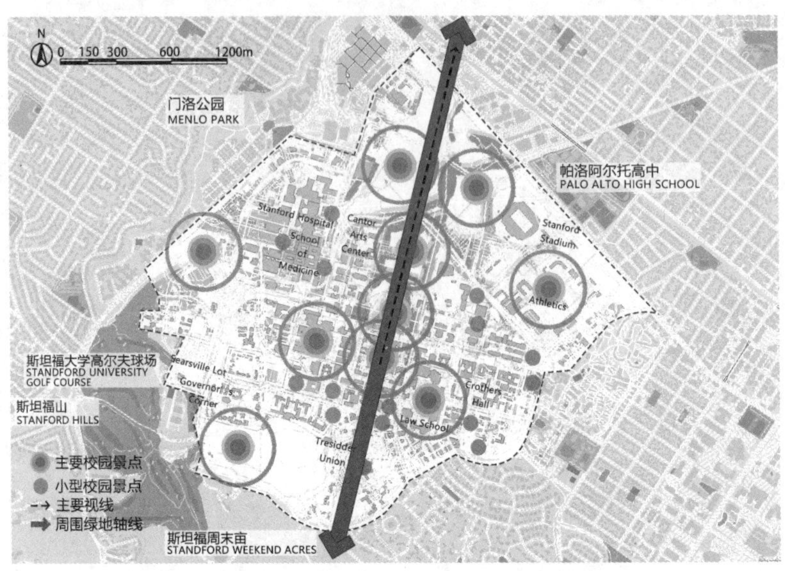

图 4-27　斯坦福大学区域景观结构（马婧洁绘）

学校内的视线以南北向轴线即棕榈树路—主楼方向轴线为核心，辅以东西向横轴与其他景观节点视线关系，共同构成了校园内的视线廊道（图 4-28）。校园的标志胡佛塔建于 1914 年，塔高 90 米，下面为四方形，顶层为六边形，尖端为圆形，人们在斯坦福大学校园的任何方位与角落，都可以看到胡佛塔，堪称斯坦福的指路牌和指南针。

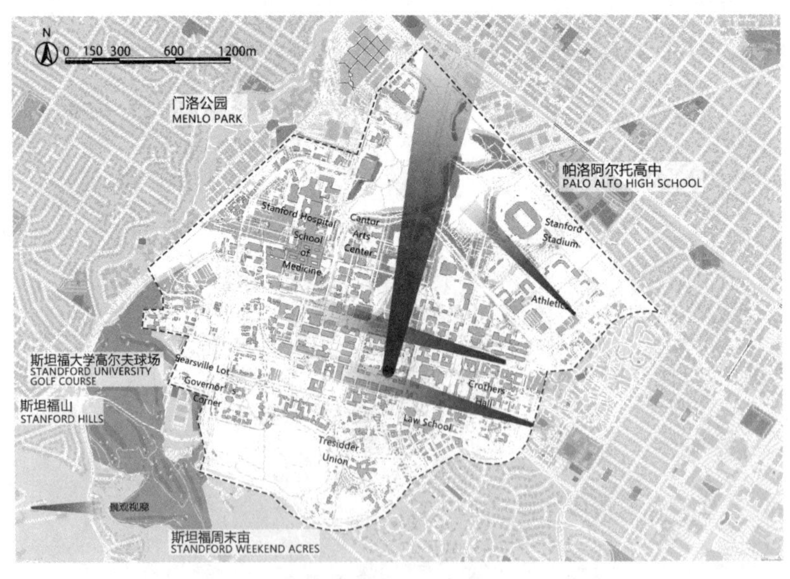

图 4-28　斯坦福大学校园景观视廊（马婧洁绘）

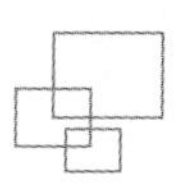

(4) 校园更新发展策略

斯坦福大学于 1885 年成立，1891 年开始正式招生。斯坦福大学校园从设计伊始就立足于高标准，由当时美国最杰出的景观建筑师奥姆斯特德做了总体规划，体现“布局对称、建筑对称、功能明晰”的原则。学校最初的建筑风格是罗曼式和西班牙建筑的混合物，建筑层数较低，圆拱连廊相连，组成“四方院”的建筑群。建筑均以米黄色的砖石砌筑，红瓦坡屋顶，并以罗曼式拱门、柱头和雕刻进行装饰（图 4-29）。

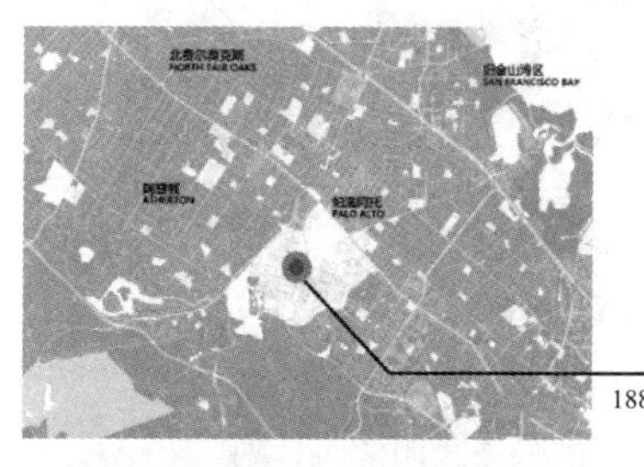

1886年

1886年美国最杰出的景观建筑师奥姆斯特德和查尔斯·柯立芝受聘为学校做总体规划，该年提交的第一个方案是以20多年前的农业大学规划为理念，校园主体为许多小建筑分布在自然式道路两旁，环抱场地小山体

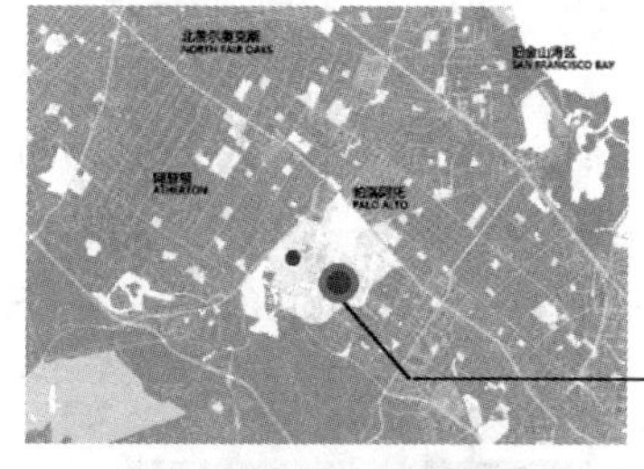

1887年

1887年的第二次方案，两条轴线控制校园，校园景观清晰且极具纪念性轴线式特征

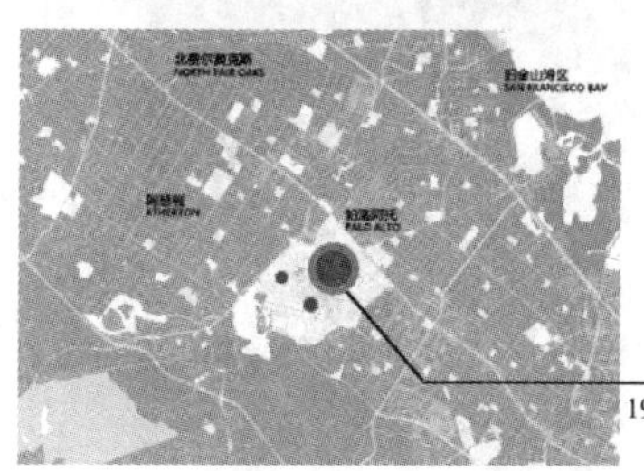

1900年后

SWA公司与斯坦福大学合作了30年，对校园进行了一系列改进，遵循奥姆斯特德最初的校园景观规划形式，恢复了校园传统轴线，将校园交通要道与城市的高速公路网连接，大学规划强调南北轴线贯穿校园

图 4-29 斯坦福大学校园建设历史沿革（马婧洁绘）

这些以楼、廊、门、院组成的群体，体现着丰富变化的空间层次，端庄严谨的建筑造型。随着时代的变迁和学校的发展，各种新建筑拔地而起，尽管建筑风格和式样随着建造年代而有所变化，其装饰材料与老建筑也有很大的不同，但都可以明显看出与最初的“四方院”之间的一脉相承。

1886 年提交的第一版校园规划方案中校园主体为许多小建筑，分布在自然式道路两旁，环抱场地小山体。奥姆斯特德建议在平整的校园地形上形成规则式布局，所有建筑用环形拱廊连接，围合成的方院成为学生交流的空间（图 4-30）。1887 年的第二次方案，两条轴线控制校园，纪念式及构成手法的南北轴起始于 1 英里长的棕榈林荫大道，穿过纪念拱门等一系列空间抵达中心区域的纪念教堂。东西轴为建筑闭合的封闭方庭，校园景观清晰而极具纪念性的轴线式特征。

图 4-30　独特的拱门、四合院和拱廊组成的最终校园建筑计划
（引自斯坦福大学官网）

2016 年，斯坦福大学举办了成立 125 周年庆典。经过改造的 Roble Gym 开设了专门的“艺术健身房”，以帮助学生使艺术成为体验中不可或缺的一部分。“Old Chem”是斯坦福大学最早的建筑之一，改造后作为萨普科学教学中心（Sapp Center for Science Teaching and Learning）获得了新生（图 4-31）。

图 4-31　由“老化学”大楼改造而成的萨普科学教学与学习中心
（引自斯坦福大学官网）

SWA 景观公司对校园进行了一系列更新改进，遵循奥姆斯特德最初的校园景观规划形式，恢复了校园的传统轴线。将开放的空间布局、景观同周围的自然景观实现了并置。与斯坦福管理公司一起，SWA 设计了 Sand Hill 走廊，以延伸通往周围城市的道路。该计划提供了新的住房和购物场所服务于大学社区（图 4-32）。

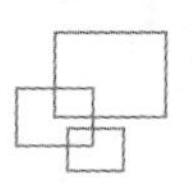

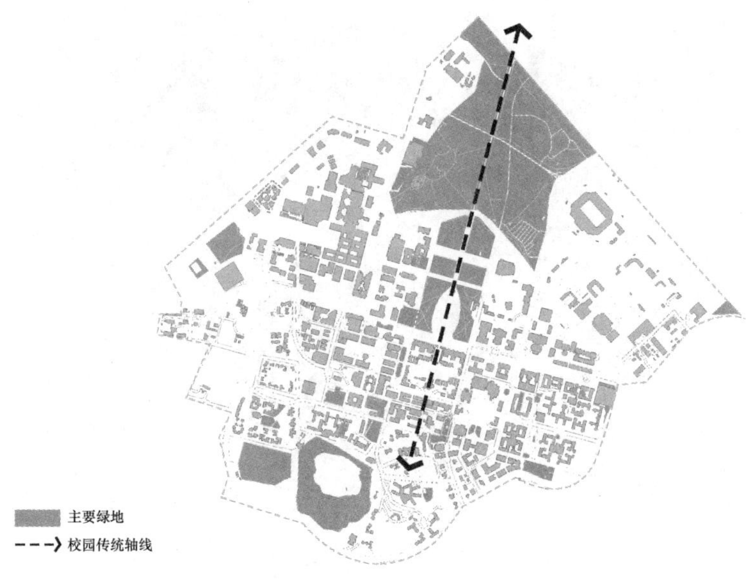

图 4-32　斯坦福大学的更新发展阶段：现代（马婧洁绘）

4.1.4　华盛顿大学

（1）校园区位概况

华盛顿大学（University of Washington，简称 UW）位于美国西海岸华盛顿州西雅图市，临水而建，毗邻华盛顿湖航运运河。华盛顿大学是西雅图、塔科马和博塞尔的多校区大学，也是世界一流的学术医疗中心。华盛顿大学及其各学院每季度提供 1800 门本科课程。每年授予超过 12000 个学士、硕士、博士和专业学位。校园占地面积 643 英亩，有 279 幢建筑物，在校学生人数约 48000 人，师生比为 0.11（图 4-33、图 4-34）。

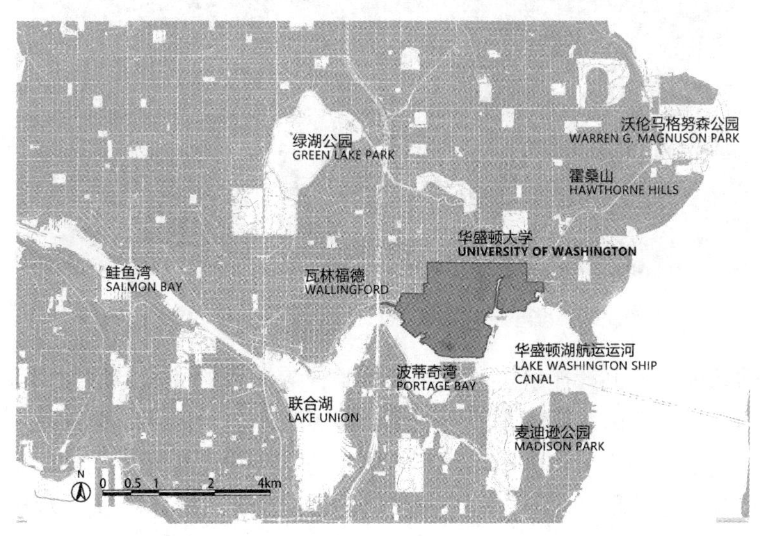

图 4-33　华盛顿大学区位图（马婧洁绘）

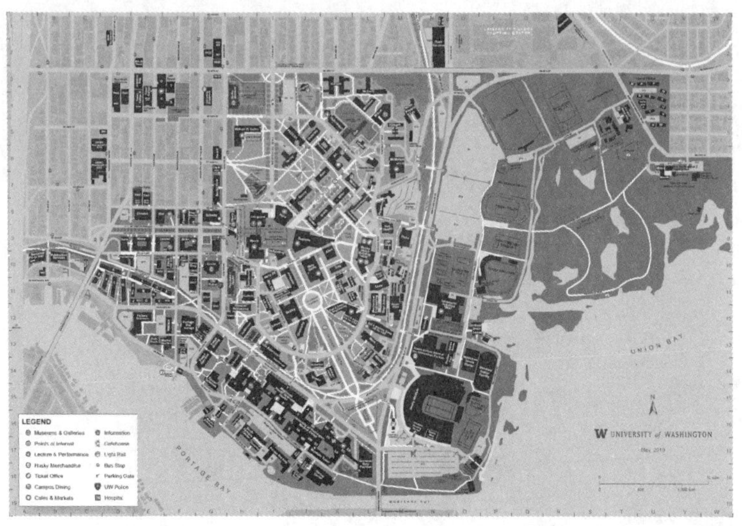

图 4-34　华盛顿大学校园地图（引自华盛顿大学官网）

(2) 校园空间布局分析

华盛顿大学成立于 1861 年，是世界上最成功的公立大学之一。其具备毗邻华盛顿湖航运运河、波蒂奇湾、联合湖等滨水条件，北部与城市环境相接。在《美国新闻与世界报道》的最佳全球大学排名中，华盛顿大学在全球排名第 7 位（图 4-35）。

图 4-35　华盛顿大学街区尺度图底关系（马婧洁绘）

从二维的城市肌理上看，华盛顿大学校园整体异质化的空间格局与周围典型的美国式纵横交错的棋盘十字街区形成了鲜明对比，极富特色。校园西、北为规则的棋盘式道路，东、南边沿湖为岸线，整体区域呈不规则形态。历史上校园空间结构的逐步形成正是取决于独特的山地地形和面向海湾的地理位置，其设计充分体现了对环境和场地的尊重。

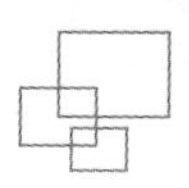

华盛顿大学以其卓越的校园空间品质，被誉为“全世界校园中最好的规划，最佳的选址，最美丽和明智的设计之一”。华盛顿大学主校园的几乎所有建筑物都以哥特式建筑、哥特式风格为主题。中央广场 Red Square 铺满红砖，正对广场的图书馆 Suzzallo Library 是典型的哥特式建筑：众多拱门镶嵌人物雕塑，门柱与窗框上都雕有复杂的花纹。校园空间整体呈现为自由而有序的状态，与滨水的美丽环境融洽结合（图 4-36）。

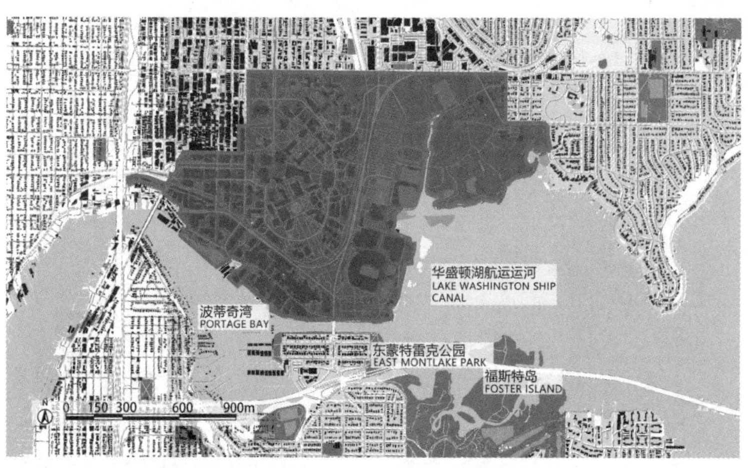

图 4-36　华盛顿大学校园图底关系（马婧洁绘）

华盛顿大学的开放空间不仅数量多，且层次分明，标志物在开放空间中起到增强公共空间的识别性和艺术性的作用。主要公共空间包括红场、德拉赫勒喷泉广场、文理合院等，它们不仅尺度较大，还承载了丰富多样的景观层次和行为活动，是人群活动最密集、空间性质最开放的节点（图 4-37）。

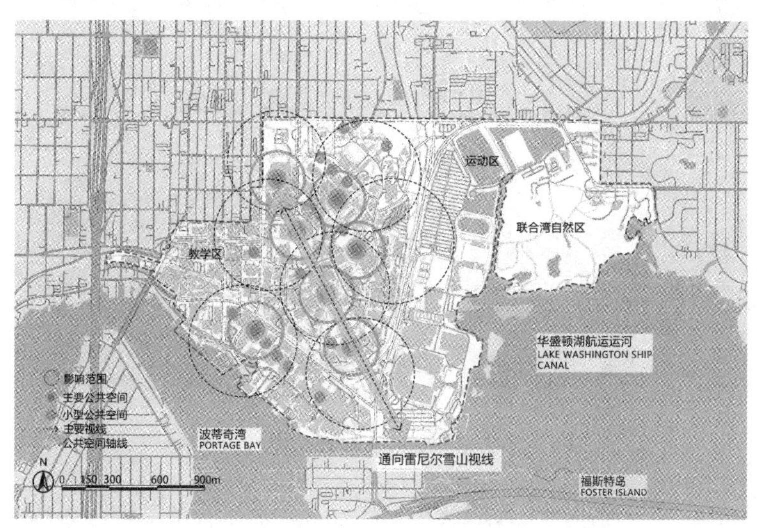

图 4-37　华盛顿大学校园开放空间体系（马婧洁绘）

(3) 校园景观结构分析

华盛顿大学从校园北面引入一条南北向的交通轴线（图 4-38）。整合了奥姆特德的

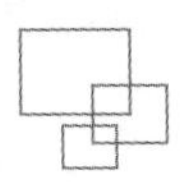

合院方案之后，在丹尼楼的东南面，文科教学大楼围成著名的文理合院（Science and Liberal Arts Quadrangles），合院的轴线与丹尼楼的正立面平行，并向西南延伸到与雷尼尔视景轴的交叉点处，这里恰好是礼堂以东 350 英尺的位置，而且还是图书馆前的广场位置。因此这个以图书馆为校园中心，各条轴线汇聚的空间成为了大学的核心开放空间（图 4-39）。

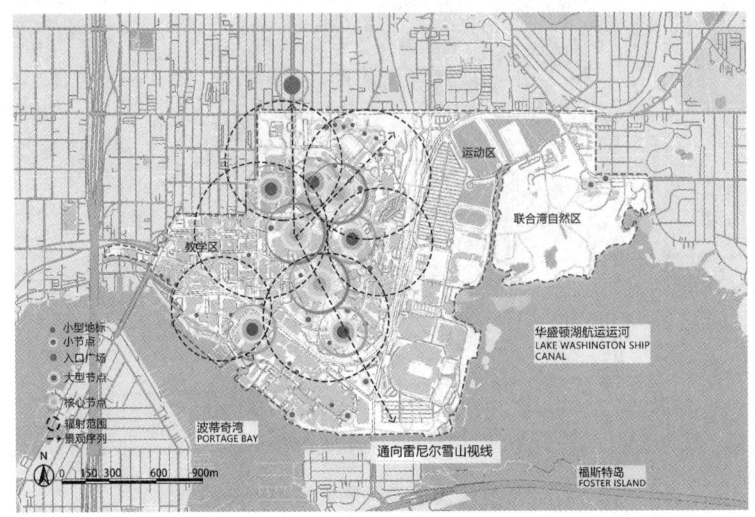

图 4-38　华盛顿大学校园景观序列（马婧洁绘）

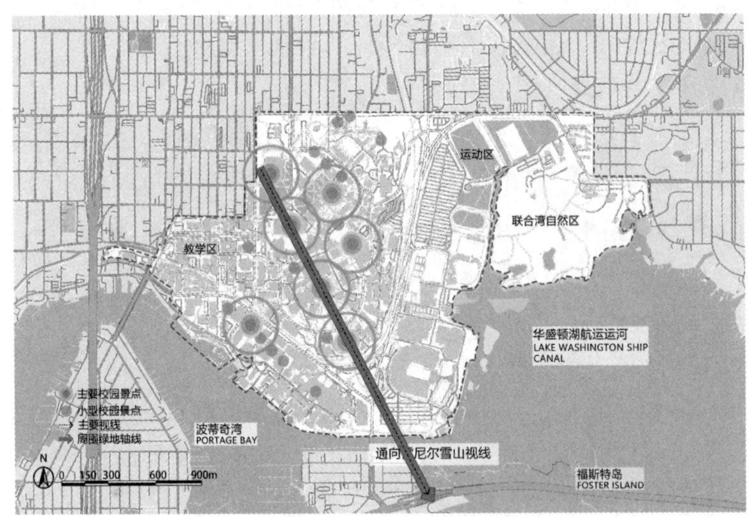

图 4-39　华盛顿大学区域景观结构（马婧洁绘）

华盛顿大学校园共有四条主要的视景轴线，若干条次要视景轴线。从红场向东南望去，远眺可及雷尼尔雪山，这条雷尼尔视景轴是校园空间的主要景观视廊。若从红场出发，沿着轴线向东南行进，穿过约 170 米的狭长下沉道路空间后可到达直径 60 米的德拉赫勒喷泉（Drumheller Fountain），绕行喷泉向前通过长达 330 米的开阔绿地空间，随后人行跨街天桥收尾了轴线空间。在该视景轴中随着行进时间的变化，空间呈现出富

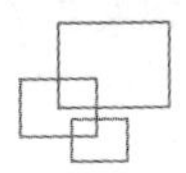

有节奏感和韵律感的收放变化关系（图 4-40）。

图 4-40　华盛顿大学校园景观视廊（马婧洁绘）

（4）校园更新发展策略

华盛顿大学校园的轴线、空间和形式、道路系统等二维规划，以及建筑和景观赋予场地的三维空间，反映了过去百年历史给校园带来的魅力。从 1898 年至今，校园仍在有条不紊地扩建与规划，努力改善师生生活环境，提高与周围城市环境的融洽度，华盛顿大学不仅治学有方，还积极承担了一定的社会责任与公共义务（图 4-41）。

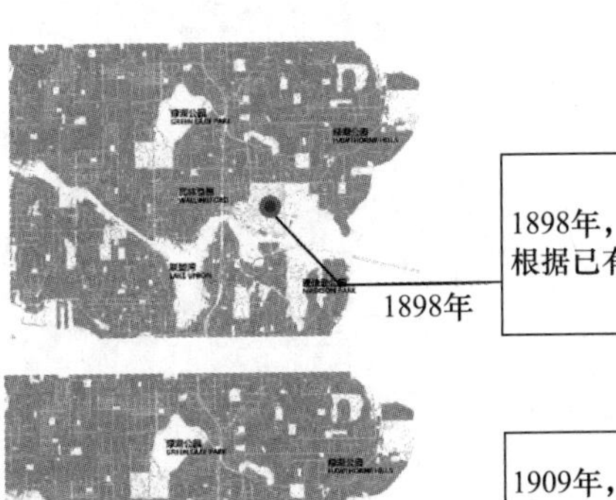

1898年

1898年，工程学院教授富勒（A.H.Fuller）根据已有建筑提出一个椭圆形的校园规划

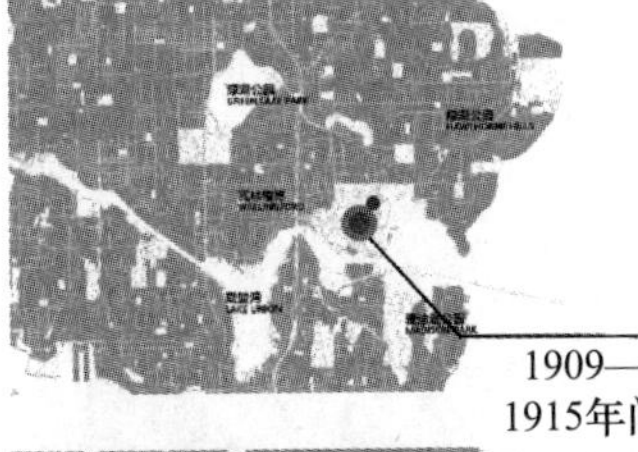

1909—1915年间

1909年，阿拉斯加育空地区博览会与华盛顿大学达成协议，将未开发的校园开辟为展览区一条，可观看到雷尼尔雪山壮丽景色的视景轴线（Rainier Vista）由此出现

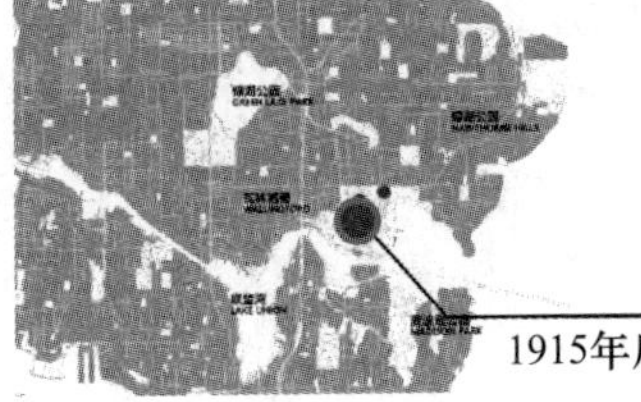

1915年后

1915年，西雅图本地的贝布和古尔德建筑公司的方案被采纳，12年间逐步建设成为现在校园的雏形。直至今日，校园的修建、规划仍在有条不紊地展开

图 4-41　华盛顿大学校园建设历史沿革（马婧洁绘）

1894—1895 年间，校园内第一栋建筑丹尼楼（Denny Hall）建成，1900 年又建成了李维斯楼（Lewis Hall）、克拉克楼（Clark Hall）两个宿舍。1898 年，工程学院教授富勒（A. H. Fuller）根据已有建筑提出一个椭圆形的校园规划。1909 年，阿拉斯加育空地区博览会（Alaska-Yukon-Pacific Exposition，简称 AYPE）的组织者与华盛顿大学达成协议，将未开发的校园开辟为展览区，这为校园发展迎来了新的契机。展览会的总体布局由奥姆斯特德兄弟设计，一条可观看到雷尼尔雪山壮丽景色的视景轴线（Rainier Vista）出现了。展览还留给大学四个新的永久性建筑：礼堂、化学大楼、工程大楼和一个发电厂。1915 年，西雅图本地的贝布和古尔德（Bebb and Gould）建筑公司的方案被采纳，并在接下来的 12 年间逐步实施。二战以后，校园进一步扩张建设。随着建筑技术和建筑观念的发展变化，汽车的持续增长，高速公路和交通体系都对校园布局产生了一定影响。劳伦斯·哈普林（Lawrence Halprin）、保罗·特里（Paul Thiry）、沃克和迈高（Walker & McGough）等知名设计师和公司都先后参与到校园建设中，建立并完善了公共空间和景观体系。直至今日，校园仍不断进行着扩建（图 4-42）。

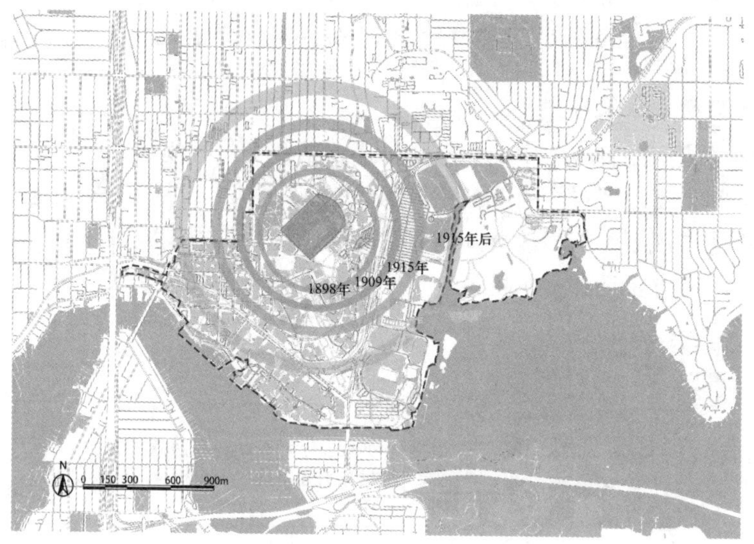

图 4-42　华盛顿大学更新发展模式（马婧洁绘）

4.1.5　多伦多大学

（1）校园区位概况

多伦多大学（University of Toronto，简称 UofT，UT），始建于 1827 年，坐落在加拿大第一大城市多伦多，起源于 1827 年的国王学院（King College），是世界著名公立研究型大学，享誉全球的顶尖高等学府。主校区（简称 UTSG）位于多伦多市中心，校园周围环绕着的是地区政府与皇后公园（图 4-43）。校园主校区面积为 55 公顷，主校区学生人数约 43500 人。校园位于多伦多的南部区域，在西约克与东约克之间的位置，周围交通方便，便于抵达（图 4-44）。

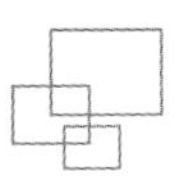

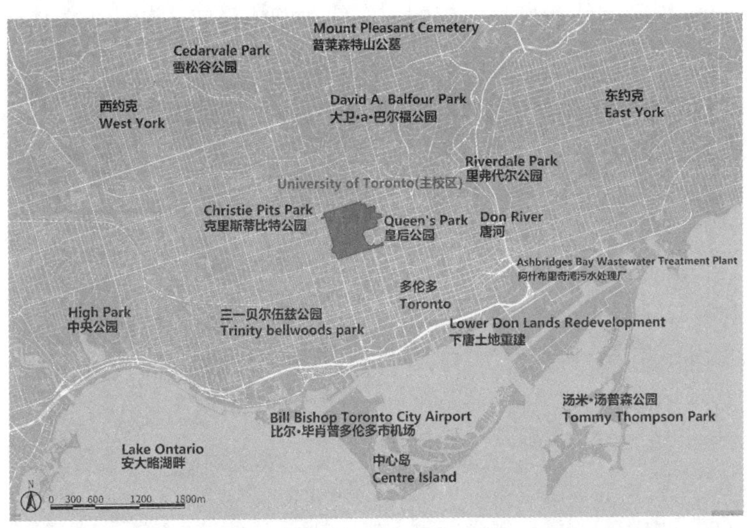

图 4-43　多伦多大学区位图（张争光绘）

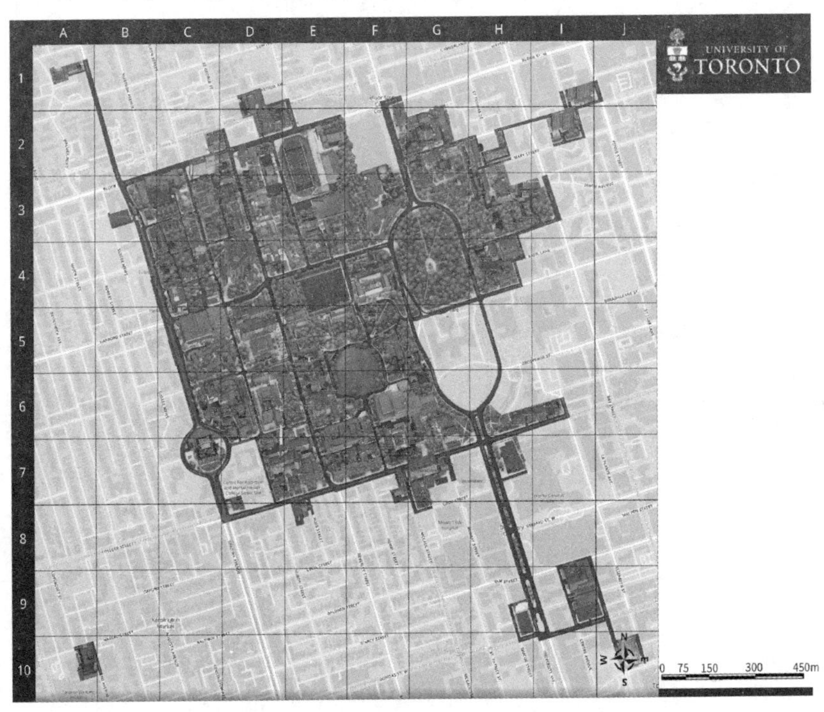

图 4-44　多伦多大学校园地图（引自多伦多大学官网）

(2) 校园空间布局分析

多伦多大学街区尺度的图底关系展示，校园周围为方格网状密集的街区形式，其中零散分布一些绿色空间，校园图底关系与周围街区空间的图底关系融入感较强（图 4-45）。多伦多大学的校园建筑群主要集中在校园的西南和西北部区域，呈现出街区建筑的性质，东侧的建筑较为稀疏，略显分散，西部的建筑密度较高，西部的建筑群落违和感较强，整个校园的建筑群落与校园周围建筑的风格较为相似，组团分布成块，西密东疏（图 4-46）。

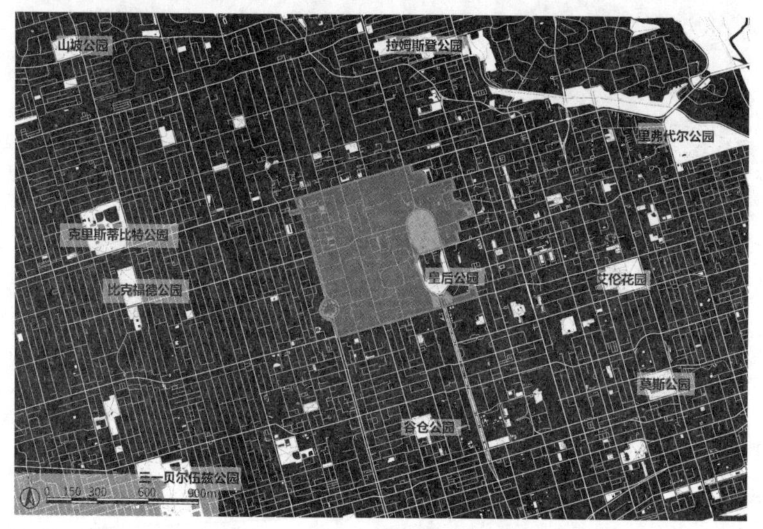

图 4-45　多伦多大学街区尺度图底关系（张争光绘）

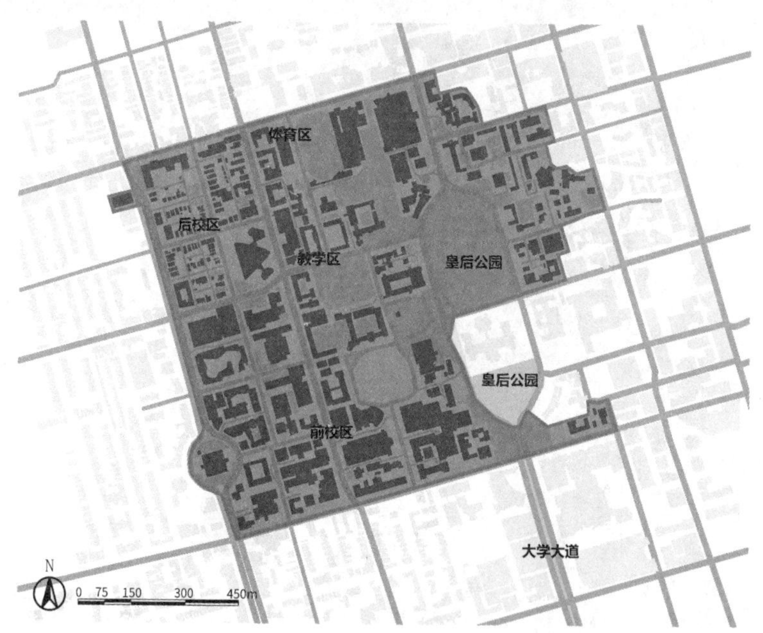

图 4-46　多伦多大学校园图底关系（张争光绘）

多伦多大学的校园开放空间主要依托于校园中央的开阔区域，从而向四周展开，形成四平八稳的校园开放空间体系。中央区域开阔的王后花园是整个校园开放空间依靠的主要区域，南北向的空间轴线从中间穿过，联系了校园与校外空间，使之贯通。西部区域的开放空间主要分布在不同的建筑群落之中，错落有致，方便每个建筑群落的使用。整个校园的开放空间分布形式差别不大，是典型的西方院落空间式分布（图 4-47）。

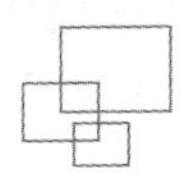

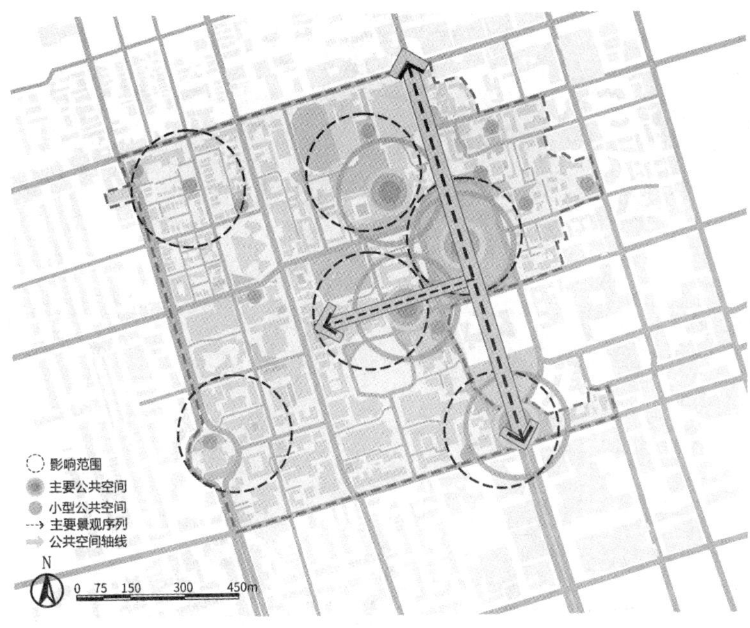

图 4-47 多伦多大学校园开放空间体系（张争光绘）

（3）校园景观结构分析

多伦多大学的校园景观序列主要沿着校园中部景观王后公园的大草坪南北向展开，中部的王后公园是整个校园中最重要的核心景观，自北向南串联了校园南侧主要出入口的景观大节点，并且将景观延伸到城市之中（图 4-48）。校园内部的景观大节点环绕着景观核心展开，分布在学校的各个区域，协调着各个部分的景观基调，在不同的建筑组团当中也分布了景观小节点（图 4-49）。

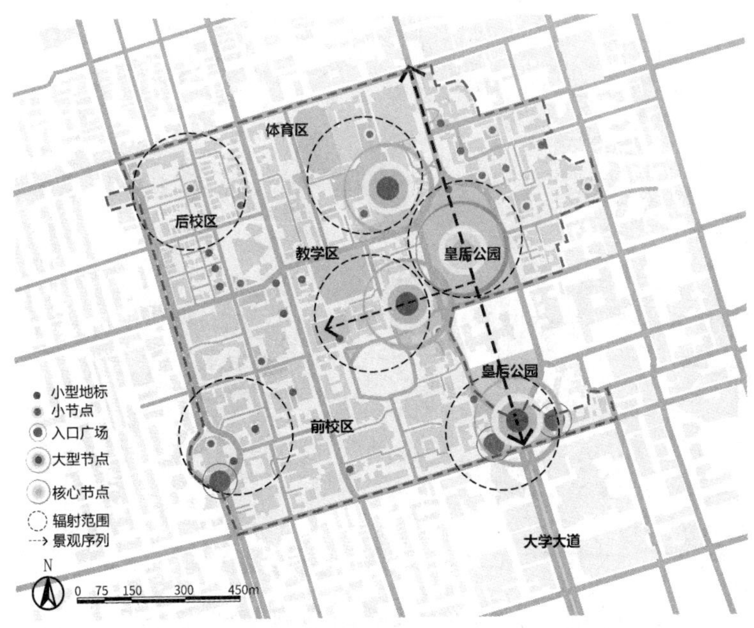

图 4-48 多伦多大学校园景观序列（张争光绘）

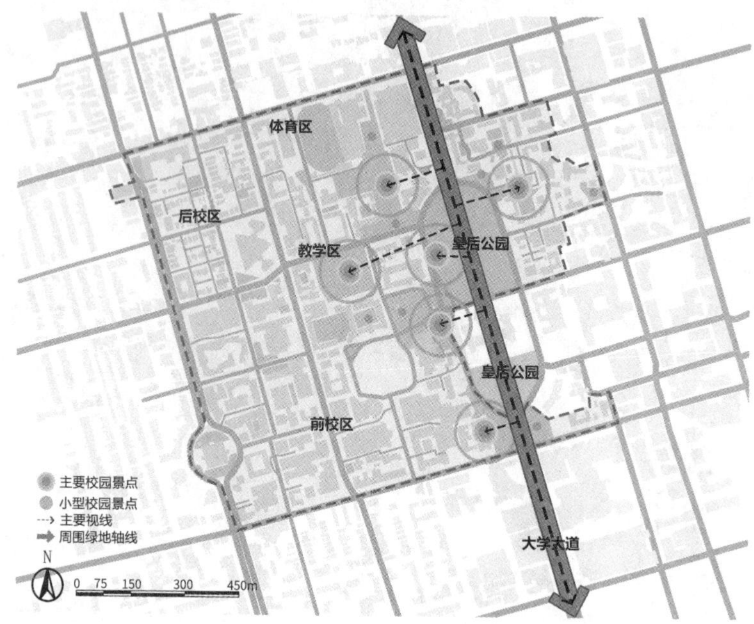

图 4-49　多伦多大学区域景观结构（张争光绘）

多伦多大学的校园景观视廊主要沿着主轴向着南北方向展开，控制引导了整个校区的视廊方向。行人在校园内部可以通过重要区域的空间观察到自北向南的景观变化，展示了校园景观的主要变化。整片区域的景观视廊分布的特性，基本是沿着道路走向的方向引导校区人群的视线方向，或者将主要轴线周围的视廊方向引向中间的景观核心区域，开阔了建筑密集区域的视野（图 4-50）。

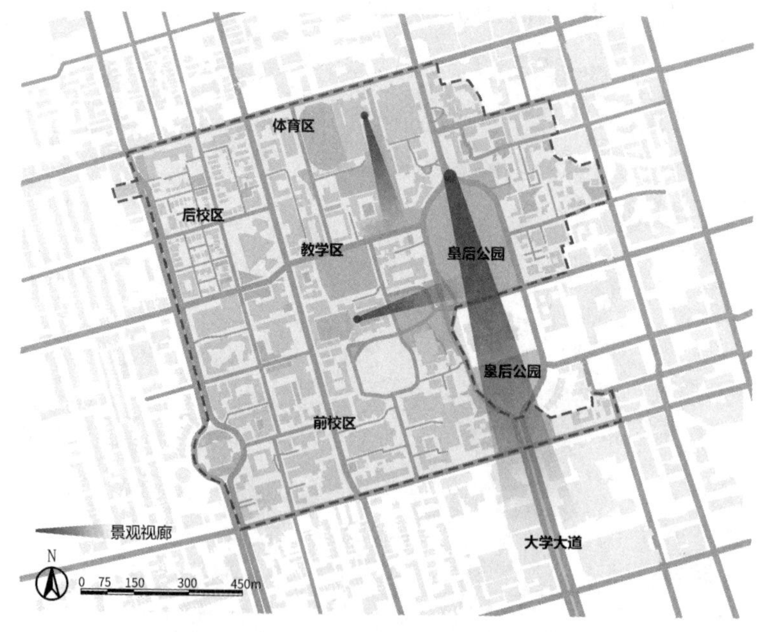

图 4-50　多伦多大学校园景观视廊（张争光绘）

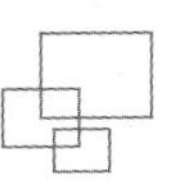

多伦多大学的校园景观主要依靠于中央的王后公园，从中展开南北向的轴线联系整个区域的景观节点，同时注重与公共健康、安全等细节，并且保留了现有环境中富有校园原本特色的元素，与当地自然美景充分融合。例如小斜坡上的特殊铺设材料、蜿蜒的小路引导人流方向，也指示着入口的方向。同时还精心挑选了各类植物，使大部分景观成为富有特色的公共区域。校园设有各类促进社交的设施，包括聚会用的小场地、整齐的座位和提供给学生用来休闲的庭院，这些都有助于为教职员工、学生和游人提供舒适的校园环境。

（4）校园更新发展策略

多伦多大学的发展是循序渐进的。1827 年，多伦多大学正式建立，它是加拿大在殖民时期建立的第一所高等教育机构。1843—1888 年，多伦多大学开设多个学院，从原先单一学院的模式，变成了多学科综合发展的学院（图 4-51）。1896—1991 年，多伦多大学接管了原本就建设完成的皇家音乐学院，进一步扩大了校园的边界范围。1912—1968 年，多伦多大学接管了皇家安大略博物馆，完善了学校的功能，并且方便学生与周围的居民日常生活游览（图 4-52）。

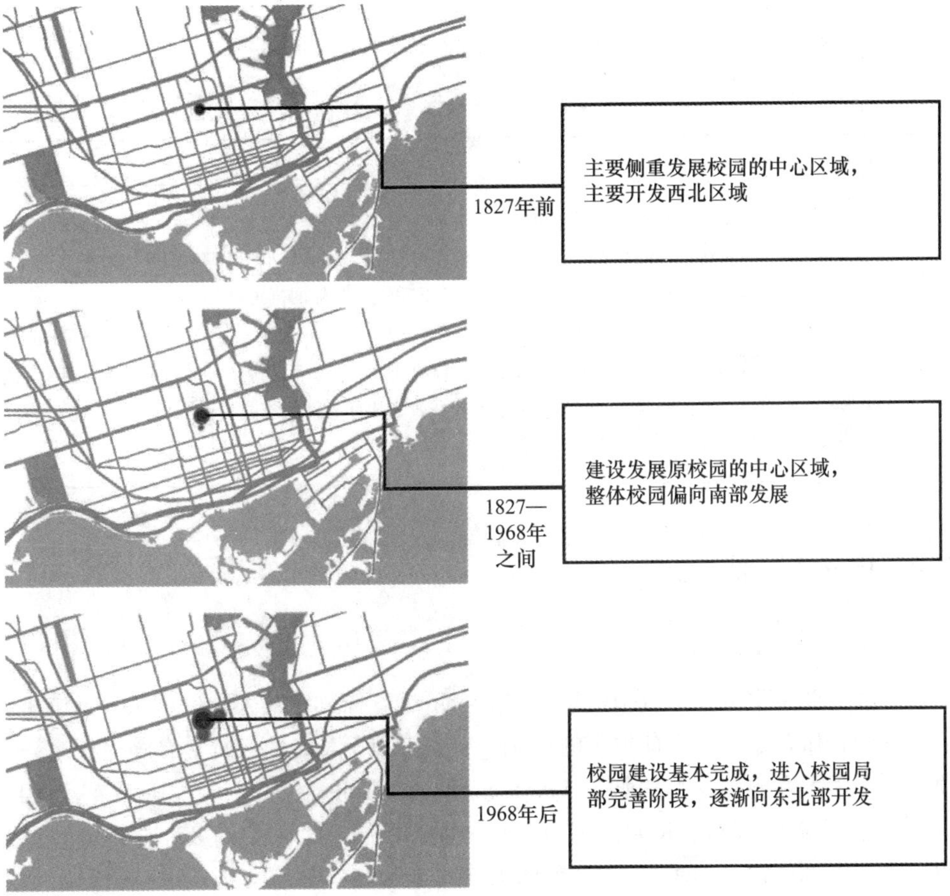

图 4-51　多伦多大学校园建设历史沿革（张争光绘）

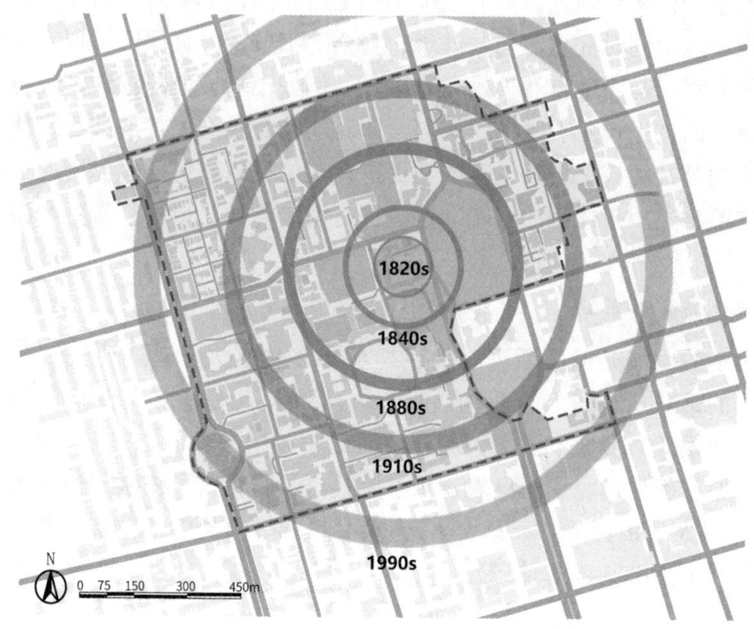

图 4-52 多伦多大学更新发展模式（张争光绘）

表 4-2 多伦多大学更新策略

更新策略	更新内容
五项战略目标	多伦多大学旨在研究和创新等方面展现其全球领先地位；促进合作伙伴之间的参与；促进研究和创新的公平性、多样性和包容性；支持在学生课程和课外体验中完善自我的研究和创新；加强促进卓越优秀的研究和提供足够的机构来支持创新发展
两个世纪的研究影响	多伦多大学对未来的愿景是具有挑战性的，也是很明确的；创造最具支持性的未来条件，来使研究人员、学者和学习者高效完成任务，并且能够做到他们力所能及的事情，促进理解和应用新知识

4.1.6 宾夕法尼亚大学

（1）校园区位概况

宾夕法尼亚大学（University of Pennsylvania），简称“宾大”（UPenn），位于宾夕法尼亚州的费城，是一所全球顶尖的私立研究型大学，著名的八所常春藤盟校之一，北美顶尖大学学术联盟美国大学协会（Association of American Universities）的十四所创始成员校之一（图 4-53）。校园面积为 109 公顷，校园师生人数约 25000 人。宾大由本杰明·富兰克林创建于 1740 年，是美国第四古老的高等教育机构，也是美国第一所从事科学技术和人文教育的现代高等学校，位于费城的思古河河畔，左边紧邻米尔伯恩、耶登、达比等城市（图 4-54）。

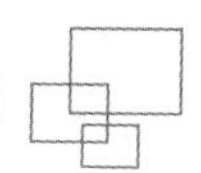

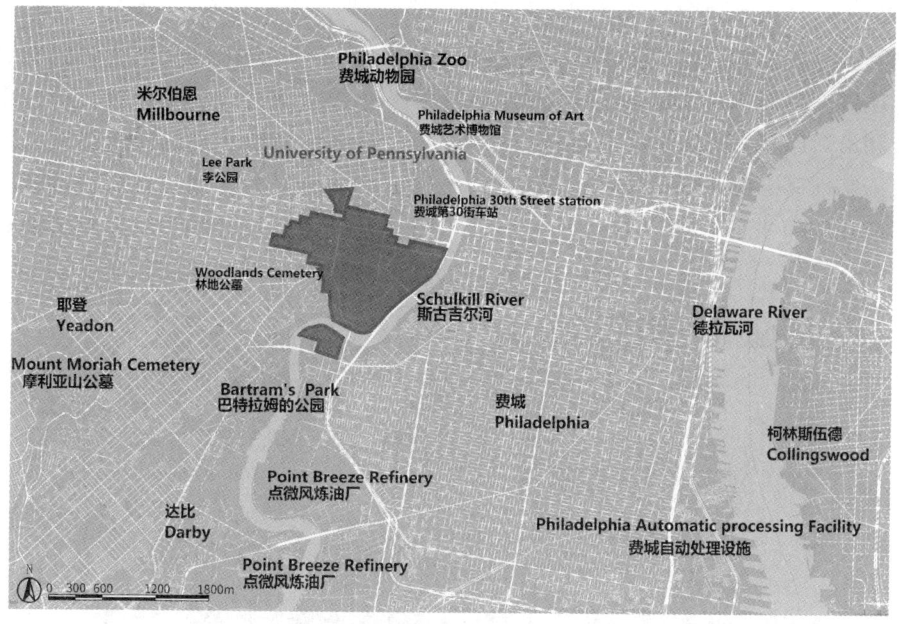

图 4-53　宾夕法尼亚大学区位图（张争光绘）

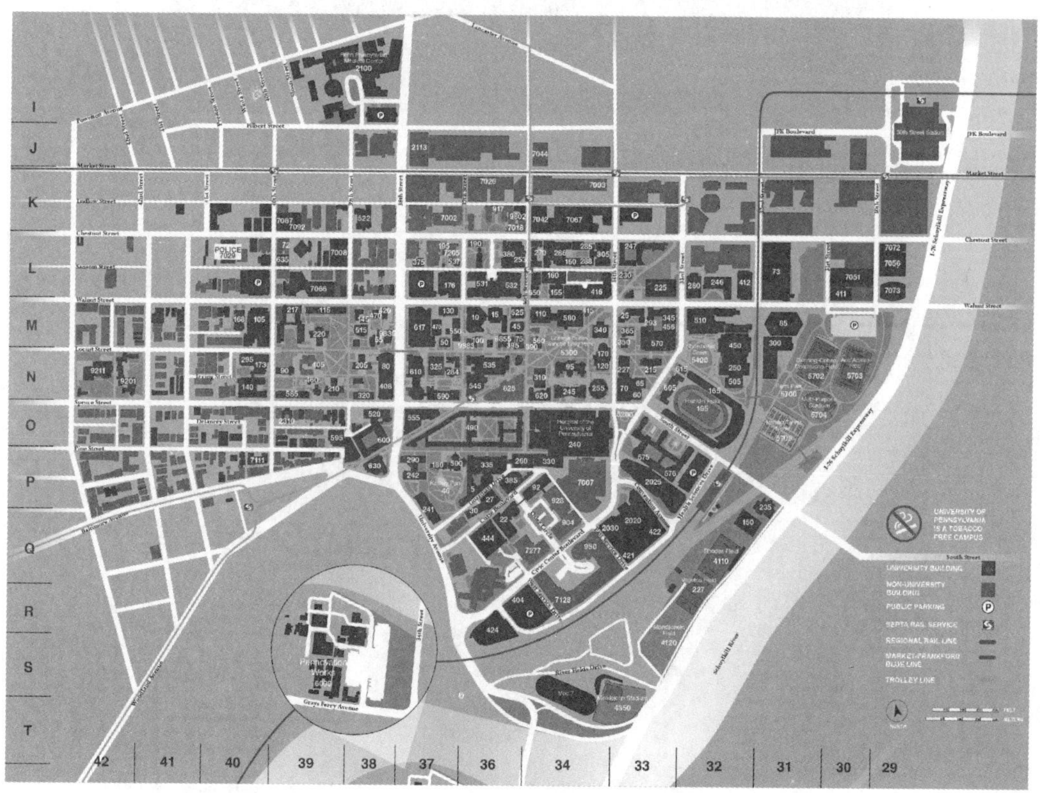

图 4-54　宾夕法尼亚大学校园地图（引自宾夕法尼亚大学官网）

(2) 校园空间布局分析

宾夕法尼亚大学街区尺度的图底关系显示，校园的图底关系与周围街区的图底关系差异度比较高，周围高密度的街区排布围绕着宾夕法尼亚大学，其中散布着一些小的块状绿地和沿河岸两侧分布的带状绿地（图 4-55）。宾夕法尼亚大学的建筑图底关系主要呈现出街区性质，以不同等级的道路分割为规整的四方形建筑群落，东南侧的建筑体量较大、西北侧的建筑体量较小，建筑排布的方式以及位置和间距都是让人感到舒适的（图 4-56）。

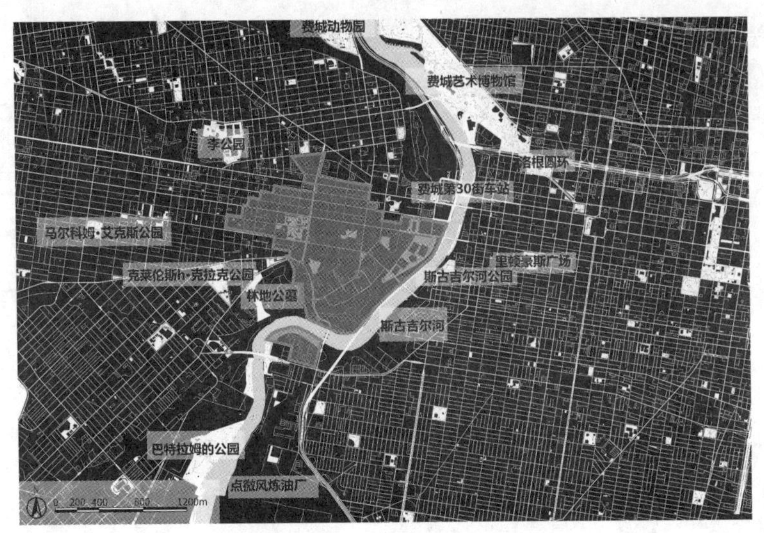

图 4-55　宾夕法尼亚大学街区尺度图底关系（张争光绘）

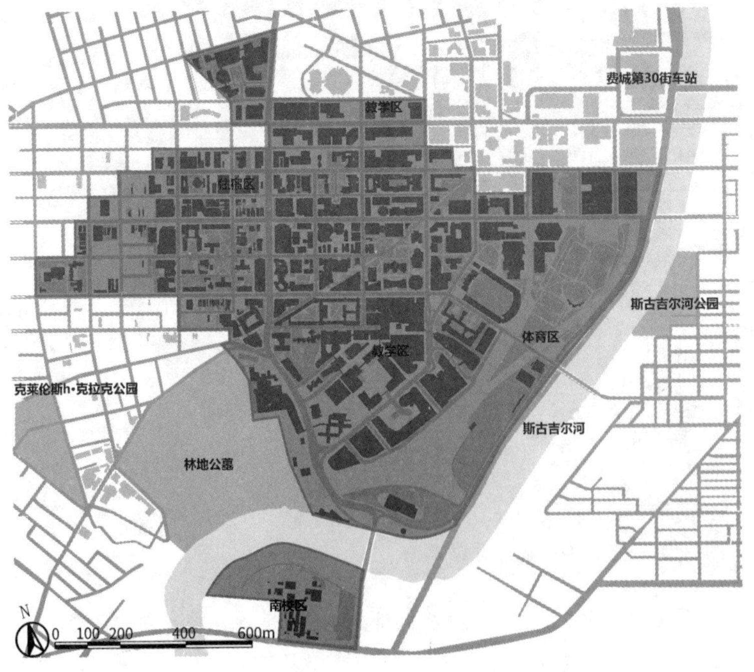

图 4-56　宾夕法尼亚大学校园图底关系（张争光绘）

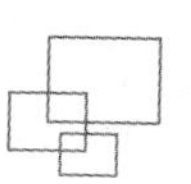

宾夕法尼亚大学的校园开放空间体系主要依靠贯穿城市与校园主体的东西向开放空间轴线展开，进而联系整片校区的开放空间。这条贯穿于校园与城市之间的轴线奠定了整个校园与周围空间的交融联系方式，并且引导了校园开放空间发展的主导方向：沿着东西向延伸，向着南北方向扩散。校园的开放空间核心主要集中在校园的中心轴线上，周围随着建筑庭院分布着开放空间节点，并通过校园内部道路与中间的主轴线产生联系（图 4-57）。

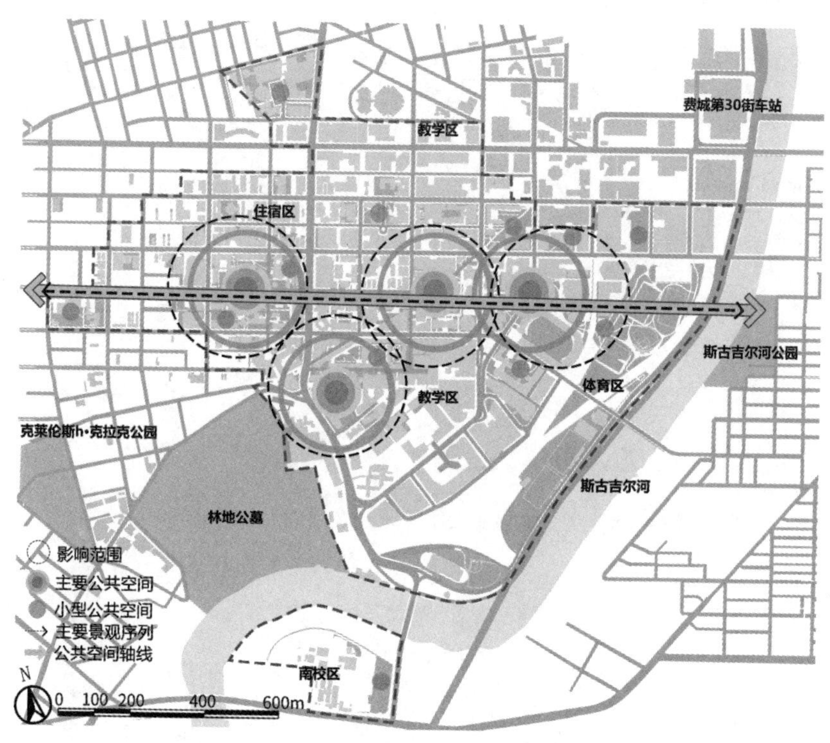

图 4-57　宾夕法尼亚大学校园开放空间体系（张争光绘）

（3）校园景观结构分析

宾夕法尼亚大学的校园景观序列充满理性，分布均匀，主次分明，主轴线上起承转合，庄重和谐。校园景观序列在校区中部东西向展开，错落有致，在轴线位置上收放自如，和谐过渡。校园里面的两个核心景观广场位于校园的主要景观序列轴线上，与其余的景观大节点和入口广场等联系起来（图 4-58）。主要轴线两侧的各个类型的建筑院落当中分布着校园的小节点和小地标。校园沿河的东部地区为体育活动区，为校园提供了良好的对城市的开放景观（图 4-59）。

宾夕法尼亚大学的校园景观视廊主要集中于校园中部景观聚集处，建筑围合引导视线通向开阔绿色场地。在校区西部的景观视廊主要是从建筑引向庭院中的景观空间，视线给予的围合感较强，也可以远望到相邻的建筑群落的景观空间，小范围地扩大视觉空间感。校区东侧的景观视廊依附于校园外部紧邻的思古河，体育活动区留出了足够的视线缓冲区域，可以让临河建筑得到很好的河岸景观体验，活跃校园中的景观氛围（图 4-60）。

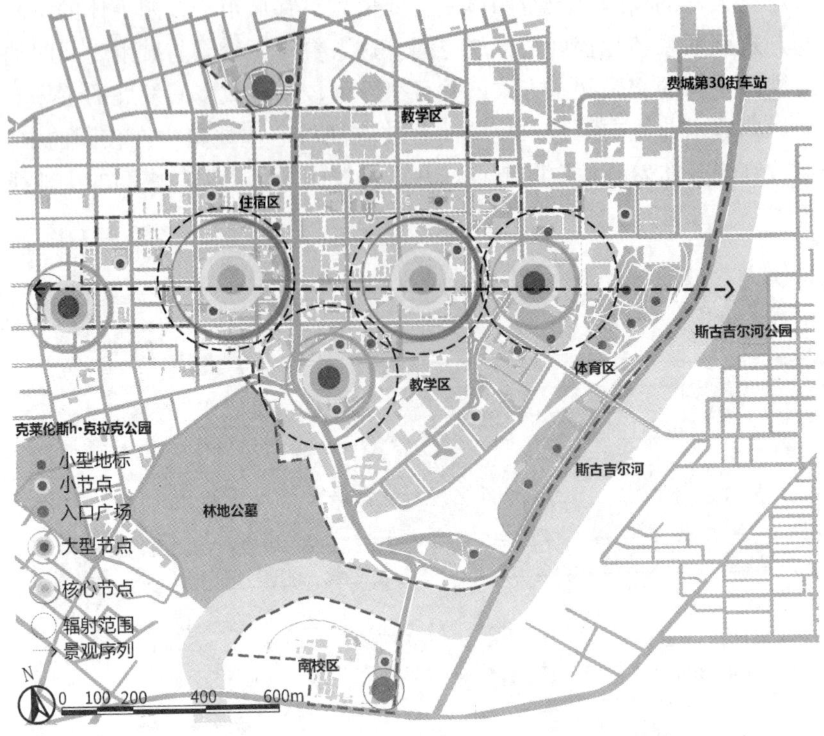

图 4-58 宾夕法尼亚大学校园景观序列（张争光绘）

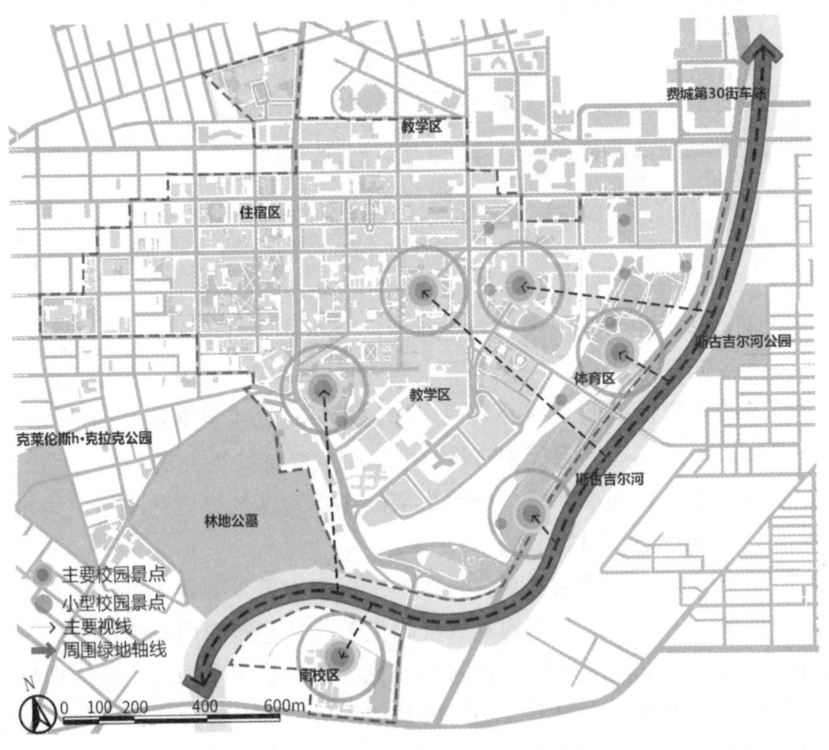

图 4-59 宾夕法尼亚大学区域景观结构（张争光绘）

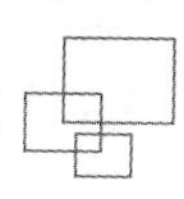

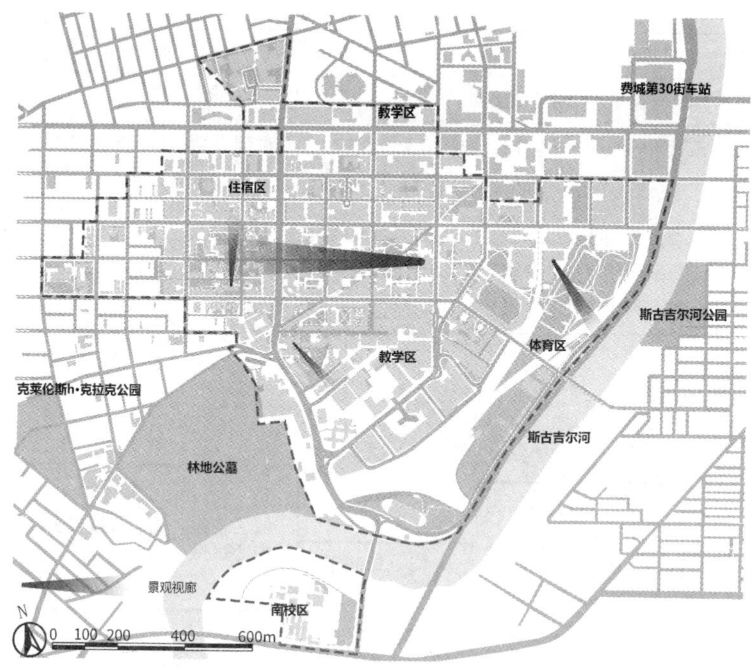

图 4-60　宾夕法尼亚大学校园景观视廊（张争光绘）

宾夕法尼亚大学校园景观规划很好地融入费城这座城市，使保留的旧有建筑得到保护，将校园的景观与环境条件展示出来，体现了这所大学拥有的高质量的景观资源。通过联通城市与校园的超长轴线，来使校园与周围的城市更好地融入，又突显出校园景观的活力与特别之处，使宾夕法尼亚大学可以重现活力。景观的设计细节与宾夕法尼亚大学的长期发展目标相一致，发展完善、和谐、宜人的校园景观环境，关注校园中师生的观景感受，各个地方的景观和谐共生，让他们感到校园的景观有吸引力。

（4）校园更新发展策略

20 世纪初校园规划目标是确保建筑、景观、道路等规划设计细节能与学校的长期发展目标相一致，以推动学校的教学计划完成。规划更加关注校园中行人的感受，旨在让更多行人感到校园的景观有吸引力，从中体会到舒适与惬意，这样，规划方案也会变得更加独特和完善。2020 宾大校园规划提出要强化和延伸主要的校园步行轴线，以及与发展商合作开发最近获得的大片土地。重要的是，这一规划使宾大能够优化利用其资源，在保证学院发展的同时也帮助创建高品质的城市环境。

宾夕法尼亚大学的更新发展历程及校园建设历史沿革，分别见表 4-3 和图 4-61。

表 4-3　宾夕法尼亚大学更新发展历程

时间	更新发展历程
1740 年	本杰明·富兰克林创建宾夕法尼亚大学，其正式建校
1765 年	成立全美第一所医学院
1881 年	成立全美第一所商学院

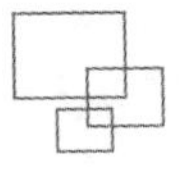

续表

时间	更新发展历程
1896 年	成立全美第一个学生会组织
1998—2001 年	进行新的校园规划，向费城西部延伸，东北面与爵硕大学相邻，形成了拥有众多院系和研究所的校园。学校加强了周边地区的规划，校园西边新开设了各具特色的餐厅、大型超级市场与电影院（图 4-61）
2020 年	进行新的校园整体规划，计划未来十年内在校园以东 35 英亩的土地上建立新的建筑与设施，供教育与研究使用（图 4-62）

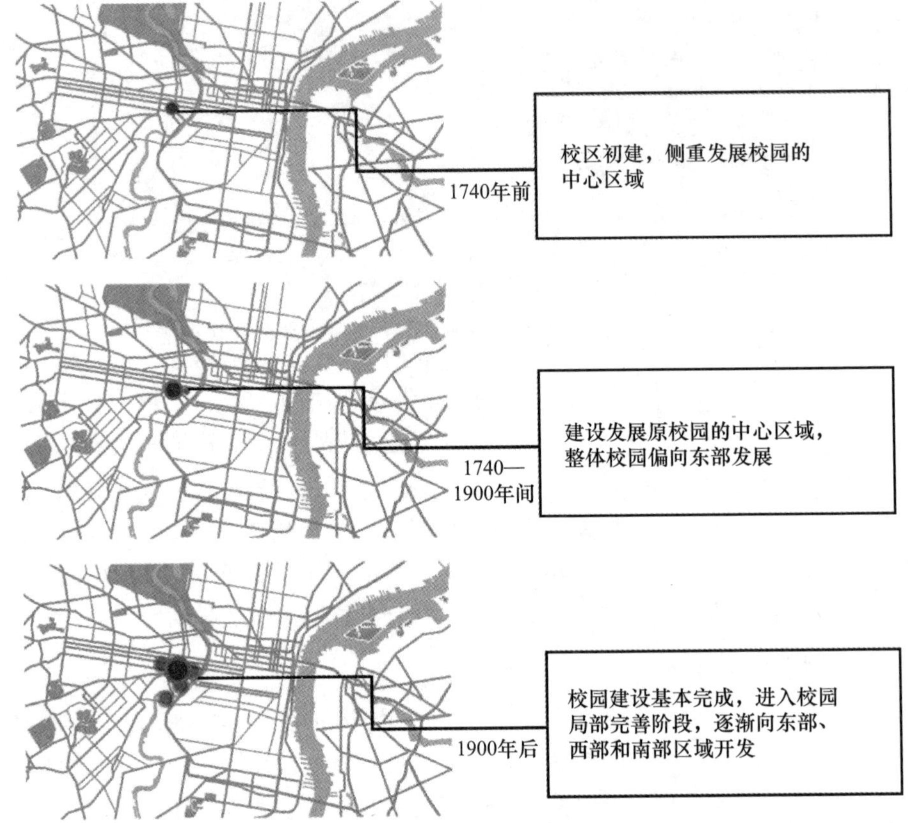

图 4-61　宾夕法尼亚大学校园建设历史沿革（张争光绘）

4.1.7　哥伦比亚大学

（1）校园区位概况

哥伦比亚大学（Columbia University），全称为“纽约市哥伦比亚大学”（Columbia University in the City of New York），简称“哥大”，是一所世界顶级的私立研究型大学，常春藤八大盟校之一。哥伦比亚大学坐落于曼哈顿的晨边高地，临近休斯顿河，在纽约著名绿地——中央公园的北部，校园外环境优美。校园面积 299 英亩（121 公顷），在校学生人数约 26400 人，院系设置有 21 个院所（图 4-63、图 4-64）。

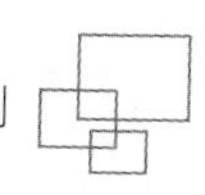

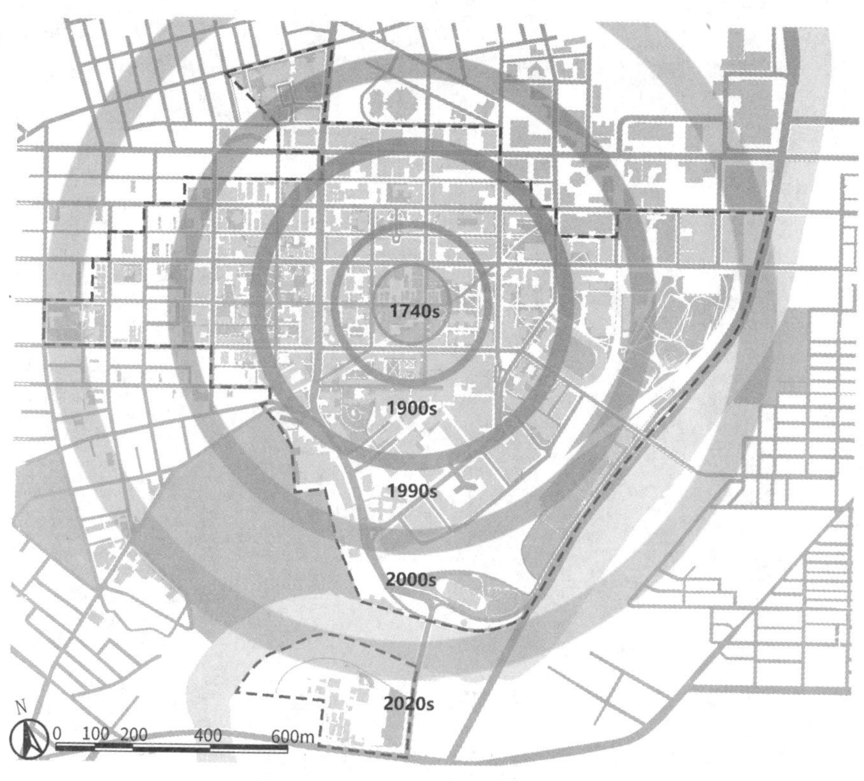

图 4-62 宾夕法尼亚大学更新发展模式（张争光绘）

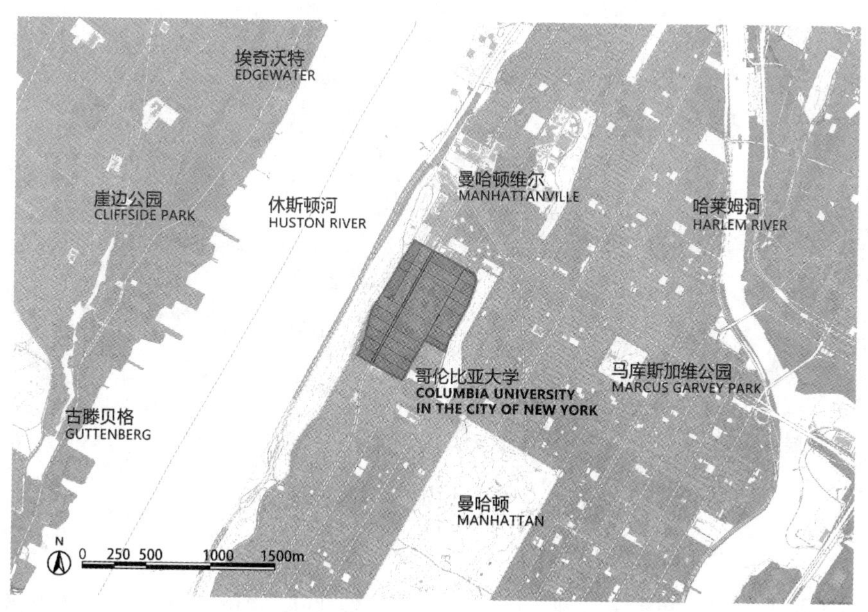

图 4-63 哥伦比亚大学区位图（马婧洁绘）

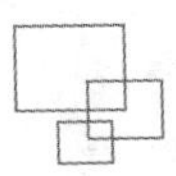

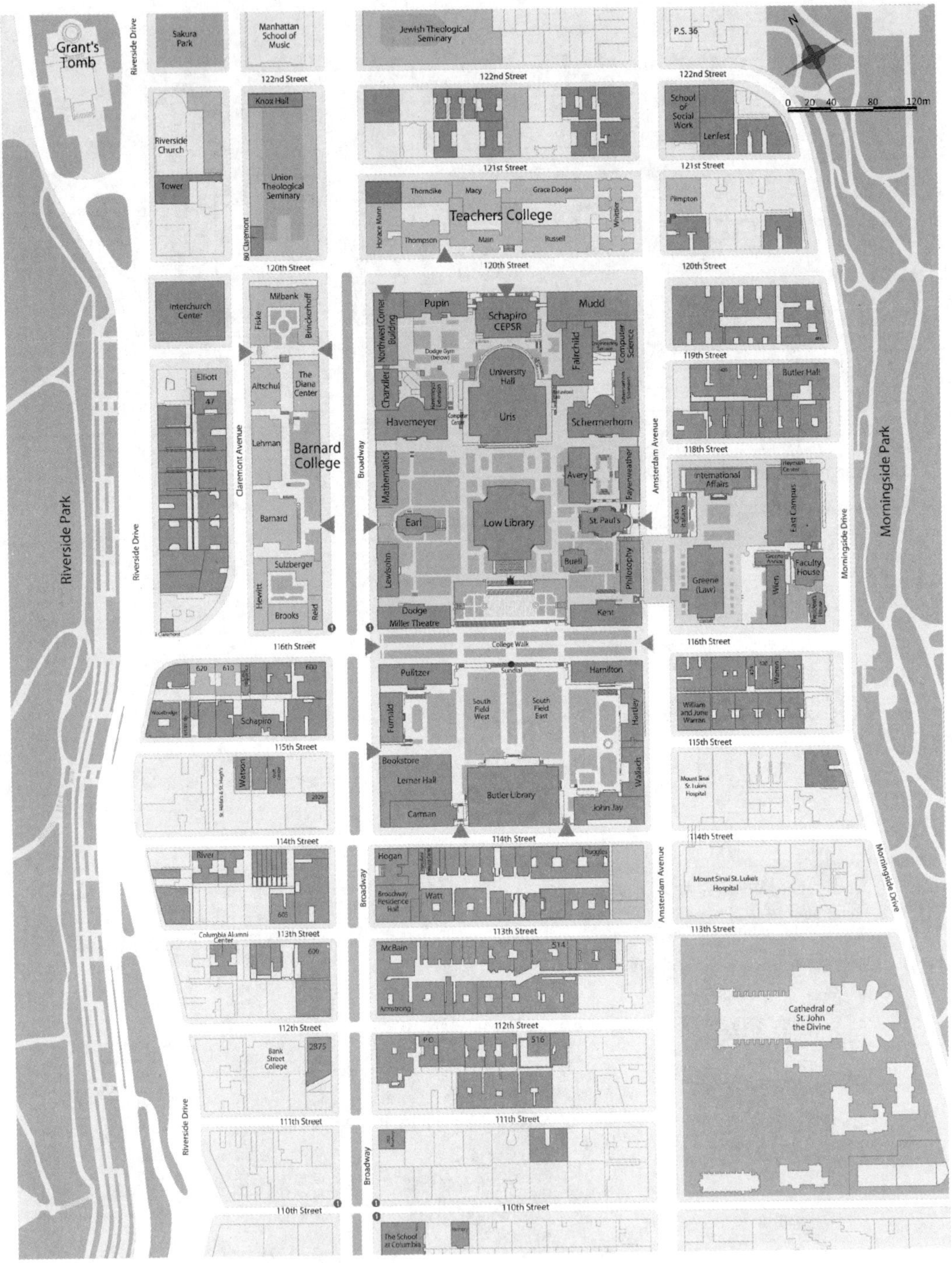

图 4-64　哥伦比亚大学校园地图（引自哥伦比亚大学官网）

（2）校园空间布局分析

哥伦比亚大学是世界上最重要的研究中心之一，同时它也给许多专业领域的学生提供了优越的学习环境。该大学认识到其位于纽约市的重要性，并努力将其研究和教学与

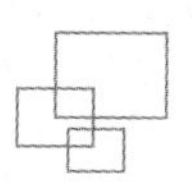

校园外环境的优势——大都市的巨大资源联系起来。哥伦比亚大学旨在吸引多元化的国际教师和学生团体，支持全球问题的研究和教学，并与许多国家和地区建立学术联系（图 4-65）。

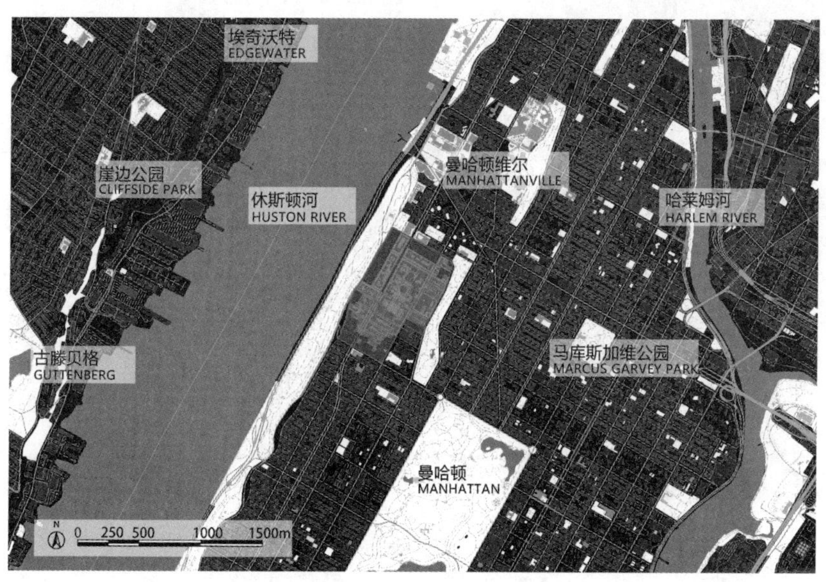

图 4-65　哥伦比亚大学街区尺度图底关系（马婧洁绘）

哥伦比亚大学中心核心区域为庭院式的建筑格局（图 4-66）。公共空间分布以 Low Library 为核心，呈现出“Schapiro CEPSR—University Hall—Uris—Low Library”的南北走向轴线与“Earl—Low Library—St. Paul's”的东西向轴线交叉分布的形式，为哥伦比亚大学师生提供丰富多彩的校园公共生活（图 4-67）。

图 4-66　哥伦比亚大学校园图底关系（马婧洁绘）

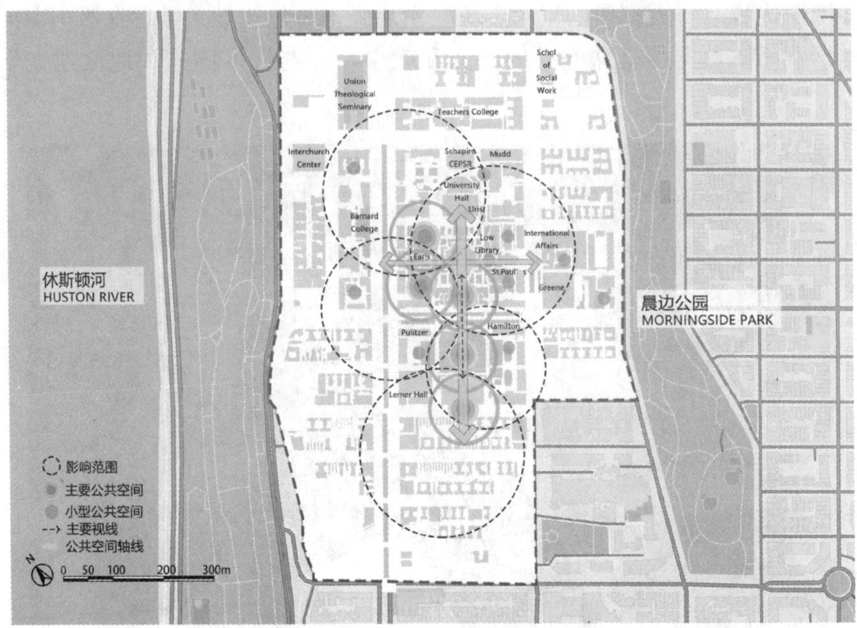

图 4-67　哥伦比亚大学校园开放空间体系（马婧洁绘）

（3）校园景观结构分析

哥伦比亚大学的景观序列的核心即南北走向的“University Hall—Low library—South field”轴线，核心节点居中，小型节点呈周围四散分布，基本辐射全校，校园整体环境优美（图 4-68、图 4-69）。

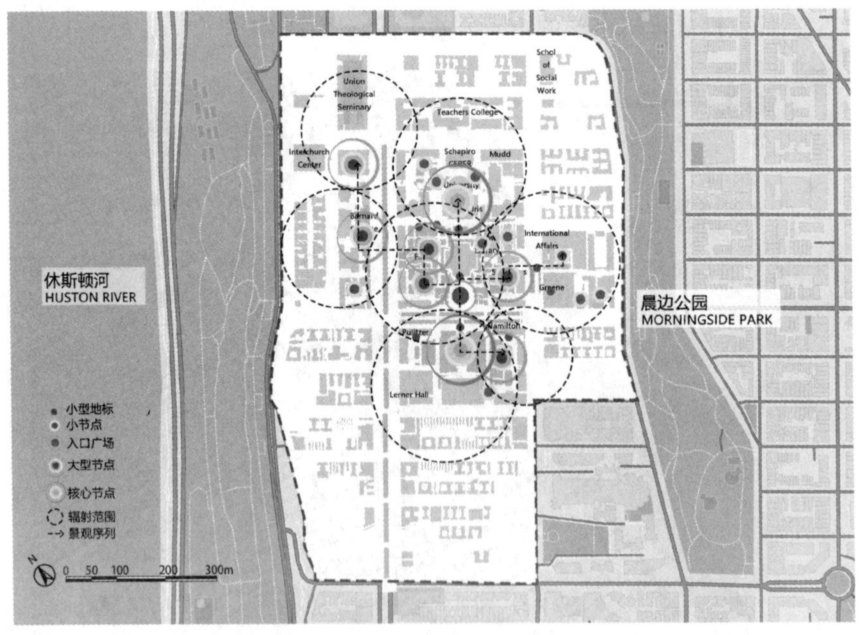

图 4-68　哥伦比亚大学校园景观序列（马婧洁绘）

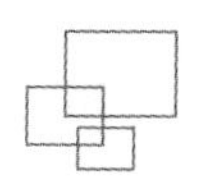

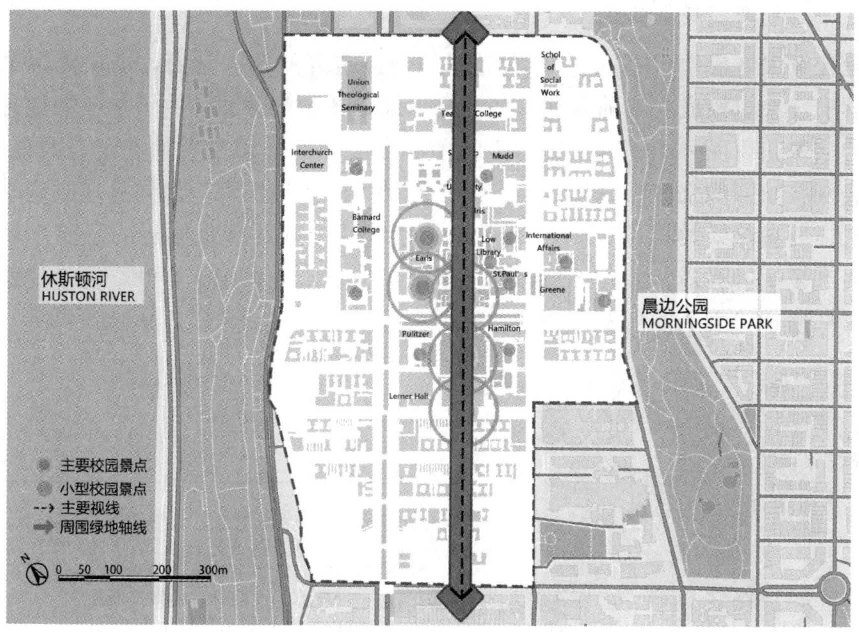

图 4-69　哥伦比亚大学区域景观结构（马婧洁绘）

哥伦比亚大学的主要视廊从 Low Library、University Hall、Butler Library 等建筑的视角出发，形成多条视廊穿插的格局，打造出校园内部的核心视线廊道结构。同时，校园与外部的绿色空间也形成了独特的视线关系，向西远借休斯顿河的优美风光，向东眺望晨边公园（图 4-70）。

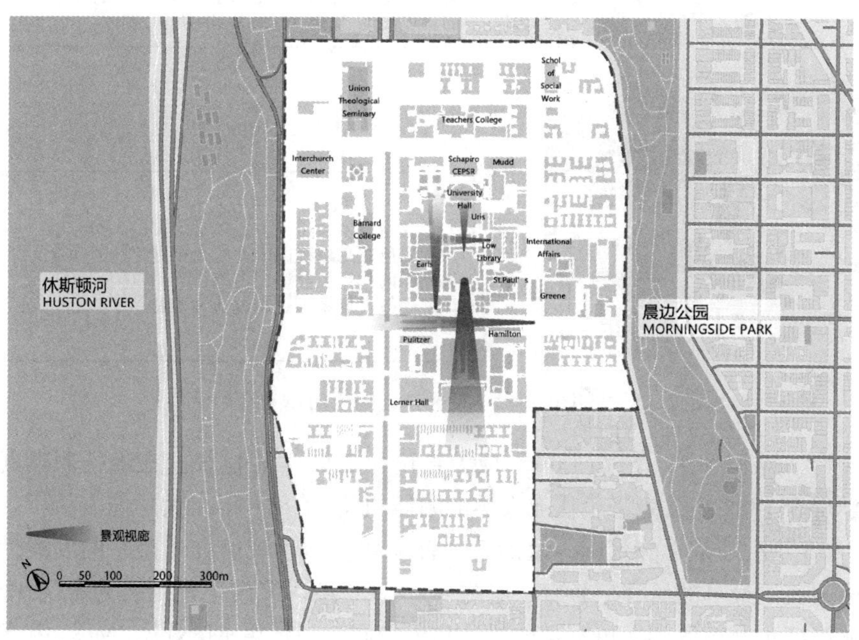

图 4-70　哥伦比亚大学校园景观视廊（马婧洁绘）

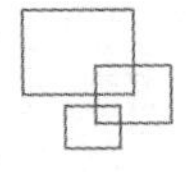

（4）校园更新发展策略

哥伦比亚大学成立于1754年，它是纽约州最古老的高等学府，也是美国第五古老的高等学府。在学校成立之前存在一些社会争议，各种社会团体为了学校的地理位置和所信仰的宗教归属而争论不断。纽约市的团体在校园的地理位置的确定上取得了成功，而圣公会则在校园的宗教归属上占了上风。然而，所有选区都一致同意在制定学校的管理政策时需要遵循宗教自由原则。1857年，学院从市政厅现址附近的公园广场迁至第四十九街和麦迪逊大道，并在那里办学了四十年。在十九世纪下半叶，哥伦比亚大学迅速形成了一所现代大学的形态（图4-71）。

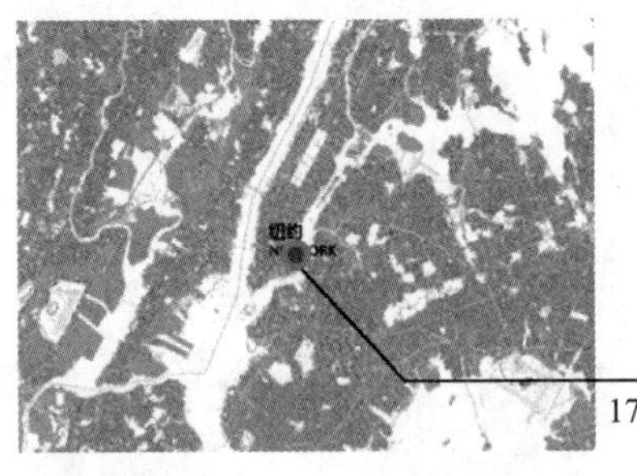

1754年

哥伦比亚大学历史非常悠久，大学的历史可以追溯到1754年，是美国历史上第五古老的大学。大学原来的校名叫做国王学院（King's College），对应的是一度被称为王后学院的罗格斯大学（Rutgers University）和被称为王子学院的普林斯顿大学（Princeton University）

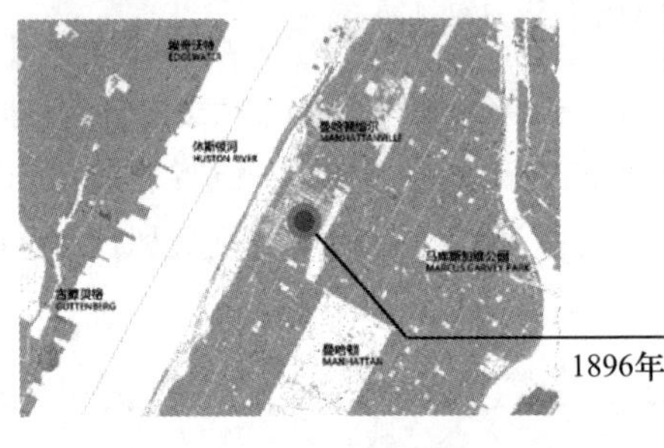

1896年

1896年正式更名为哥伦比亚大学（1784—1896年为哥伦比亚学院），并由第四十九街迁到目前所在的晨边高地（Morningside Heights）校园

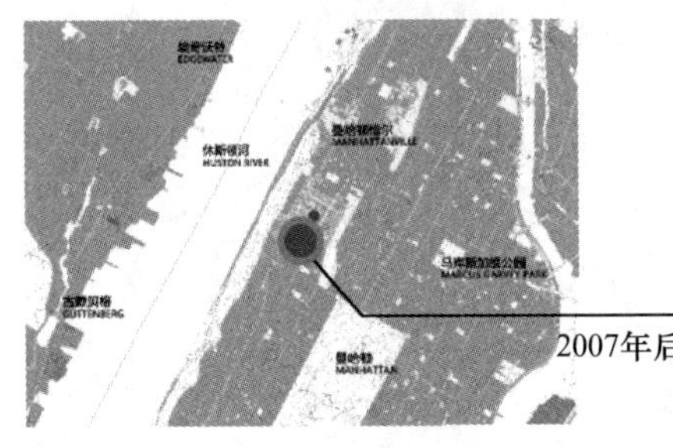

2007年后

为了容纳更多的研究中心和学术部门，2007年购买了晨边高地校区以北几个街区之外的曼哈顿维尔的一片工业区，占地17英亩（6.9公顷），计划进行大规模拆迁、改造和重建

图4-71　哥伦比亚大学校园建设历史沿革（马婧洁绘）

1890年，塞思·洛（Seth Low）成为哥伦比亚大学的校长。在他任职期间，巴纳德女子学院于1889年成为哥伦比亚大学的附属机构。1891年在大学的支持下，医学院随后于1893年由师范学院管辖。政治学、哲学和科学领域研究生院系的发展使哥伦比亚大学成为美国最早的研究生教育中心之一。1896年，该校正式更名为哥伦比亚大学。学校也从第四十九街搬到了更宽敞的晨边高地校园，该地由McKim、Mead和著名的世纪之交建筑公司White设计为“城市学术村”。

在2009年5月签署《社区福利协议》后的几年里，校园的扩张规划一期工程于

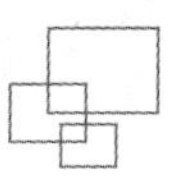

2015 年竣工，曼哈顿维尔的新校区已经形成。而二期项目结束预计需要 25 年。2017 年，该大学在曼哈顿维尔新校区开设了前两座建筑，即 Jerome L. Greene 科学中心和 Lenfest 艺术中心。2018 年，论坛建筑的建设紧随其后。2022 年 1 月，哥伦比亚商学院的新建筑 Henry R. Kravis Hall 和 David Geffen Hall 建立。

新校园总体规划的核心是创建更加开放的室内和室外的公共活动空间，这些空间不仅可供校园内的师生使用，学校也邀请校园外的当地居民参与其中，校园景观与街景无缝融合（图 4-72）。

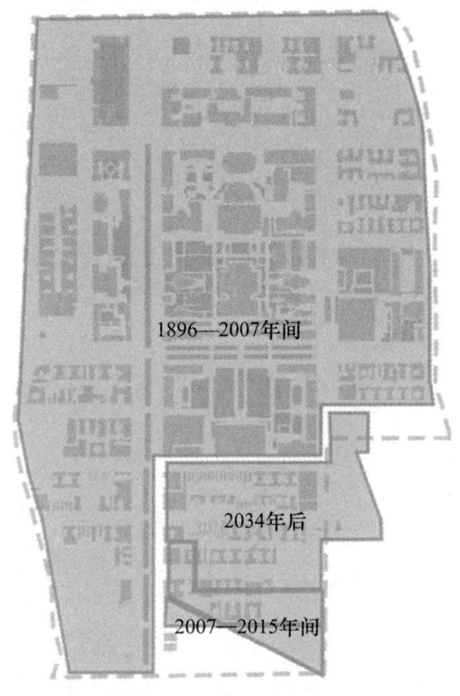

图 4-72　哥伦比亚大学更新发展阶段（马婧洁绘）

4.1.8　麻省理工学院

（1）校园区位概况

麻省理工学院（Massachusetts Institute of Technology），简称“麻省理工”（MIT），位于美国马萨诸塞州波士顿都市区剑桥市，主校区依查尔斯河而建，是一所世界著名的私立研究型大学。校园占地面积 168 英亩，建立了 40 多个花园及绿地，在校学生约 11934 人，其中包括约 4638 名本科生，约 7296 名研究生（图 4-73、图 4-74）。

1861 年，威廉·罗杰斯与其弟拟订了一份在波士顿建立工学院的计划，得到州议会批准，给予颁布特许状。1865 年招收了第一批学生。1916 年该校由波士顿后湾区迁至现在的校址。创始人罗杰斯为学校规定了办学方向，强调应用知识与获取知识同等重要，坚持教学和科研相结合。该校由最初只培养工程技术人员，至打破传统科研界限，跨学科、开拓性的研究使其成为世界著名的科技教育和科研中心。

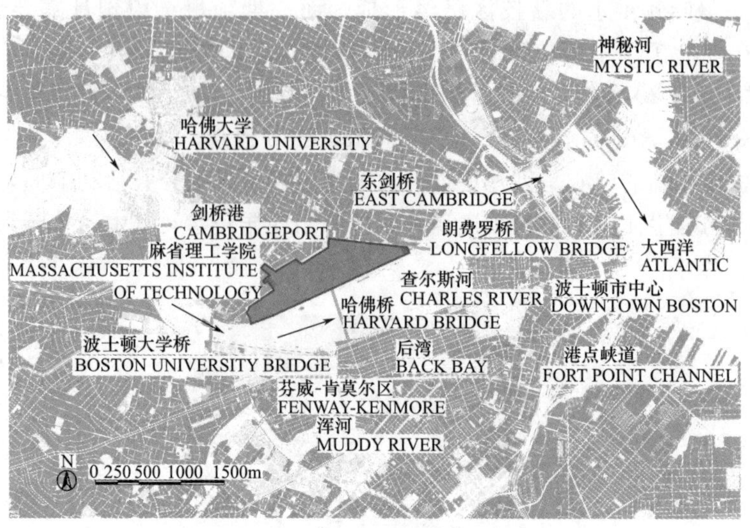

图 4-73　麻省理工学院区位图（马婧洁绘）

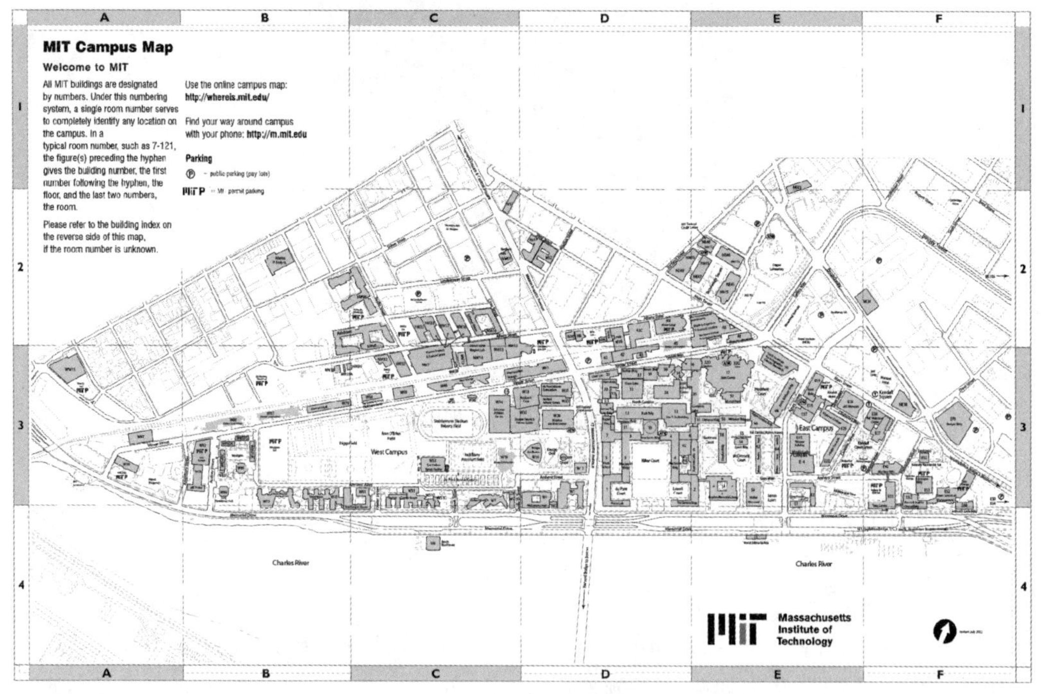

图 4-74　麻省理工学院校园地图（引自麻省理工学院官网）

（2）校园空间布局分析

麻省理工学院位于剑桥马萨诸塞州大道（Massachusetts Avenue）查尔斯河边，与哈佛大学遥相呼应。学校校园沿查尔斯河延伸超过 1 英里（1.6 千米）（图 4-75）。其核心是一组相互连接的建筑，由建筑师 W. Welles Bosworth 设计，旨在促进麻省理工学院内部各个学院和部门之间的互动、沟通。校园建筑展示了一系列风格，从新古典主义到现代主义、野兽派和解构主义。

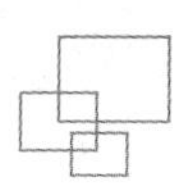

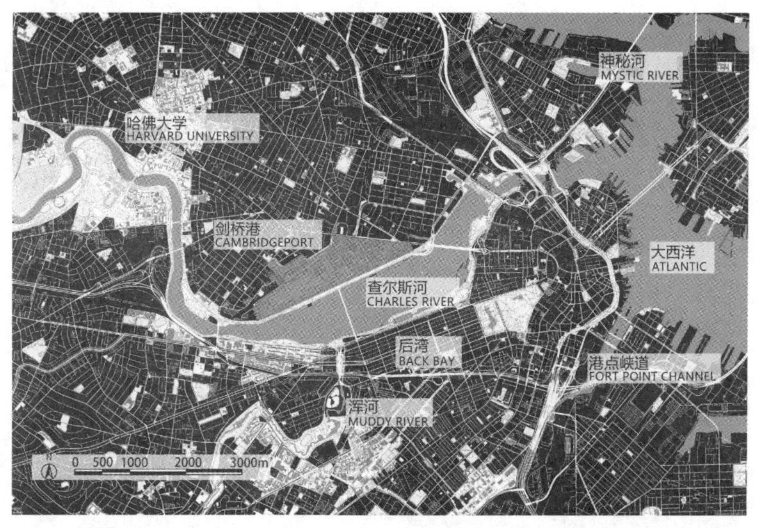

图 4-75 麻省理工学院街区尺度图底关系（马婧洁绘）

麻省理工学院校园主体为一个大型中央庭院，一个标志性的穹窿屋顶，宿舍和教室同在一个整体的建筑综合体内。功能上，校园东部主要为宿舍群，西部则以教学为主，东西向的轴线将休憩空间和学术空间紧密地联系在一起。整个校园被南北轴线所引导，校园西部被引导面向波士顿市区和查尔斯河的中央庭院，校园的东部则指向网球场和北部的剑桥（图 4-76）。

图 4-76 麻省理工学院校园图底关系（马婧洁绘）

麻省理工学院公共空间以 Killian Court 为核心形成南北向的轴线，使视线引向美丽的查尔斯河畔，吸引众多游客前来拍照、野餐、集会等活动。同时公共空间轴线向东西两部分校区延伸，引导动线向东西两侧公共空间发展，穿插在建筑群中的庭院空间将教学活动与公共活动空间融汇交流，形成高校生活中不可或缺的一部分（图 4-77）。

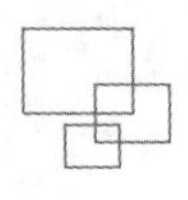

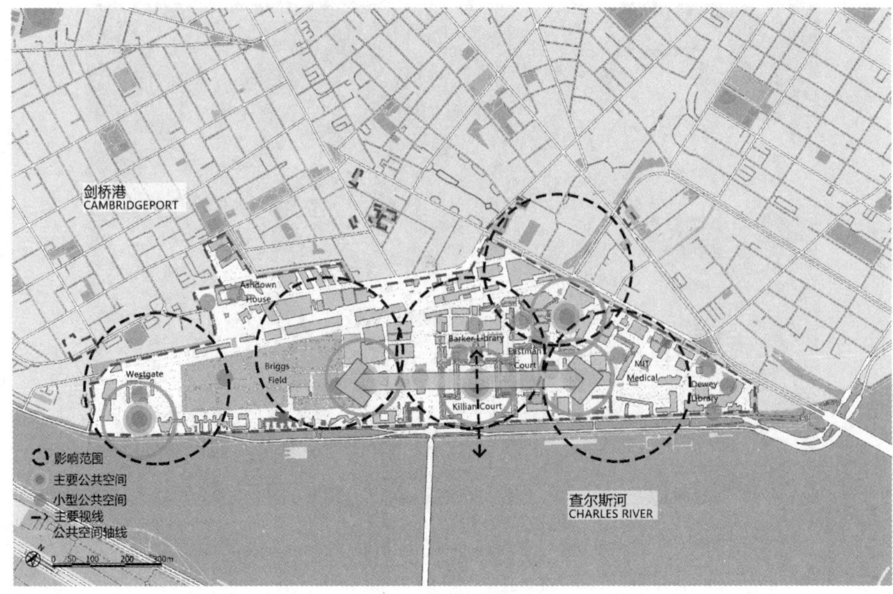

图 4-77 麻省理工学院校园开放空间体系（马婧洁绘）

（3）校园景观结构分析

麻省理工学院景观地标很多，其中以 The Great Dome、无尽走廊（Infinite Corridor）等节点最为著名，每年都吸引大批游客前来参观游览，无尽长廊有 1/6 英里长。各种建筑以长廊相连，让人可以轻松往返于各种建筑之间，免受外面寒冷天气的侵袭（图 4-78、图 4-79）。校园内永恒的地标包括由 Alvar Aalto、Frank Gehry、Steven Holl、Fumihiko Maki、贝聿铭和 Eero Saarinen 等行业前沿建筑师设计的建筑。在内部，最先进的设施支持麻省理工学院在多个学科的研究工作。

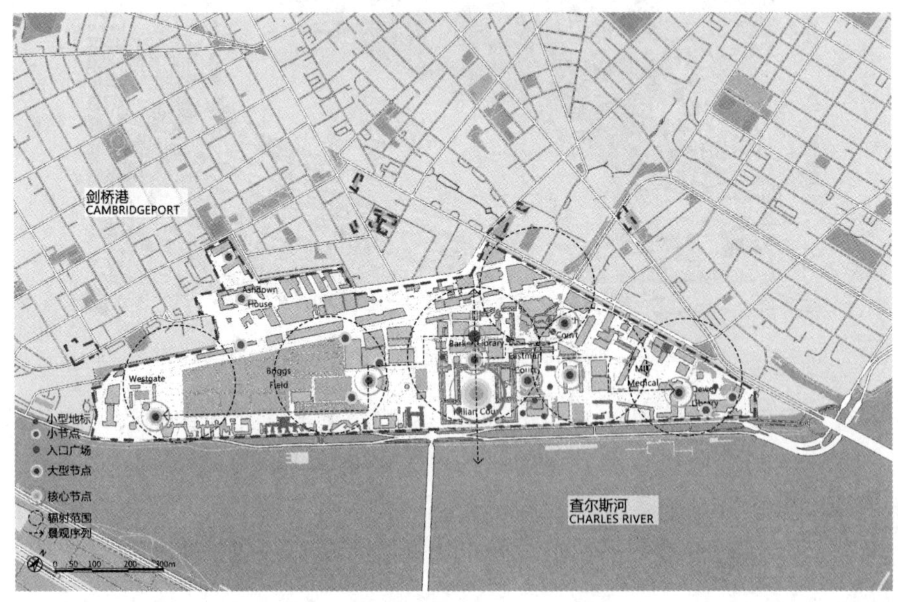

图 4-78 麻省理工学院校园景观序列（马婧洁绘）

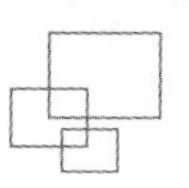

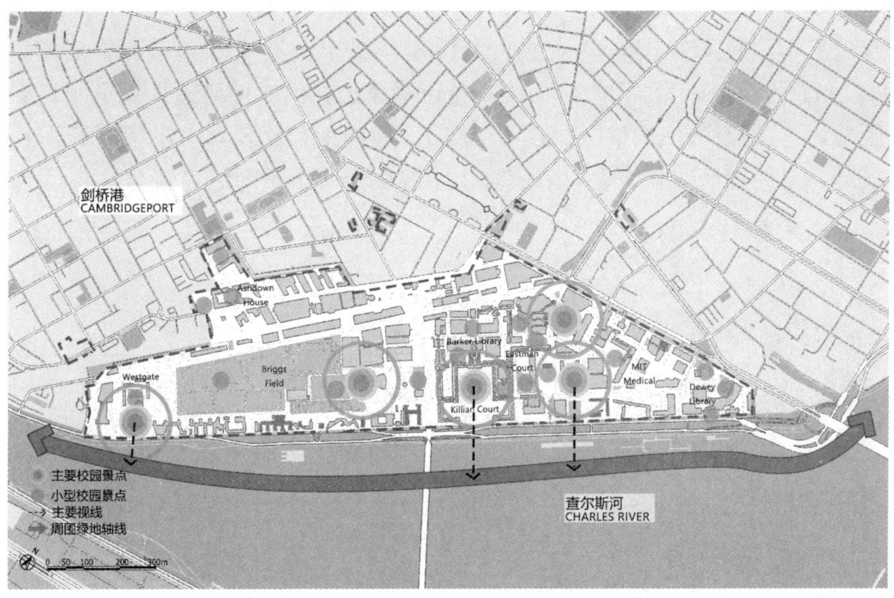

图 4-79 麻省理工学院区域景观结构（马婧洁绘）

麻省理工学院的主要景观视线以南北向的“The Great Dome—无尽走廊—Killian Court—查尔斯河”为核心，从 Kirian Courtyard 向外眺望，近景为阳光草坪，远景则是查尔斯河对岸波士顿市中心最著名的两座摩天大楼 John Hancock Tower 和 One Prudential Plaza。景观层次丰富、视野开阔、景色优美宜人，这为校园师生提供了愉悦舒适的生活环境（图 4-80）。

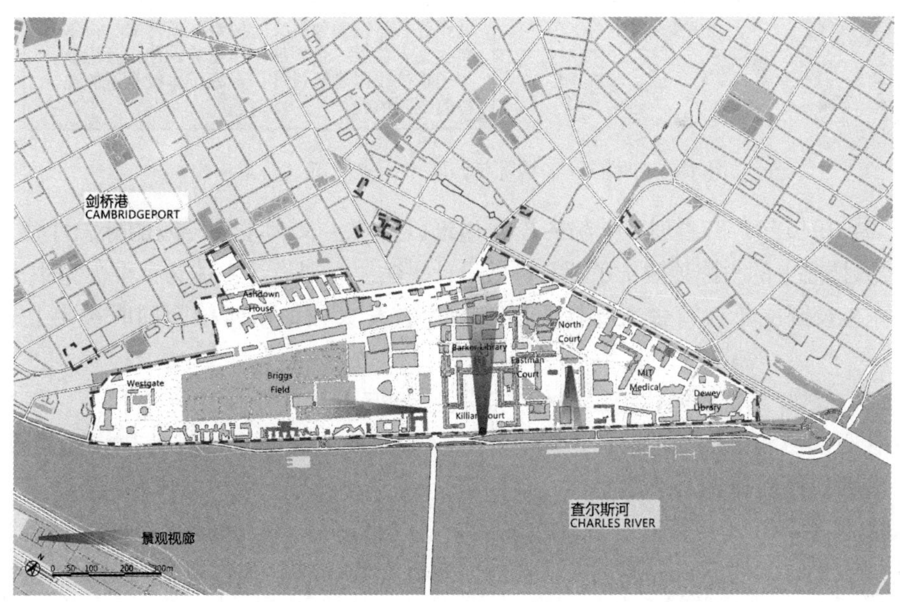

图 4-80 麻省理工学院校园景观视廊（马婧洁绘）

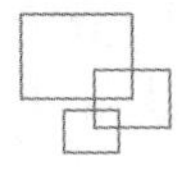

(4) 校园更新发展策略

麻省理工学院位于美国马萨诸塞州剑桥市，属于大波士顿地区，临近哈佛大学。1916 年，麻省理工学院迁移至查尔斯河剑桥市的岸边，沿岸伸延逾 1 英里（1.6 千米），为填海土地。这所充满新古典主义建筑风格的“新理工”校园，由建筑师威廉·W·博斯沃思设计。之后随着时代更替，麻省理工学院也经历了不断的更新与发展（图 4-81）。

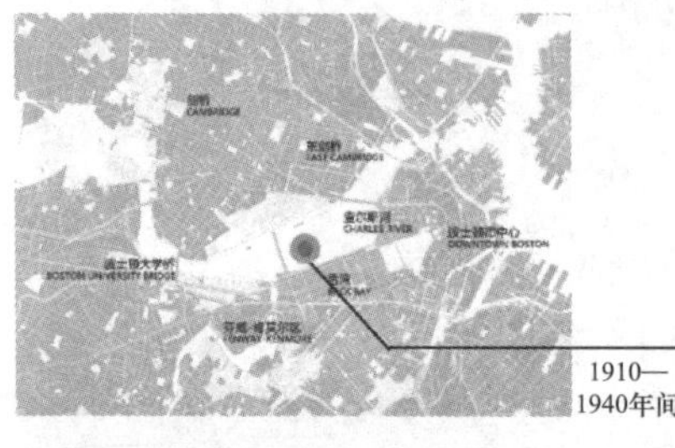

1910—1940年间

校长麦克劳林选择毕业于本校的威廉·威尔斯·博斯沃思负责校园规划和设计。博斯沃思的方案主体为一个大型中央庭院，一个标志性的穹窿屋顶，宿舍和教室同在一个整体的建筑综合体内

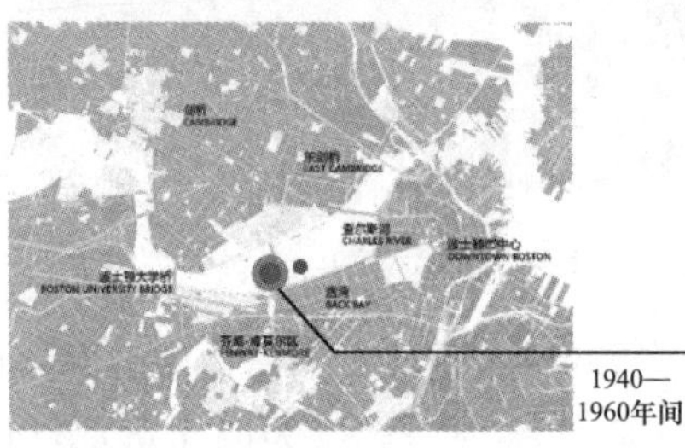

1940—1960年间

1942年建成的第20号大楼是本校校园建设的里程碑，开启了本校校园现代实用主义建筑的大门，这一时期建造的现代主义风格建筑主要集中在西校园。两位著名的芬兰建筑师阿尔瓦·阿尔托和埃罗·萨里宁在这里建造了一个不同于博斯沃思的全新区域

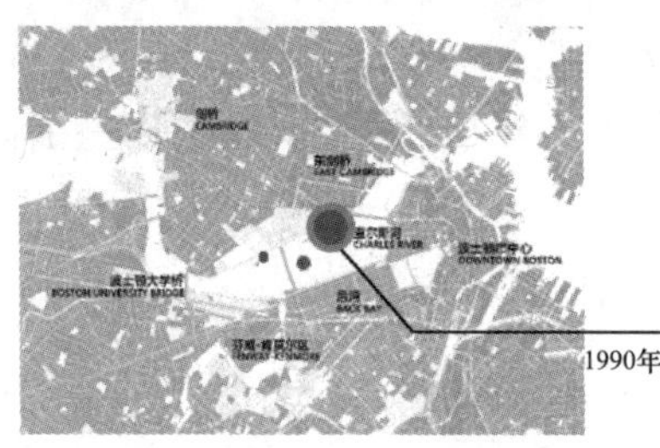

1990年后

世纪之交，本校校园开始了新一轮校园建设，世界著名建筑大师凯文·罗奇、斯蒂文·霍尔、弗兰克·盖里、查理斯·柯里亚、槙文彦均参与了本校校园建筑设计，形成了本校全新的独特的校园风貌

图 4-81　麻省理工学院校园建设历史沿革（马婧洁绘）

1910—1940 年，麻省理工学院的校园建筑以古典主义为主，校园的标志性建筑——第 10 号大楼之上的大圆顶效仿了罗马神殿设计手法。规划设计主体为一个大型中央庭院，功能上东半校园主要为宿舍大楼，西半校园为教学大楼，东西校园同时被南北轴线所引导。

1940—1960 年，校园建筑以现代主义为主，麻省理工学院由一个严肃、规则的古典主义核心区域和由砖、水泥、玻璃、不对称等现代主义元素构成的新校区共同构成。老校区和新校区对峙在马萨诸塞州大道两边。

1990 年后，校园建筑以后现代主义为主，这一时期的校园建筑更多的是在周围的环境中寻找设计的线索，强调怎样适应校园中已有的风貌，让建筑之间更加协调、规整（图 4-81、图 4-82）。

1998—2010 年期间，麻省理工学院翻新了 87.5 万平方英尺的现有建筑，并完成了超过 260 万平方英尺的新建筑。

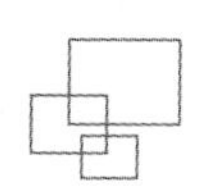

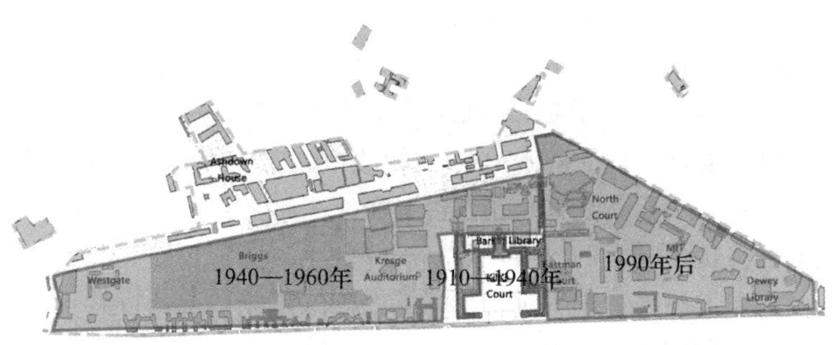

图 4-82 麻省理工学院更新发展阶段（马婧洁绘）

麻省理工学院正在设想校园和环境如何发展，以满足未来的学术和研究需求，并继续促进创新。麻省理工学院 2030 规划提供了有助于明确校园建设的指导方针，集中指导建设校园环境。麻省理工学院 2030 规划目标在于使校园更新优先事项与当前和未来的学术需求和机会保持一致；追求将校园规划目标与麻省理工学院房地产活动相结合的整体发展方法，以继续创建和支持创新生态系统。同时，促进麻省理工学院与其周边社区之间富有成效的合作，为研训所正在进行的财务管理提供指导。

麻省理工学院 2030 规划为众多项目提供了指导信息，从单个系统升级（包括屋顶和窗户）、空间和建筑物的重新利用到部分或全部翻新。设施部与财务副总裁办公室，麻省理工学院投资管理公司（MITIMCo，麻省理工学院的投资部门，负责管理研究所的投资组合，包括房地产）和其他利益相关者合作，以确定研究所当前的学术优先事项和发展目标。当出现最高优先事项时，由空间规划审查委员会（CRSP）和建筑委员会负责的关键利益相关者组成的工作组成立，以探索解决该优先事项的各种方法。该小组将收集反馈、分析选项并准备建议，供 CRSP 和建筑委员会审查。此过程的参与者将遵循三项原则：一是在可能的情况下，通过更新和翻新来满足设施要求；二是加快系统化的更新计划（包括屋顶、电梯、其他系统的更新）；三是创建灵活的科学和技术研究空间，以响应创新的学术和协作计划。设施部、财务副总裁办公室、MITIMCo、CRSP 和建筑委员会共同努力，确定建议方案的可行性。在审查了调查结果后，麻省理工学院公司的执行委员会批准了一份初步的项目清单，以推进资本规划。

4.1.9 北美高校总结

（1）美西高校分析

加州大学伯克利分校、不列颠哥伦比亚大学、斯坦福大学、华盛顿大学处于北美西部沿太平洋地区。西海岸地区各州的气候相对来说比较宜人，一年四季如春。西部以加州的洛杉矶、旧金山和华盛顿州的西雅图为主要城市，众多高科技企业坐落于西海岸。美西高校比较提倡自由精神，整体的校园环境和建筑风格也是偏现代和创新的。

从空间模式上来看，加州大学伯克利分校的公共空间分布并非传统线型强烈的轴线式，而是由一条东西向直线轴线与两条自由曲线共同构成，这三段线条将校园内的核心公共空间联系起来并完成了建筑到自然的和谐过渡。不列颠哥伦比亚大学和斯坦福大学

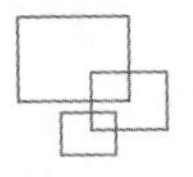

则具有明确线型中轴，呈现由中心轴线向四周发展的校园结构。华盛顿大学则出现了以中心点向外发散的多条轴线模式。

从景观结构上来看，不列颠哥伦比亚大学、加州大学伯克利分校、斯坦福大学以及华盛顿大学的景观布局都以核心的中央主轴为侧重，形成校园内部景观的轴线关系，景观节点布置有主有次，主要景观节点基本都分布于主轴之上，次要景观节点则沿轴四散而设，二者共同营造优美宜人的校园环境。

美西高校的更新发展模式基本呈现出以同心圆式扩张的主要特点。不列颠哥伦比亚大学略有不同，该校形成轴线式延伸发展的更新模式。

（2）美东高校分析

多伦多大学、宾夕法尼亚大学、哥伦比亚大学、麻省理工学院处于北美东部沿大西洋地区。美国东海岸四季分明，气候湿润。美国东海岸以波士顿和纽约为例，以严谨著称。这里人口密集，工商业发达。美东高校大多历史悠久，很多学校都还保留着传统的校园绿化的风格，严格遵守学术传统。

从空间模式上来看，多伦多大学、宾夕法尼亚大学、哥伦比亚大学的开放空间体系呈现线型分散式，大都以线型为主，向四周扩散。校园内部一般具有一条较长的清晰明确的轴线，串联校园内的核心公共空间，其他公共空间向四周扩散发展。麻省理工学院稍有不同，虽然也具有一定轴线关系，但并没有上述几个学校的较强线型，轴线关系并不强，呈现一种较为松散自由的形态，向东西方向延展。

从景观结构上来看，多伦多大学、宾夕法尼亚大学、哥伦比亚大学、麻省理工学院的景观结构均结合空间的线型关系进行布局，主要核心的景观节点大都分布在主轴上，其余景观节点分散于校园各处，做到辐射全园，满足全校师生及外来游客的使用需求。

美东高校的更新发展模式基本遵循在原校址的基础上进行单元生长的方式，循序渐进地进行校园的更新与发展（图 4-83）。

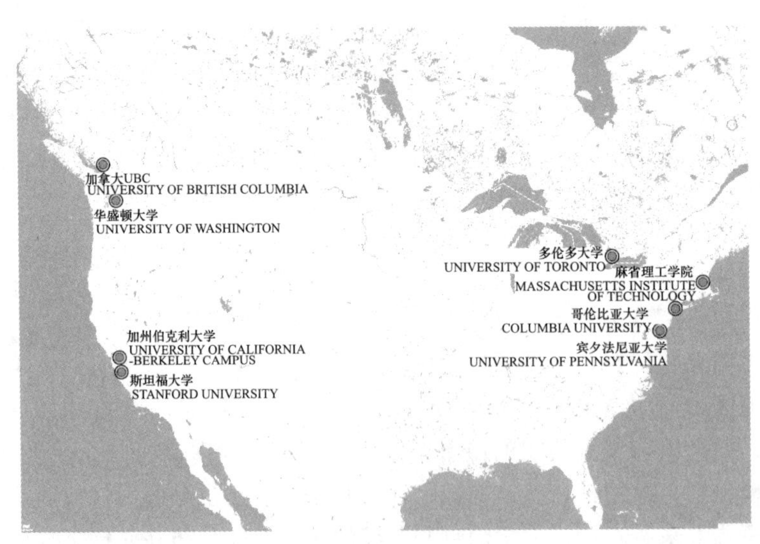

图 4-83　北美部分高校分布示意图（马婧洁绘）

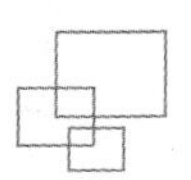

4.2 欧洲高校

4.2.1 剑桥大学

（1）校园区位概况

剑桥大学位于伦敦北面25千米以外的剑桥郡。剑桥郡本身是一个拥有大约10万居民的英格兰小镇。这个小镇有一条河流穿过，称为“剑河”（又译“康河”）。校园占地面积80公顷，建筑面积19万平方米，学生人数18 000人。学校共设8间文艺及科学博物馆，并有馆藏逾1500万册的图书馆系统及全球最古老的剑桥大学出版社（图4-84）。剑桥大学实际上只是一个组织松散的学院联合体，各学院高度自治，但是都遵守统一的剑桥大学章程。剑桥的31所学院错落有致地分布于小镇里。这些学院建于不同的时代，最早的已有七八百年历史了，就像它们的建筑一样各具特色（图4-85）。

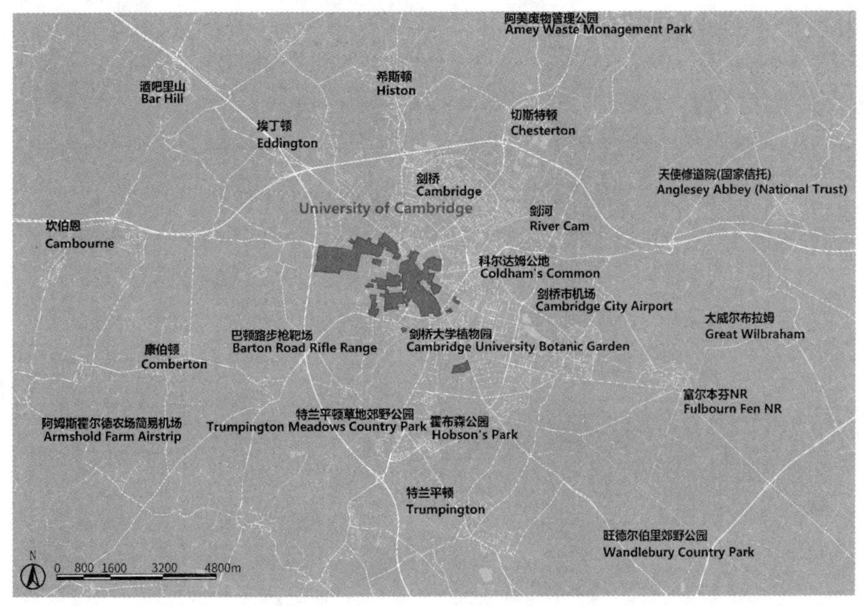

图4-84 剑桥大学区位图（张争光绘）

（2）校园空间布局分析

剑桥大学的街区尺度图底关系显示，剑桥大学的整体分布偏向于碎片化，不同的学院建筑集群比较分割、独立，分散于城镇中，学校周围环绕穿插着大量绿地，虽然整体景观效果会因此达到一个不错的水平，但是整体系统会受到影响（图4-86）。

剑桥大学自身的图底关系显示，校园不同区域的建筑布局形式差异较大，校园中心区域建筑布局体现出早年英国建筑布局形式，是学校的核心区域，周围散布的不同学院建筑和中心区域建筑的形式差别较大，比较新颖、现代，满足于学校的扩张要求（图4-87）。

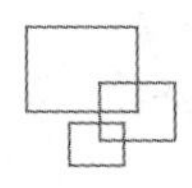

图 4-85　剑桥大学校园地图（引自剑桥大学官网）

剑桥大学的校园开放空间体系独具特色。首先，在中心区域的主校区内部，分散着可以满足不同人群需求的大大小小的开放空间，而相对于校园的西北部和西部校区，中间区域的开放空间就没有前两者这么充分（图 4-88）。为了缓解这个情况，中心校区西侧的带状绿地起到很大作用，它自北向南串联了学校的主要开放空间，并连接它们，使中心区域的开放空间有所依靠，形成了一个和谐的体系，缓解了这个最重要片区的压力。周围新建校区基本上比较空旷，设计合理，与中心区域的开放空间体系不同，自成一派。

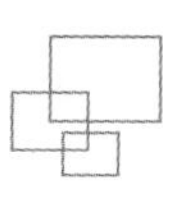

图 4-86　剑桥大学街区尺度图底关系（张争光绘）

图 4-87　剑桥大学校园图底关系（张争光绘）

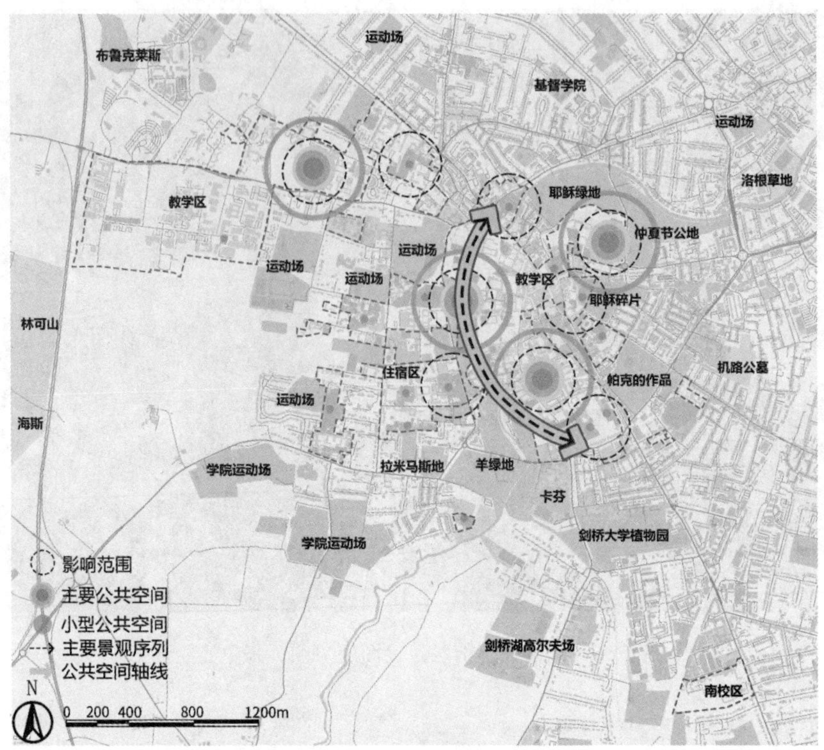

图 4-88　剑桥大学校园开放空间体系（张争光绘）

（3）校园景观结构分析

剑桥大学的校园景观序列是依托于校园内部的主要开放空间与景点展开的，每个区域都有所不同。针对西北区域和西部区域，由于其建造时间比较短，基本维持现代校园规划的景观序列安排，满足师生的日常需求（图 4-89）。但对于校园中央的中心校区，因为是老校区，其历史悠久，让人留恋，因此依托于古老的剑河，形成宜人的景观序列带，左右分布着校园中重要的景观核心节点与大型节点，让人流连忘返。利用场地保留好的现状条件最大化开发校园景观（图 4-90）。

剑桥大学的校园景观视廊偏向于灵动。它不局限于对某个景点的集中观赏，而是由浅入深地展示开来。西部与西北部的新校区比较规整，视廊方向比较固定，与中心区域风格不同。中心区域的景观视廊因为西侧的带状景观而展现开来，沿着景观带形成不同的视廊方向，让人拥有不同的观景体验与观景方向，令人心动（图 4-91）。这种利用原本保留的不同形状的景观绿带的做法，对于临近的建筑群而言，极大地提升了观景效果，开阔了校园人群的视野。

剑桥大学将庞大的大学分解成若干学院，每个学院各有特色。从功能和行为组织上来看，这样的分解使学生日常生活、学习都可以在各自学院内进行，大学因而不存在功能分区和组织大量人流疏散问题，校园的景观可以保持亲切尺度和宁静氛围，更能形成自我特色。除此之外，每个地点到建筑的活动必然是局部的、有机的，并且是一个持续发展的过程。在大学校园景观规划中，根据大学规模的不同选择不同的景观规划方式，

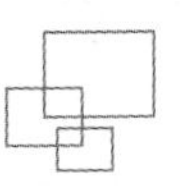

使校园生活与学习生活在功能上有所分离，但又在交通上保持便捷与通达。景观通过不同处理连接起来，达到意想不到的效果。

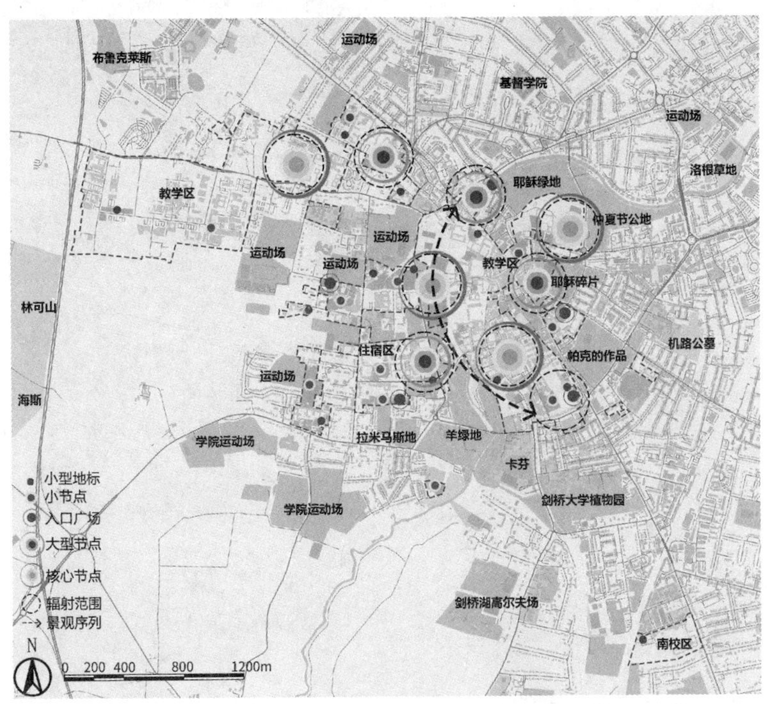

图 4-89　剑桥大学校园景观序列（张争光绘）

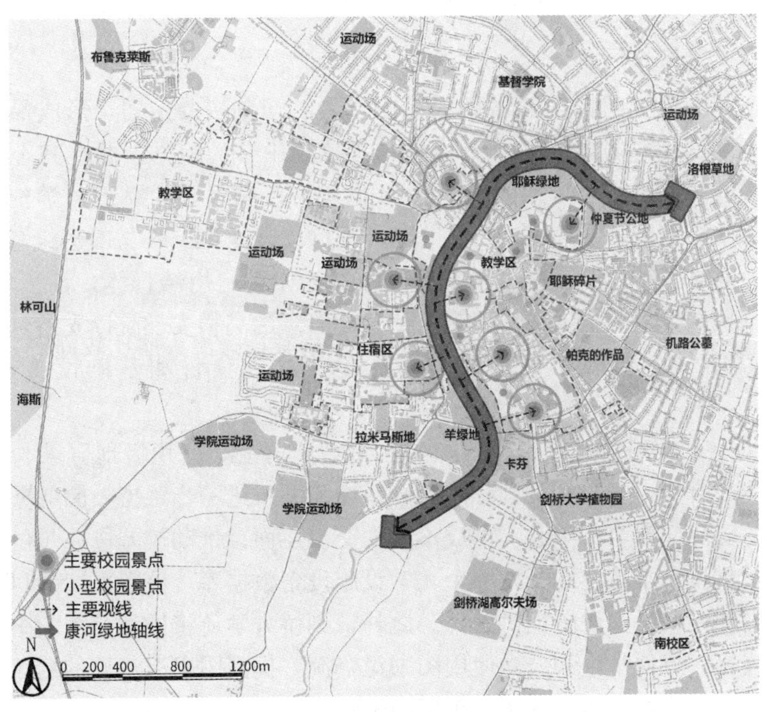

图 4-90　剑桥大学区域景观结构（张争光绘）

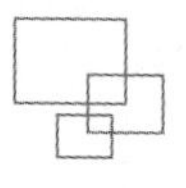

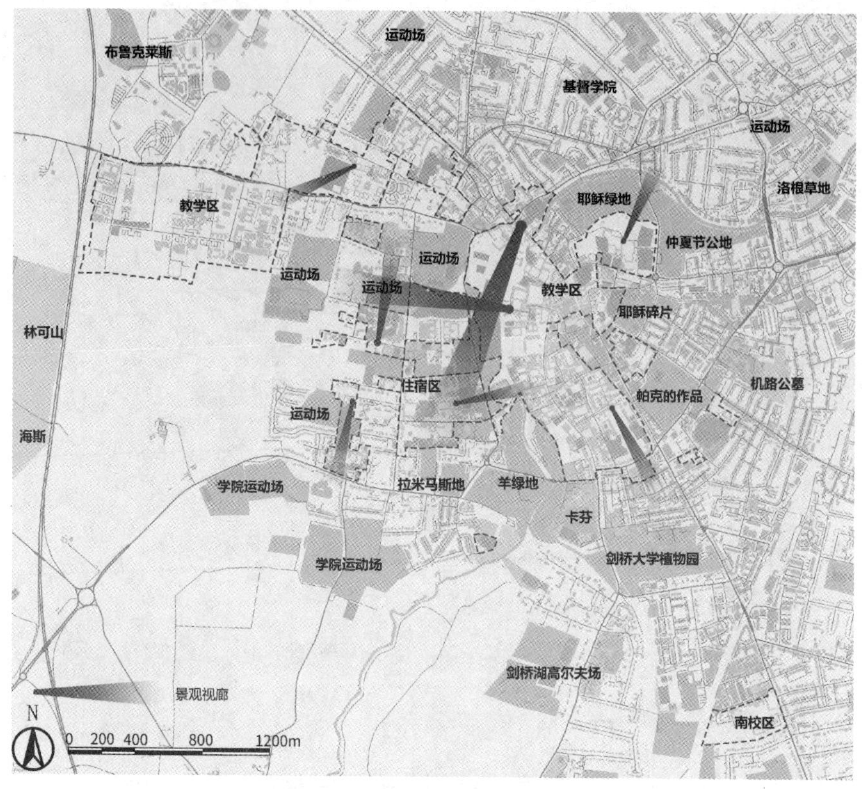

图 4-91　剑桥大学校园景观视廊（张争光绘）

（4）校园更新发展策略

1209 年，在牛津避难的敌对城镇居民的学者移居剑桥并定居，形成最初的剑桥大学。14 世纪后期，大学开始收购今天称为“参议院山”的地方，并在其上建造了一组建筑物，这些建筑保留成为早期的校园。16 世纪，校园吸收了靠近旧学校的一大块场地，进而扩大学校范围（图 4-92）。18 世纪，进行校园面积扩张与旧建筑翻新，形成系统化的校园。20 世纪，校园急剧扩张，形成了一个学院自由结合体，各学院高度自治，校园占据了剑桥的大部分土地，新建多个信息化管理的高精尖学院以支持剑桥大学的可持续发展，其中最主要的项目包括“2020 地平线”项目和基础设施建设两方面（图 4-93）。

“2020 地平线”项目是指剑桥大学自从 2013 年开始，就积极地寻求与欧盟的研究与创新项目达成合作，积极开展国际间的合作交流并且进一步维持校园的整体形象，开放建设更多的国际交流合作中心，形成不同的交流层面，推动校园进一步的发展。基础设施项目是指剑桥大学将继续开发一个大学设施设备数据库。该数据库的目的是为不同研究团队共同使用设备、设施提供条件。此外，剑桥大学还将推动院系图书馆与大学图书馆的相互连接，方便学生和公众使用图书馆资源，提高图书馆资源的利用效率。在必要的情况下，还要将某些学院的图书馆资源进行整合。

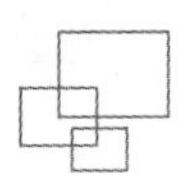

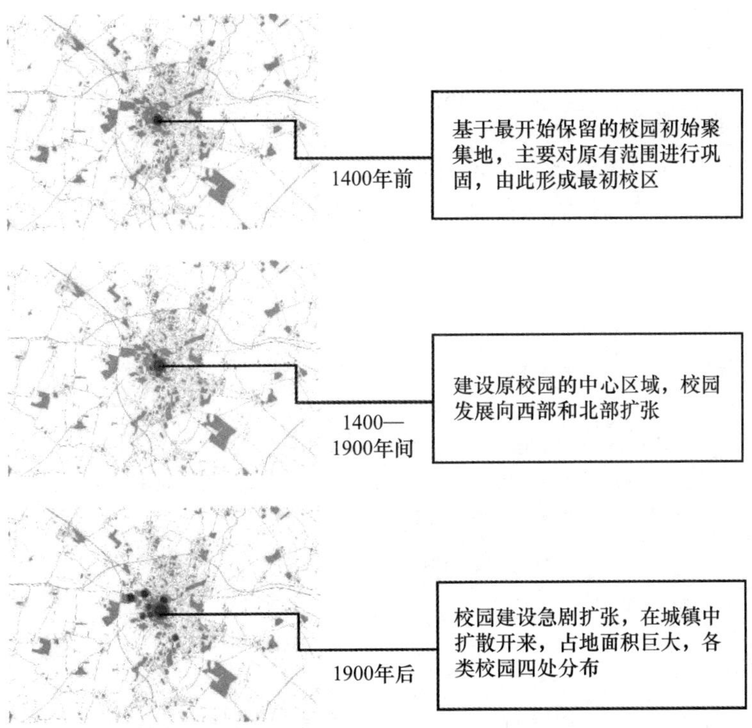

图 4-92 剑桥大学校园建设历史沿革（张争光绘）

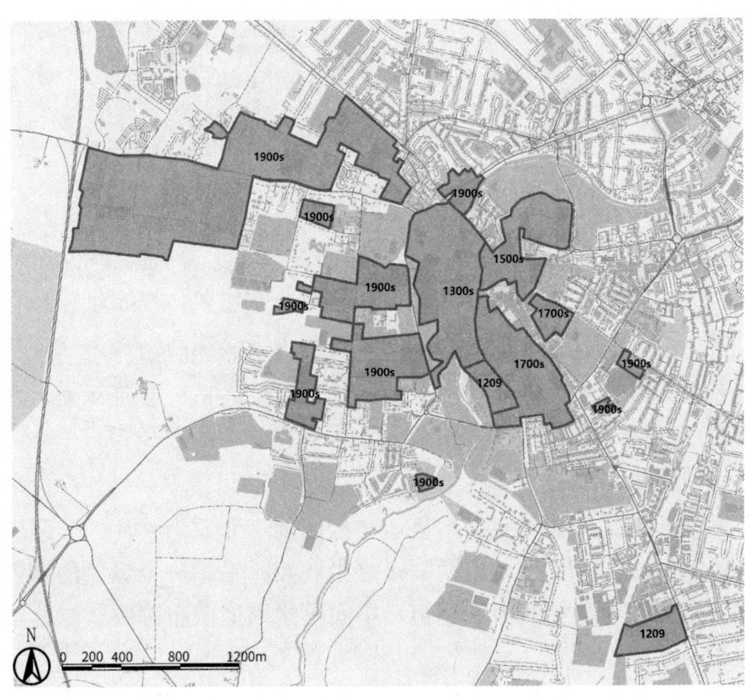

图 4-93 剑桥大学更新发展阶段（张争光绘）

4.2.2 帝国理工学院

（1）校园区位概况

帝国理工学院坐落于伦敦市中心标准的富人区——南肯辛顿，与著名的海德公园、肯辛顿宫仅咫尺之遥。帝国理工学院的建筑风格有着典型的折衷派风格，集古典与现代为一体（图 4-94）。

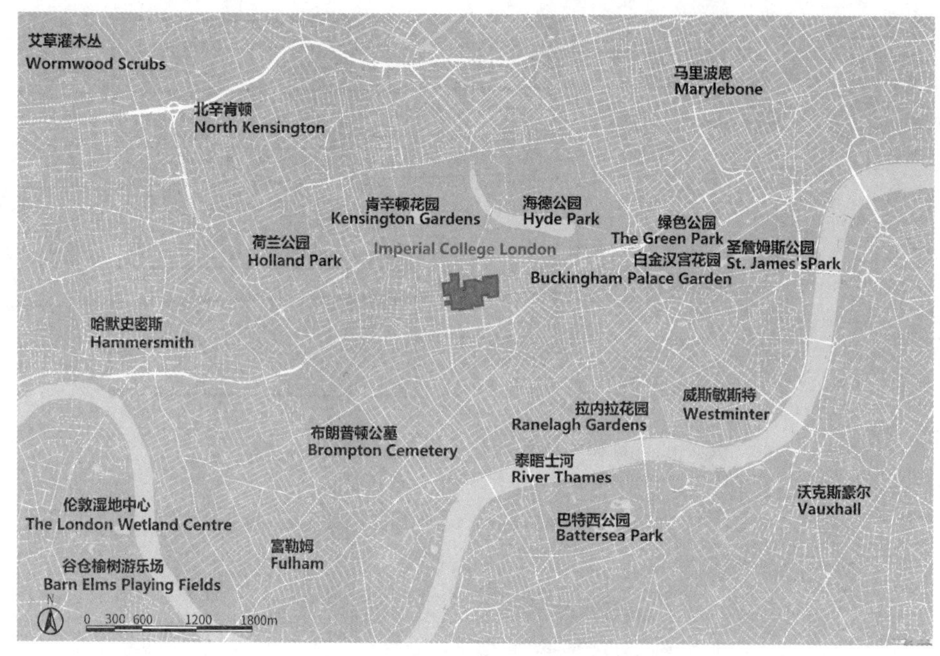

图 4-94 帝国理工学院区位图（张争光绘）

学院占地面积 14.7 公顷，学院人数为 25000 人左右。学院主体位于海德公园与肯辛顿宫的正南方向，校园占地面积不大，但是历史非常悠久，校园氛围极佳，地理位置优越，对于日常生活和学习有着很大的帮助。帝国理工学院与剑桥大学、牛津大学、伦敦政治经济学院、伦敦大学学院并称为“G5 超级精英大学”，其研究水平被公认为英国大学的三甲之列，并以工程、医科、商学专业而著名（图 4-95）。

（2）校园空间布局分析

帝国理工学院的街区尺度图底关系显示，校园的正北方为大片的公园绿地，这在如此密集繁华的伦敦主城实为罕见，为这闹区之中的校园平添一个绿色的寂静之所。校园的西侧、南侧、东侧都为密集的街区建筑，中间不规则地散布着块状绿地，校园与周围建筑形式大致统一（图 4-96）。

帝国理工学院的图底关系显示，校园虽然占地面积小、建筑密度不低，但还是留有足够的开放空间供不同人群使用，主要通过三处建筑群落围合出大小不一的空间。校园整体空间多变，建筑形式多样灵活（图 4-97）。

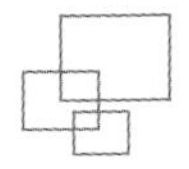

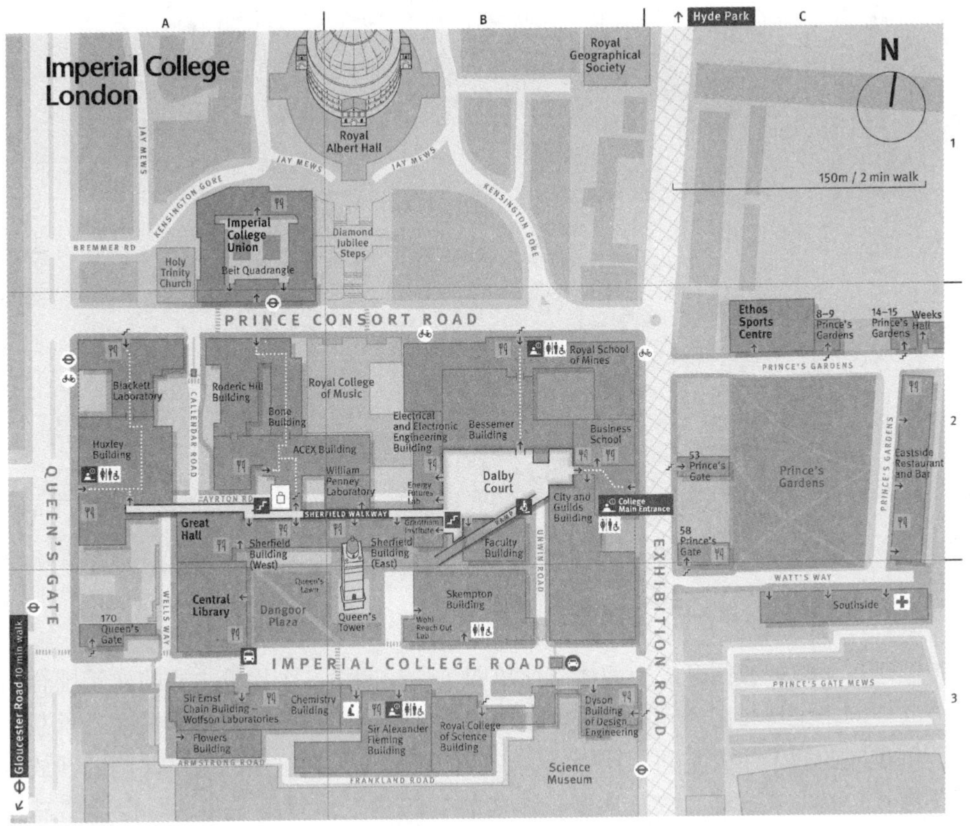

图 4-95　帝国理工学院校园地图（引自帝国理工学院官网）

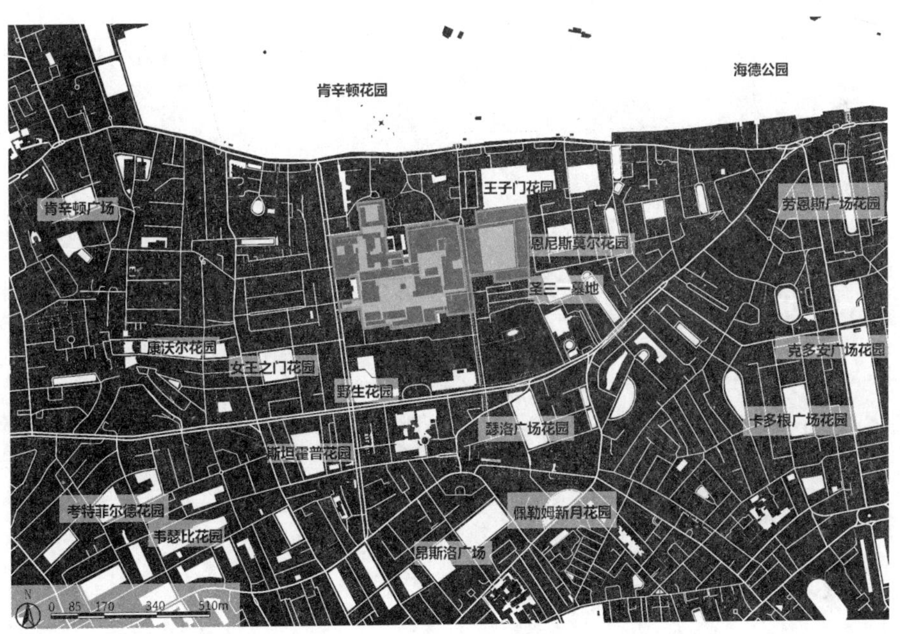

图 4-96　帝国理工学院街区尺度图底关系（张争光绘）

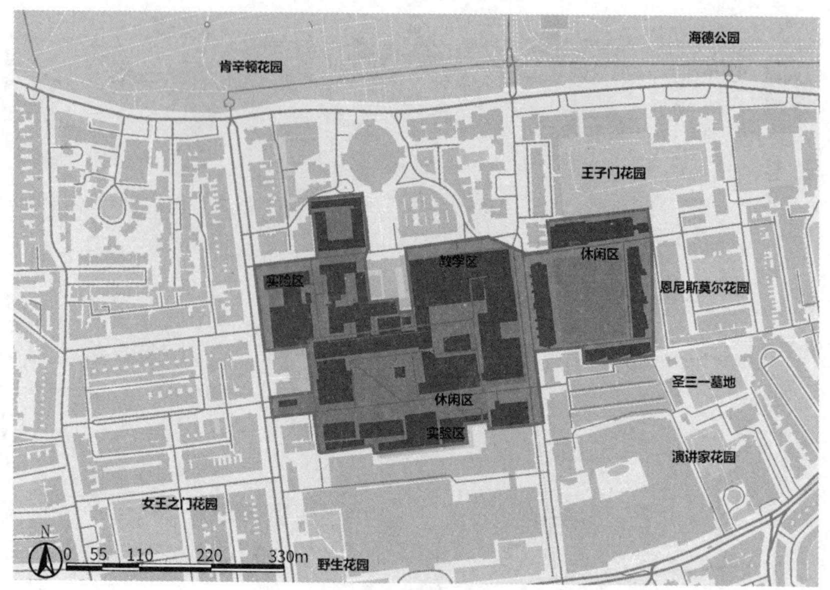

图 4-97　帝国理工学院校园图底关系（张争光绘）

帝国理工学院的校园开放空间体系简单明了。校园由三个比较主要的建筑围合出主要的公共空间来维持校园活动的需求，东侧的公共空间王子花园的面积最大，承载力最高，西侧校园的两个主要空间相辅相成，校园的正门也是在这里开放。北侧的开放空间面积不大，但是形式多样、数量众多，加之北侧的建筑体量不是很大，也能够满足使用，并且也方便与校园正北的两个公园产生呼应（图 4-98）。在这个寸土寸金的伦敦主城区，高效利用校园土地来满足各种功能是非常必要的。

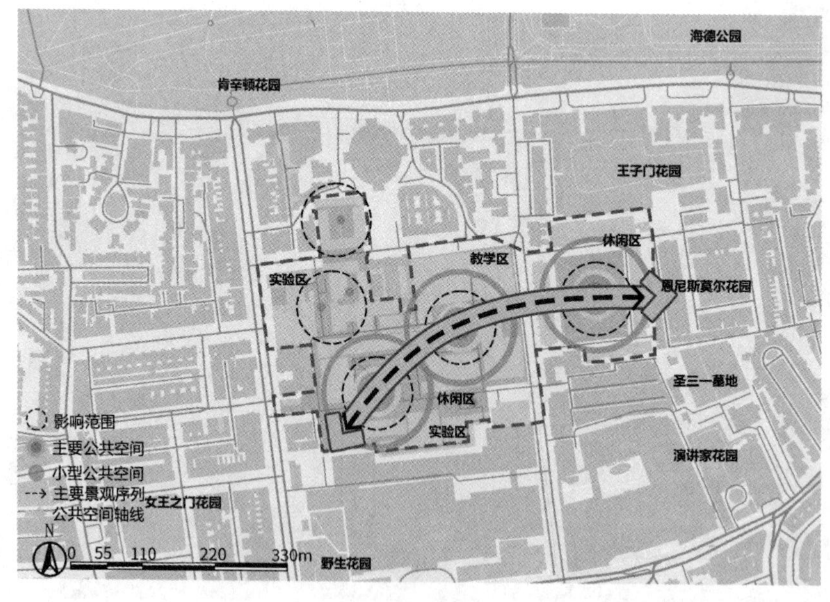

图 4-98　帝国理工学院校园开放空间体系（张争光绘）

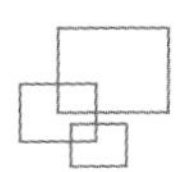

（3）校园景观结构分析

帝国理工学院的景观序列显示，校园的面积不大，但是主次明确、穿插得当、布置合理。南部区域的校园中央有一座女王塔，是英国帝国学院的标志性建筑之一，有 85 米高，是很早之前研究院留存下来的唯一建筑物。中部区域的景观空间面积不大，形成了过渡。东部区域的王子花园面积最大，呈现出精致公园的形象，这三个景观互相牵引（图 4-99）。北部的景观与校园北侧的海德公园和皇家阿尔伯特音乐厅产生呼应。正门区域留有足够空间，对外开放，引导人们进入校园内部观景（图 4-100）。

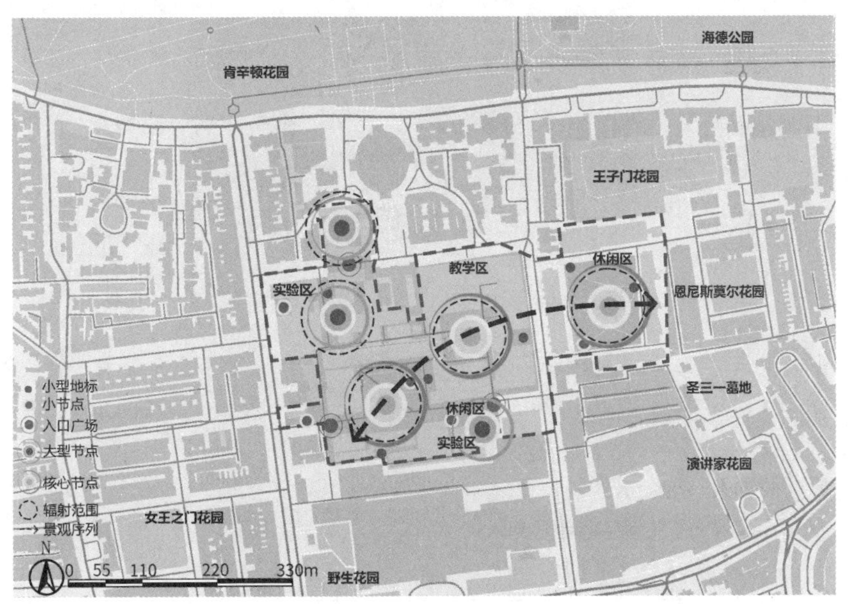

图 4-99 帝国理工学院校园景观序列（张争光绘）

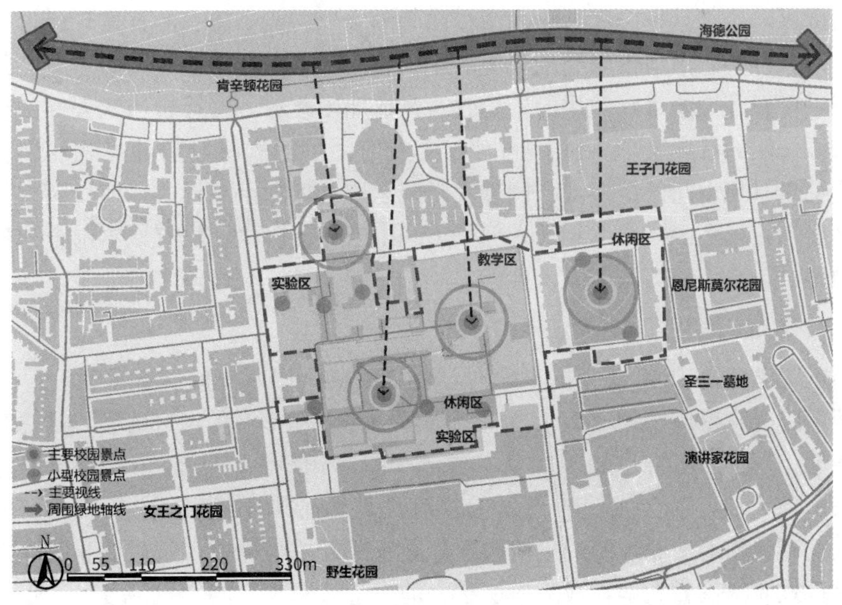

图 4-100 帝国理工学院区域景观结构（张争光绘）

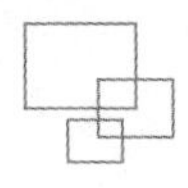

帝国理工学院的校园景观视廊可以分为两个部分：对校园内部和对校园外部。对校园内部而言，主要的景观视廊来源于三个主要庭院的观感。尤其是南部的庭院保留着学校的标志物——女王塔，给人群更好的视线观感，带有一种古朴的中世纪感觉。西侧的庭院也是将人群的视线向中部引去，整体视线感觉和谐有致（图 4-101）。对校园外部而言，依托于外部久负盛名的海德公园和皇家阿尔伯特音乐厅来引导视线，将北部秀美的景观环境引入到校园当中，让人领略古典之美。

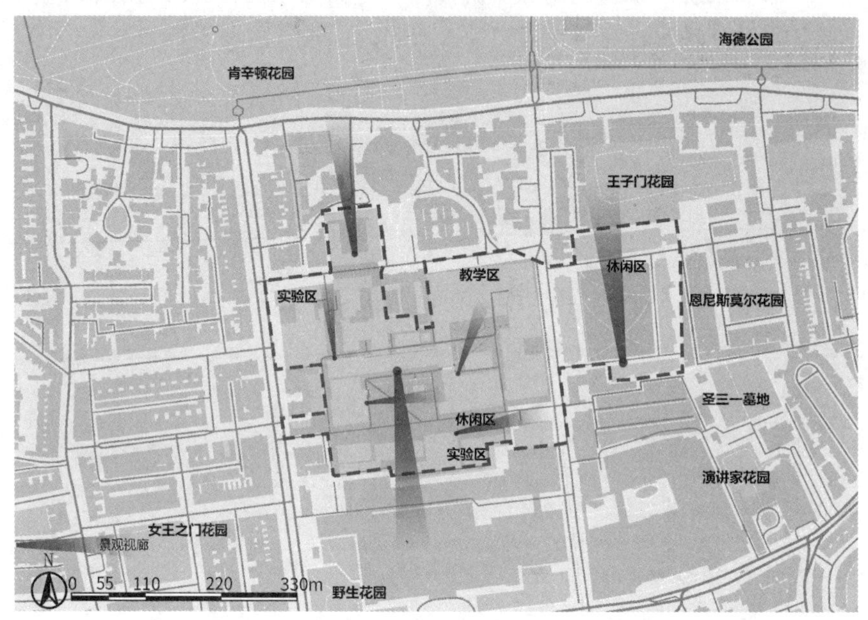

图 4-101　帝国理工学院校园景观视廊（张争光绘）

帝国理工学院的校园景观体现了一些发达国家学校景观的典型特征，尤其是拥有悠久历史的世界名校，其一，通常会利用校园周围的生态或半生态的自然环境，在校园内建立博物馆，以营造出学校与周围环境的融入感。其二，注重于校园中古老建筑物的保留，利用可以提升校园景观效果的历史建筑景点加以改造，以符合当代人们的校园审美需求，增添校园的景观文化内涵，同时方便人们去了解这座校园的景观发展历史。其三，就是关于景观空间的衔接，帝国理工学院运用合理的组织形式，把校园内部的景观空间衔接起来，校园面积虽然不大，但是空间组织变化多样，没有原本围合式建筑院落半封闭的感觉，小而精巧，引人入胜。

（4）校园更新发展策略

帝国理工学院由 1845 建立的皇家科学院、大英帝国研究院、皇家矿业学院和伦敦基蒂戈蒂学院合并组成。1907 年成为一个实际上统一的实体。1960 年，随着对前帝国学会的兼并，现在的南肯星顿校区基本成形（图 4-102）。2000 年，校友出资建立了一幢新的商学院大楼，命名为田中商学院，后更名为帝国学院商学院。2005 年 12 月 9 日，学院宣布计划退出联邦制的伦敦大学，并正式开始与伦敦大学磋商相关事宜。2007 年，学院正式脱离伦敦大学，成为一所独立的大学（图 4-103）。

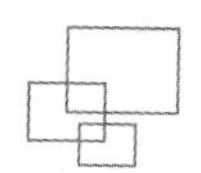

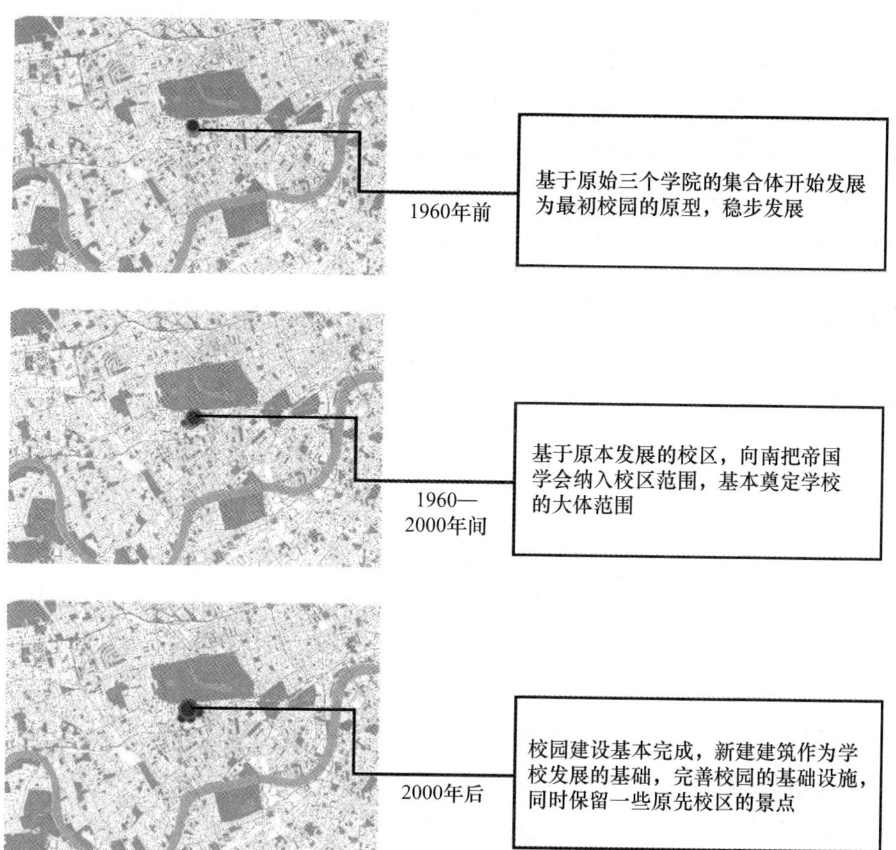

图4-102　帝国理工学院校园建设历史沿革

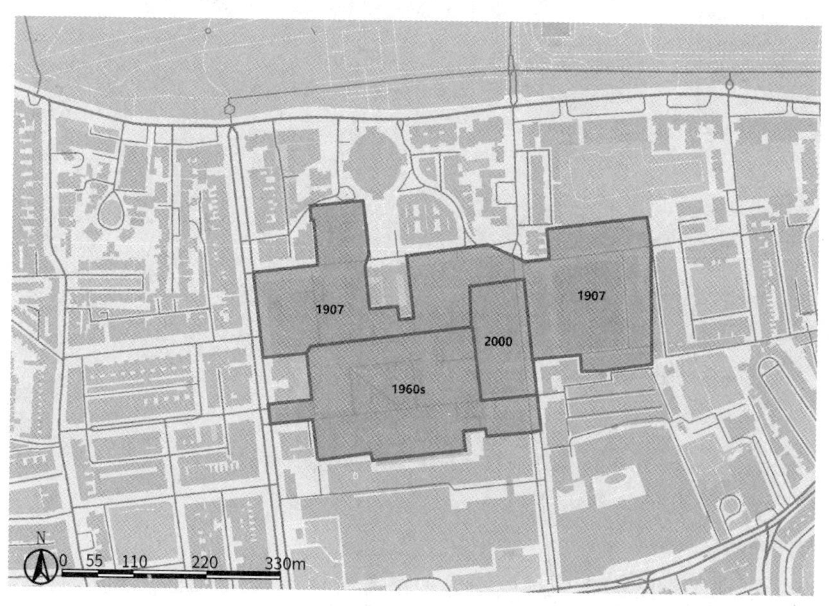

图4-103　帝国理工学院更新发展阶段（张争光绘）

帝国理工学院的战略选择是：其一，学术基础，保持核心学科的世界一流水平；加强跨学科研究；提供世界级的教育体验。其二，人才基础，为教职员工提供更好的工作环境；与帝国学院联盟合作，丰富学生的学习体验。其三，合作伙伴，加强与学术界、非营利组织和政府机构等的合作；建言献策，积极发挥智库功能。其四，推动力量，增加收入，丰富收入来源的渠道；提供专业的支持、简化的行政流程和技术。

目前帝国理工学院的校园发展战略是建立在巩固的基础上，使校园成为学者和人才的聚集地，制度多元化，鼓励人们建立大学社区，尽可能地寻找合作伙伴，并提供帮助，助力学校的研究和教育发展，研究新技术，助力实现校园发展策略。

4.2.3 瑞典皇家理工学院

(1) 校园区位概况

瑞典皇家理工学院（英文：KTH Royal Institute of Technology，瑞典文：Kungliga tekniska högskolan，简称：KTH）成立于1827年，位于瑞典首都斯德哥尔摩，是瑞典国内规模最大、历史最悠久的理工院校，为北欧五校联盟成员之一（图4-104）。自1827年成立以来，斯德哥尔摩的皇家理工学院已发展成为欧洲领先的技术和工程大学之一，是智力人才和创新的重要中心，也是瑞典规模最大的技术研究和学习机构，占地面积292000平方米，拥有约13524名全日制学生和约1657名在职研究生（图4-105）。

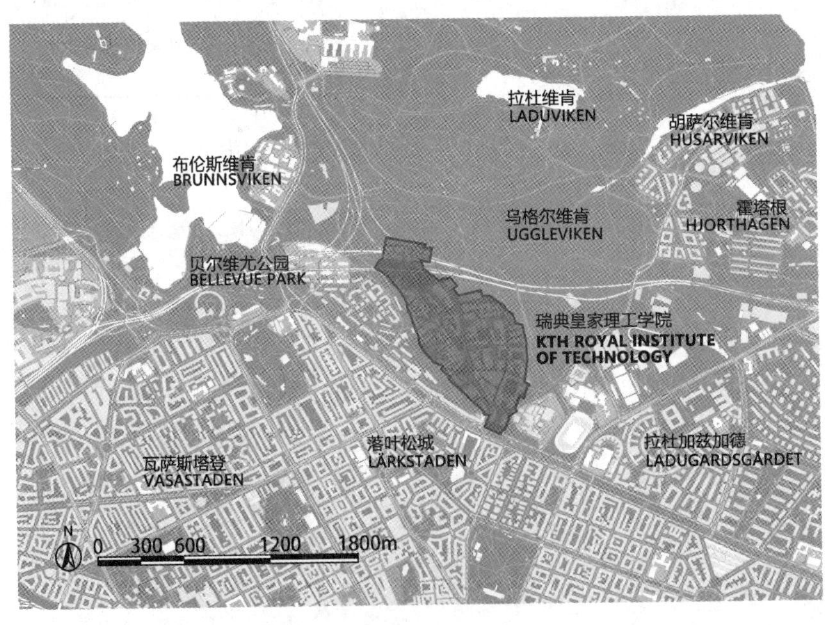

图4-104 瑞典皇家理工学院区位图（马婧洁绘）

(2) 校园空间布局分析

从瑞典皇家理工学院的街区尺度图底关系来看，瑞典皇家理工学院的校区位于斯德哥尔摩，即斯堪的纳维亚半岛的首都。地理位置优越，在靠近校园研究和学习区域的位置，例如KTH Kista位于Kista ICT中心，拥有一些世界领先的信息和通信技术公司。

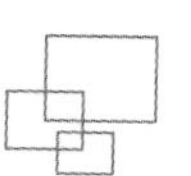

另一个校区 KTH Flemingsberg，位于北欧领先的医疗技术中心附近，该校区主要用于研究和工业生产（图 4-106）。斯德哥尔摩的五个瑞典皇家理工学院校区聚集了 13000 多名全日制学生、1700 多名博士生和约 3600 名教职员工。

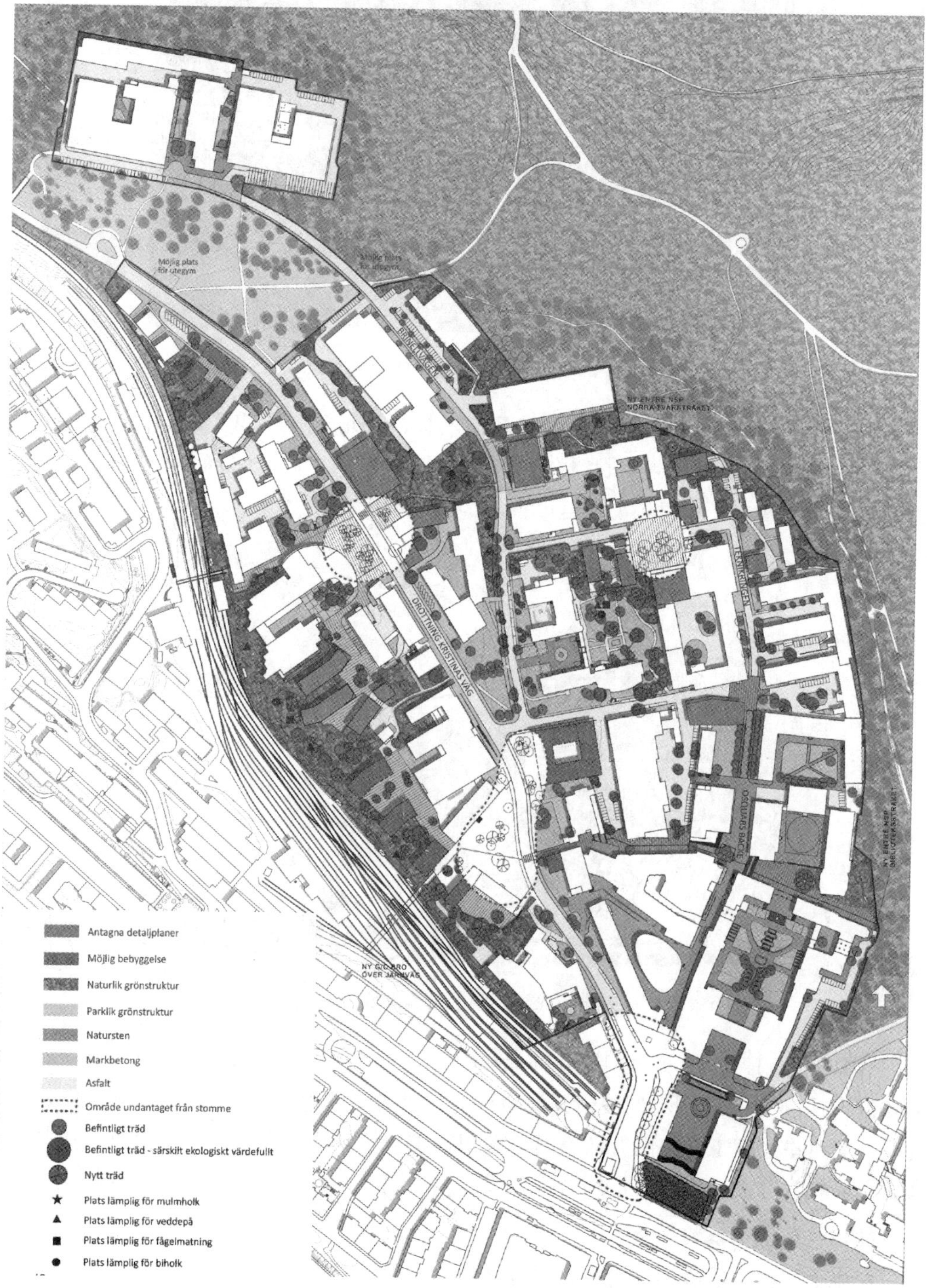

图 4-105 瑞典皇家理工学院校园地图（引自瑞典皇家理工学院官网）

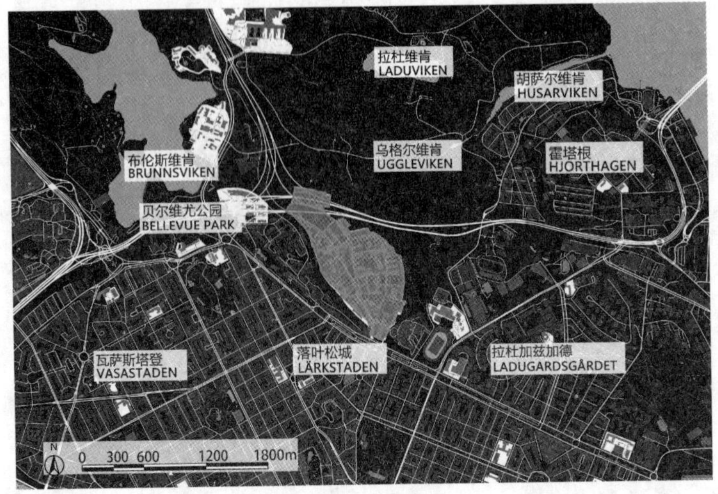

图 4-106　瑞典皇家理工学院街区尺度图底关系（马婧洁绘）

瑞典皇家理工学院周围被城市绿地环绕，校园环境优美。自 Valhallavägen 主校区建成以来，瑞典皇家理工学院已经发展到包括四个校区：KTH Campus、KTH Kista、KTH Flemingsberg、KTH Södertälje 以及几个工作场所（图 4-107）。

图 4-107　瑞典皇家理工学院校园图底关系（马婧洁绘）

瑞典皇家理工学院的校园开放空间主要有：Borggarden、Triangel-parken、Maskinparken 等，其余小型校园开放空间分散其中，共同构成了全校师生的户外活动空间。瑞典皇家理工学院的开放空间体系相较于传统轴线式布局的高校而言，控制感稍弱，布局较为分散，自由灵活地服务校园师生（图 4-108）。

(3) 校园景观结构分析

瑞典皇家理工学院的景观节点以分散的小型节点居多，核心的景观节点与开放空间有所重合，不同于其他轴线式布置的高校，瑞典皇家理工学院的景观序列并无明显的轴线，节点分布较为自由（图 4-109、图 4-110）。

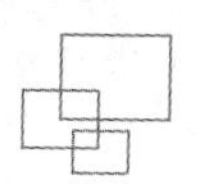

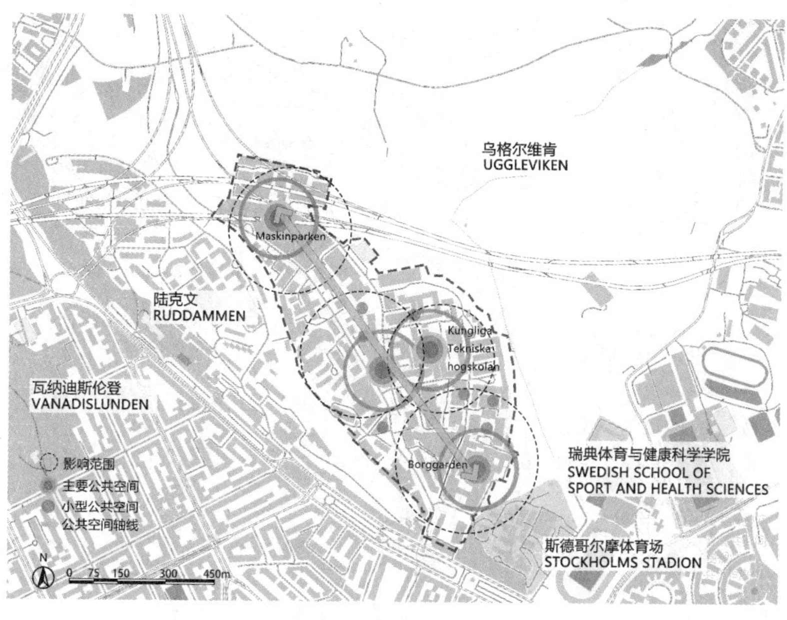

图 4-108 瑞典皇家理工学院校园开放空间体系（马婧洁绘）

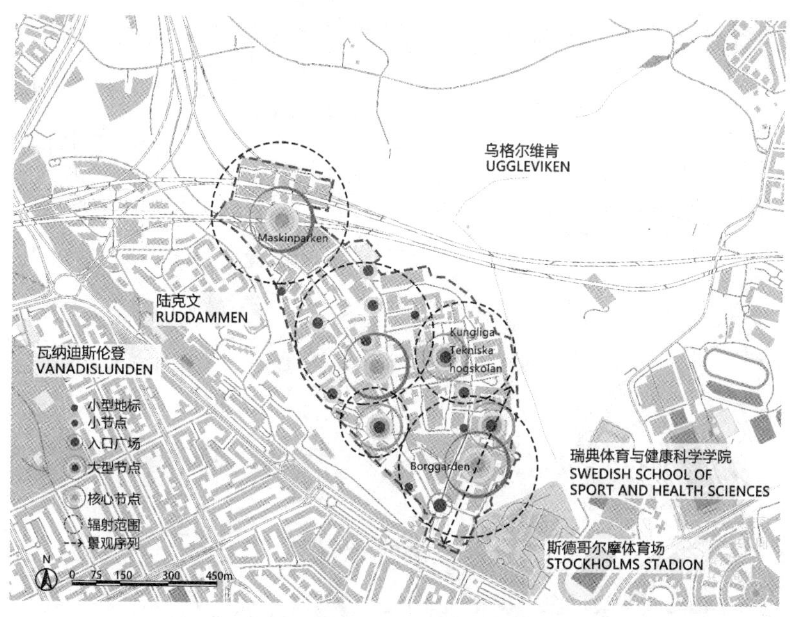

图 4-109 瑞典皇家理工学院校园景观序列（马婧洁绘）

校园内拥有大量杰出的艺术品，比如入口前坐落着的工业井，是由卡尔·米勒斯（Carl Milles）设计的喷泉雕塑。其底座由花岗岩组成，浮雕人物代表不同的工匠（木匠、金属工人、铁匠、裁缝、装订工和鞋匠）。喷泉由青铜制成，在它的盆中浮雕是一个戏剧性的场景，描绘了寻找半人马的情状。再比如进入城堡庭院的拱门上装饰着的卡尔·米勒斯（Carl Milles）设计的浮雕作品，展示了人类与土、火、空气和水四大自然元素的斗争。

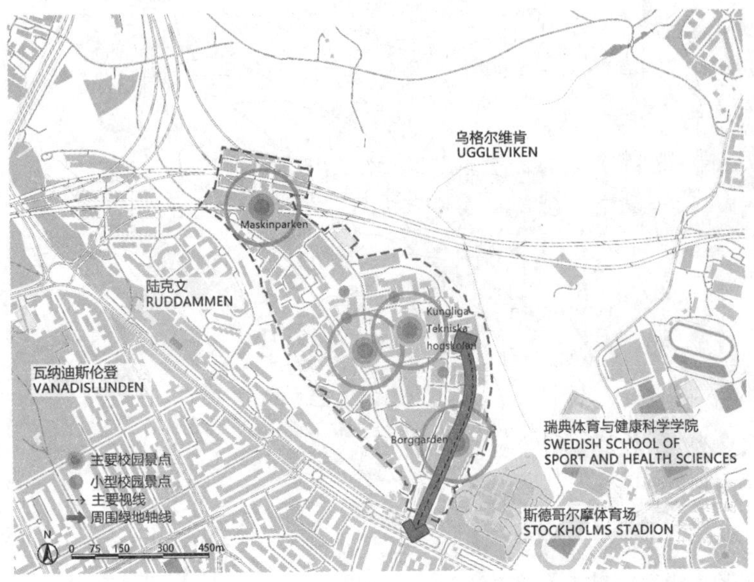

图 4-110　瑞典皇家理工学院区域景观结构（马婧洁绘）

校园景观视线以位于南部的 Borggarden 至校外的方向为主，其余视线分布较为自由分散，校园整体并无非常明显的轴线，虽然控制力有所降低，但自由度得到提高（图 4-111）。

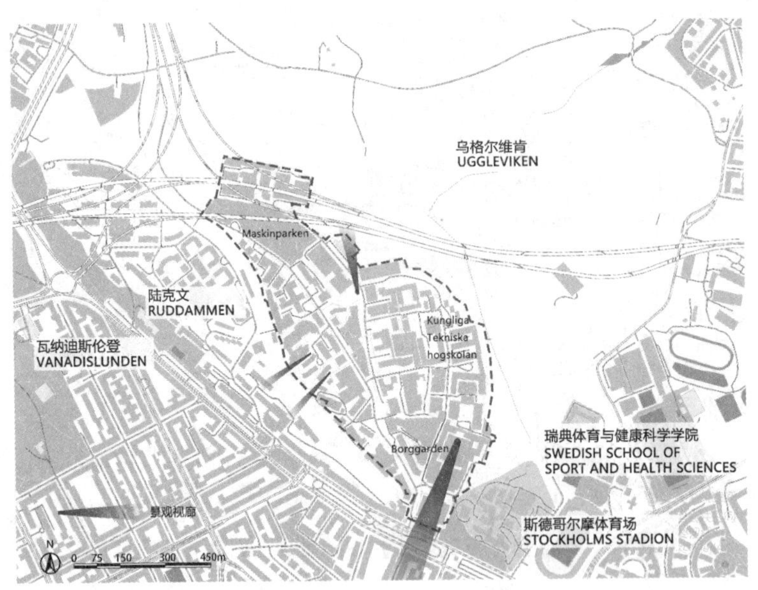

图 4-111　瑞典皇家理工学院校园景观视廊（马婧洁绘）

（4）校园更新发展策略

瑞典皇家理工学院校区建于 1914—1917 年，位于 Valhallavägen 以北的 Lill-Jans 森林的 Djurgården 区。1914 年校园奠基，三年后，由建筑师埃里克·拉勒施泰特（Erik Lallerstedt）设计的砖砌主楼、庭院和宏伟的入口竣工。瑞典皇家理工学院的新校区于

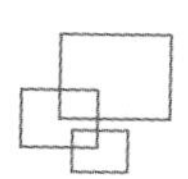

1917年10月19日落成，出席仪式的有卡尔·雅各布·马格内尔总统和古斯塔夫五世国王。该校区至今仍然是瑞典皇家理工学院主校区的核心。今天，校园范围已经扩展到斯德哥尔摩省的许多其他校区，这些地区的面积总共已达25万平方米（图4-112）。

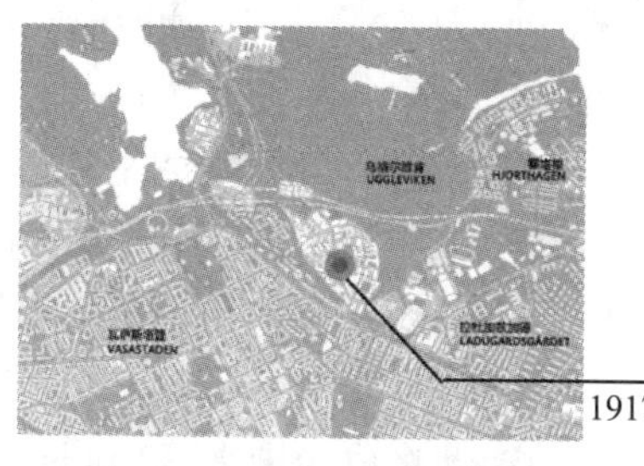

1917年

主校区由建筑师埃里克·拉勒斯泰特于1917年兴建，校区的建筑物和周边由20世纪初的瑞典艺术家卡尔·米勒斯、Axel Trneman、Georg Pauli、Tore Strindberg和Ivar Johnsson修饰

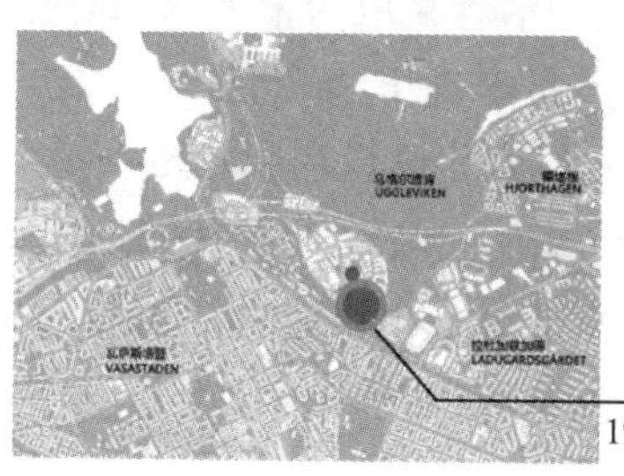

1994年

主校区内最古旧的建筑物于1994年进行了全面的翻新。随后扩展校园加快，不断建造新的建筑物

图4-112　瑞典皇家理工学院校园建设历史沿革（马婧洁绘）

瑞典皇家理工学院一直处于增长状态。由于矿业学院于1867年在瑞典皇家理工学院成立，四个已建立的主要研究分支：采矿科学、机械工程、化学技术与工程以及土木工程成为重点学科。其他学科领域也在不断增加：1877年的建筑专业、1901年的电气工程专业、1912年的海军建筑专业、1932年的测量与工程物理学专业、1983年的计算机科学专业和1990年的工业经济学专业等（图4-113）。

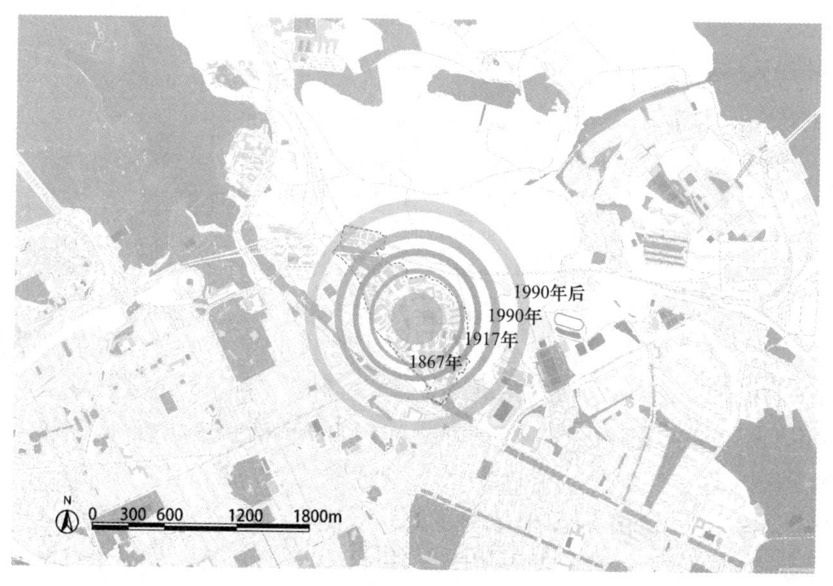

图4-113　瑞典皇家理工学院更新发展模式（马婧洁绘）

瑞典皇家理工学院的校园区域位于斯德哥尔摩最具活力和最广阔的发展区域。它反映出瑞典皇家理工学院的总体目标即成为世界上最具动力的技术大学之一。瑞典皇家理工学院远景目标是进行更加广泛的社会合作，以富有远见和创新的精神，发展成为城市的一个组成部分。校园规划包括：注重可持续性的都市化、Kista—IT 协作中心、Flemingsberg—MedTech 的合作点、Södertälje—可持续生产中心、Solna—生命科学节点五方面。

瑞典皇家理工学院校园注重可持续性的都市化，是指经过一段时间的密集建设后，优先考虑长期的可持续的城市发展。无论是短期还是长期，都应该建立与传统内城和阿尔巴诺的更好的联系。此外，重要的聚会场所、有吸引力的校园环境和可持续的流动性是重点优先考虑的。

KTH Kista—IT 协作中心是指瑞典皇家理工学院的活动将成为未来 Kista 愿景的核心，即“勇敢的、都市的和充满活力的”。因此，瑞典皇家理工学院应该成为已开发的 Kista 的一个更加完整的部分，这一工作已经与已建立的合作论坛同步开始。

KTH Flemingsberg—MedTech 的合作点是指作为未来大学城弗莱明斯堡的一部分，校园区提供了独特的空间和众多的机会。与其他利益相关者合作，实现健康与医疗、教育、研究和创新之间的协同发展，有效利用内部区域、改进寻路和开发入口是优先事项。

KTH Södertälje—可持续生产中心是指继续关注校园区域与未来城市的整合以及与当地利益相关者的密切合作，从而让校园成为南泰利耶中心的关键。相邻的公园也可以作为该地区的中心聚会场所，全年发挥重要作用。

KTH Solna—生命科学节点是指 SciLifeLab 地处于校园最好的城市综合位置之一，这为在新兴的哈加斯塔登进行研究和合作提供了绝佳的机会。

4.2.4 荷兰代尔夫特理工大学

(1) 校园区位概况

代尔夫特理工大学（Technische Universiteit Delft，简称 TU Delft），位于荷兰代尔夫特市，地理位置优越，环境优美，校园占地面积共 161 公顷，师生人数 20000 人左右。作为荷兰历史最悠久、规模最大、专业涉及范围最广的理工大学，是世界百强名校之一（图 4-114、图 4-115）。

(2) 校园空间布局分析

在街区层面，代尔夫特理工大学位于代尔夫特市市郊，河流从北侧、西侧包围校园，交通路网规整，呈方格网状。在建筑层面，可清晰辨别校园主要轴线空间，建筑排布顺应道路方向，建筑疏密有致，主要轴线旁建筑排布密度较大，而南侧建筑排布分散（图 4-116、图 4-117）。

校园中心设计的大道由一条 50 米宽的高速公路和一个宽阔的中间地带组成，构成了校园的主要景观轴线。校园空间以中间景观轴线为核心，两侧分布图书馆、各学院教学楼等重要教学功能，景观轴线串联各个教学组团与绿地景观，形成联系紧密的校园开放空间。多元次要核心在周边组团分布，分区明确，井然有序（图 4-118）。

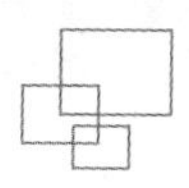

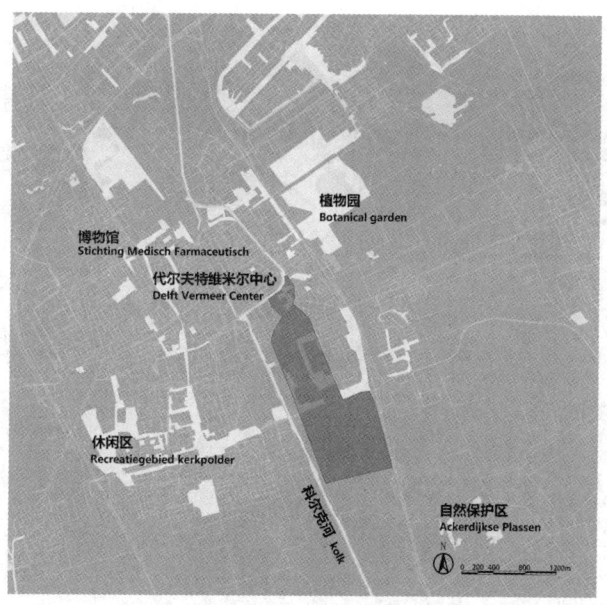

图 4-114 代尔夫特理工大学区位图（王帆绘）

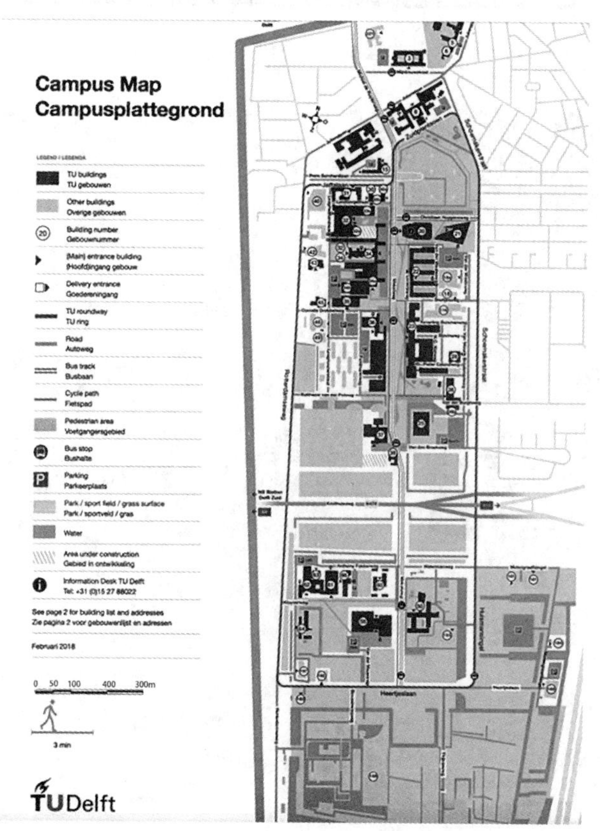

图 4-115 代尔夫特理工大学校园地图（引自代尔夫特理工大学官网）

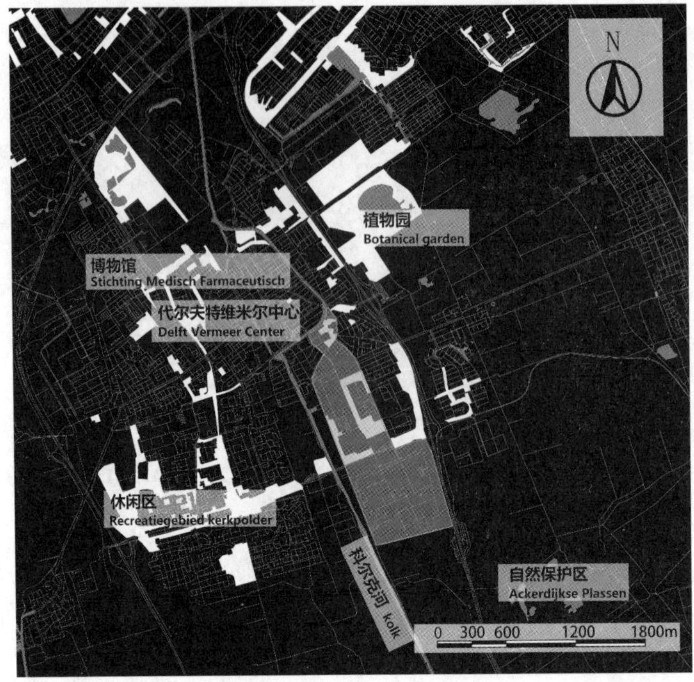

图 4-116　代尔夫特理工大学街区尺度图底关系（王帆绘）

图 4-117　代尔夫特理工大学校园图底关系（王帆绘）

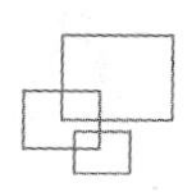

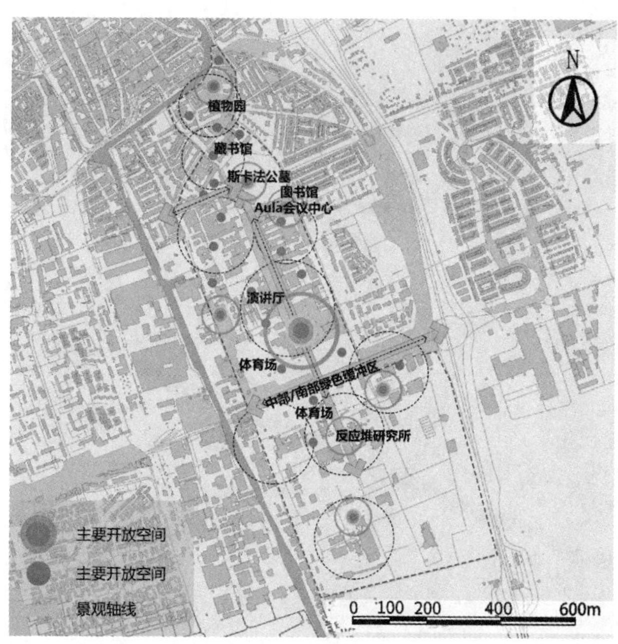

图 4-118　代尔夫特理工大学校园开放空间体系（王帆绘）

(3) 校园景观结构分析

Mekelweg 校区主要轴线为校园主要景观空间轴线，作为一个“强大的空间主图案”，将建筑物的多样性结合成一个整体。Mekelweg 大道与建筑周围的公共区域相联系，沿线建筑新老建筑相互连接，构成和谐、有序的景观序列（图 4-119、图 4-120）。

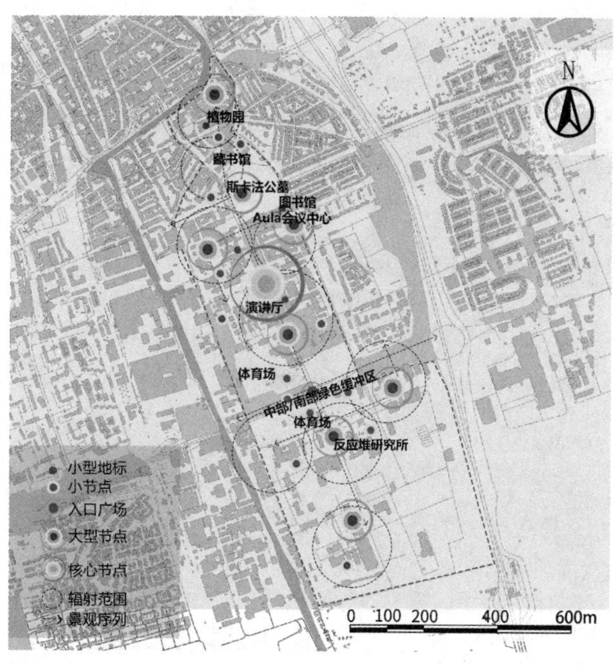

图 4-119　代尔夫特理工大学校园景观序列（王帆绘）

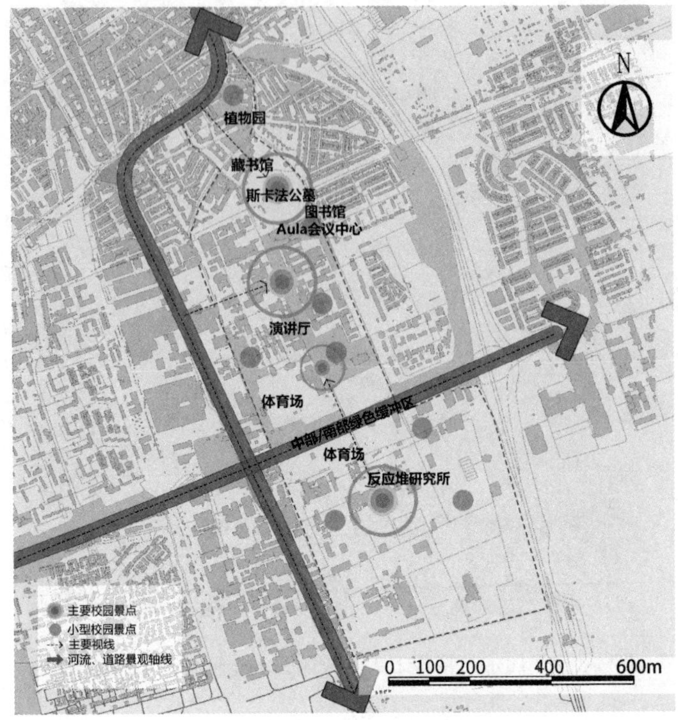

图 4-120　代尔夫特理工大学区域景观结构（王帆绘）

Mekelweg 校区主要视廊也沿 Mekelweg 大道为校园主要景观视廊，周围建筑公共空间与主要景观轴线产生互动空间（图 4-121）。

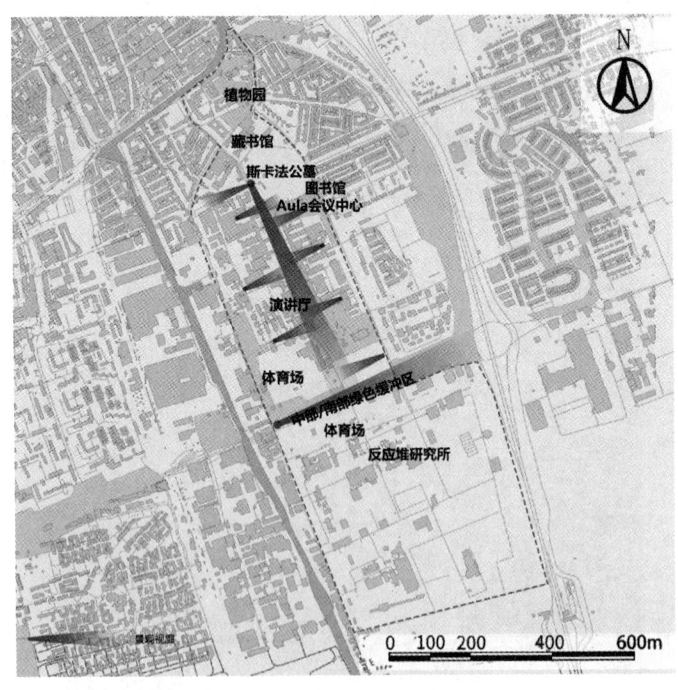

图 4-121　代尔夫特理工大学校园景观视廊（王帆绘）

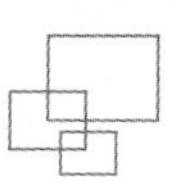

(4) 校园更新发展策略

代尔夫特理工大学由1842年成立的皇家学院发展而来，具有悠久的历史，可以在今天城市的许多地方找到与TU Delft相关的保护遗产，特别是在市中心和大学区。

从1842年学院成立到1890年，代尔夫特理工大学校区位于代尔夫特市中心，1890—1930年间，在市郊建立了三个分支机构。二战后，Mekelweg新校区建成（通常被称为“TU区”），为大学提供了培训大量学生的空间，并建立了新的大型实验室以促进技术的快速发展，未来计划是将所有大学职能集中在新校区。从1960年代中期开始，Mekelweg校区的建筑物投入使用，学院开始逐渐远离市中心（图4-122）。

皇家学院时期

皇家学院（Royal Academy）
1842—1864年：1842年1月8日，为提供优质的工程师教育也为培养贸易相关领域的学徒，荷兰时任国王威廉二世决定在代尔夫特市成立“皇家学院”。同时，该皇家学院还为荷兰殖民地培养公务员，也为荷属东印度群岛的财政官员提供培训

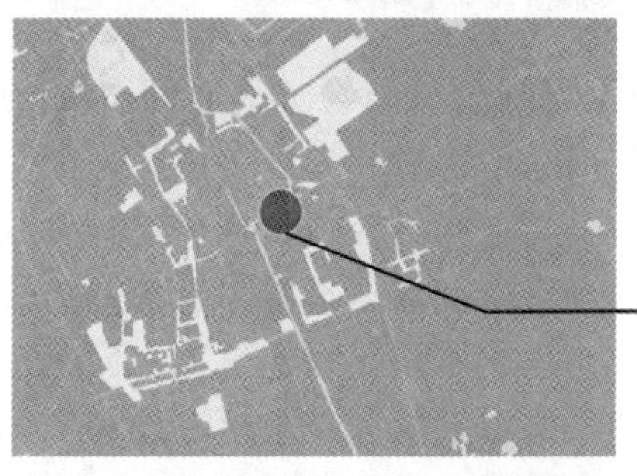

理工学院时期

理工学校（Polytechnic School）
1864—1905：1864年6月20日，一项荷兰皇家法令颁布，该法令作用于解散所处代尔夫特市的皇家学院，并为计划建立在当地的全新“理工学校”铺路
理工学院（Institute of Technology）
1905—1986：1905年5月22日，因一项认可该理工学校的技术教育以及学术水平的法案通过，该理工学校成为了一所真正的“理工学院”

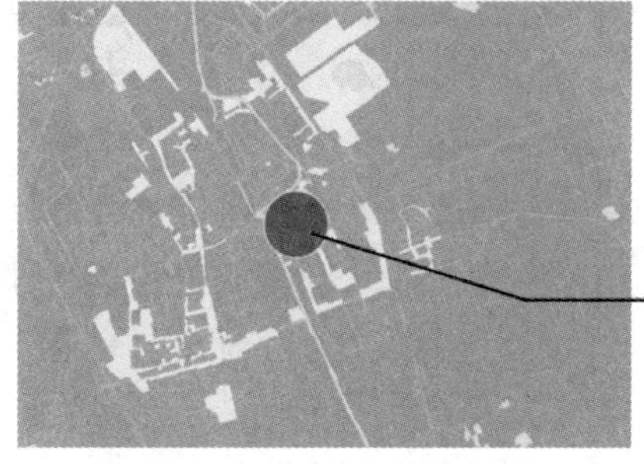

理工学院时期

代尔夫特理工大学（Delft University of Technology）
1986至今：于1986年9月1日生效的一项法案将该理工学院正式更名为代尔夫特理工大学（Technische Universiteit Delft），简写为“TU Delft”

图4-122 代尔夫特理工大学校园建设历史沿革（王帆绘）

代尔夫特理工大学校园更新的第一阶段是从市中心开始的（1842—1894年），1842年1月8日的皇家法令标志着“皇家学院”时期的开始。1864年，学生人数几乎翻了一番，达到100人，由于主楼没有足够空间，综合体得到扩建。在校园更新的第二阶段，它是一所位于郊区的理工学校（1895—1944年），学校早期以建筑存量的增长和扩张为特征。从Oude Delft出发，校园建筑遍布市中心。第三阶段，战后大学

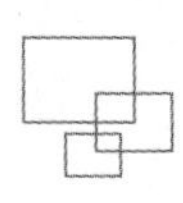

区（1945—1994年）形成，战后大学区沿着Meke lweg的设计形成了理工大学的中央结构，直到今天。从明确的起点出发，设计了具有自己特色的建筑物。主轴线不仅将几座建筑物彼此连接起来，而且还将代尔夫特理工大学与战前的校园建筑物和城市连接起来。

从1995年到2010年的这个时期，代尔夫特理工大学是建筑物的所有者，并为大学区的未来发展制定了愿景。这一愿景将TU地区划分为北部、中部和南部，每个地区都有自己的计划。从2011年至今，这是最后一个时期的特征过程，总体规划的烦琐过程不再适合代尔夫特理工大学，在此期间，代尔夫特理工大学将不再制定总体规划，开始关注文化传统建筑，其中有一部分具有纪念意义的历史性建筑通过进一步构建，变成了可观赏、游览的特色空间（图4-123）。

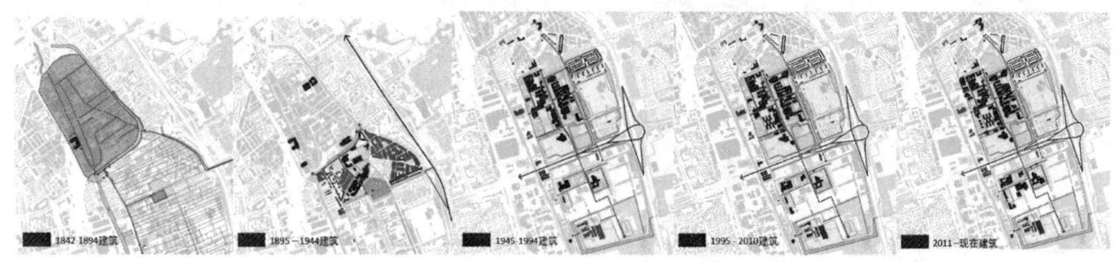

图4-123　代尔夫特理工大学更新发展阶段（王帆绘）

代尔夫特理工大学基于校园现状提出了六大目标愿景，分别是：最先进的技术，对传统的关注；生活校园，各种功能的最佳用途；协作和知识价值的空间；增长与创新；校园环路；可持续发展的校园。校园公共空间具有连接各建筑物、院系和项目之间的作用，它不仅可以提高校园空间的可辨识度，创造了大量的特色校园空间，同时为各种校园建筑提供了连贯的表面。而建筑不仅仅是建筑物，同时也是校园内部作为教学、社交聚会场所等各项功能的结构以及给人带来代表性环境的整体体验，室内、建筑、基础设施和景观共同构成了空间的连贯性，功能和用途也起着重要作用。

代尔夫特理工大学新的校园愿景核心概念是“生活校园”，意味着一个学习、研究、停留，放松和会面齐头并进的大学校园。校园必须通过绿色的公园式公共空间保持活力，增加校园范围内的设施，使建筑更高效。这些理念有助于建筑物和场地建立更多相互联系，并产生既具有代表性又能增加连贯性的校园设计。目前，这一愿景正在具体项目中实施，这些项目的特点是高质量的建筑以及对可持续性、绿化的关注。在发展过程中，TU Noord、TU Midden和TU Zuid地区都拥有了各自的特色。目前的挑战是将这些地区彼此之间以及与其环境更紧密地联系起来，规划者正在为此开展各种研究。

代尔夫特理工大学沿着20世纪Mekelweg的设计所形成的主要景观轴线一直沿用至今，周围的空间具有连贯性和历史分层，包括TU的地标（礼堂、反应堆研究所等）以及遍布校园的受保护建筑，加强了整个校园的凝聚力。宽阔的主轴线与具有设计感的景观展示了校园清晰的结构，并且在校园发展过程中留有预留用地，因而校园轴线景观

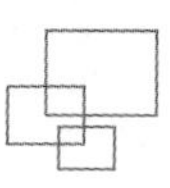

至今仍未破坏。同时，代尔夫特理工大学注重保护校园的历史价值，校园由受保护的遗产（城市景观、市政古迹、国家古迹）和没有保护地位的遗产组成。此外，还有一些具有文化和历史价值的建筑受到 Zonmmins 计划和空间规划法令（BRO）的保护。所有这些遗产都有助于提升校园的历史丰富性和空间认同感。文化历史的附加值还需要仔细考虑转型，目的是尽可能将文化历史质量作为发展的起点。

代尔夫特理工大学现在面临着新的挑战，校园需要更多的空间来实现自我更新，保持最新状态并继续灵活应对即将到来的变化。过去校园设计的许多节点不再有效，挑战在于为更新提供充足的空间，同时给校园的许多遗产留下相应的位置。

4.2.5 欧洲高校总结

剑桥大学、帝国理工学院、瑞典皇家理工学院以及代尔夫特理工大学分布于欧洲西部，这里的地形以平原、山地为主。山地主要分布于英国西北部和法国东南部。同时这里拥有莱茵河、塞纳河、卢瓦尔河、泰晤士河等著名河流，河网密布的独特地理优势也使得这里拥有世界上最繁忙的海运通道——英吉利海峡。欧洲西部大部分地区属温带海洋性气候，地处西风带，气候温和湿润，降水丰沛且均匀。其深居内陆地区属温带大陆性气候，南部小部分地区属地中海气候。地中海沿岸属亚热带夏干冬湿气候，其余大部分地区属温带湿润气候。这里是近代科学技术发展最早的地区，也是世界经济最发达的地区之一，有发达的工业、农业和对外贸易，有煤、石油、天然气、铁、钾盐等矿产，因而高校林立。

从校园的空间模式上来看，剑桥大学、帝国理工学院、皇家理工学院并无特别强烈的轴线控制，校园内的开放空间大都是以建筑群为核心，分散布置以满足不同建筑群内部人群需求的一系列开放空间。和诸多北美高校不同，上述欧洲高校虽然缺少强烈的轴线控制，但空间上增添了更多灵活与自由。当然，欧洲高校中也有运用轴线控制校园空间的例子，即代尔夫特理工大学。代尔夫特理工大学的空间结构较为清晰明确，校园的主要开放空间以中间的景观轴线为核心布置，其余次要开放空间则在周边分布，有主有次，秩序井然。

从校园的景观结构而言，剑桥大学具有与其他几所学校不同的地理优势，剑河穿行而过，使得校园内部的主要景观节点大都分布于剑河两岸，同时也形成了许多与剑河有关的视线关系，校园环境因为剑河的穿行而更加优美独特。帝国理工学院因其校园面积不大，校园景观序列明晰，穿插得当，布置得宜。总体而言，几所学校的景观节点大都依托于校园建筑而设，景观序列的设计都在校园自身情况的基础上将诸多景观节点进行联系，满足校园师生、外部参观游客的不同使用需求。

从校园的景观视廊角度分析，四所学校大多因借周边环境的景观要素，例如河流、公园绿地、城市公共空间等，与之产生视线关系，将校内、校外的景色联结起来，增加景深的层次感与丰富度。它打破了传统高校留下的封闭与孤立的形象，从景观视线上增加与外部城市的联系，建立更加开放、自由的校园形象，也使校园景观具有自己的独特性（图 4-124）。

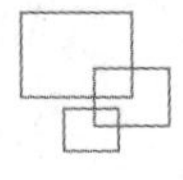

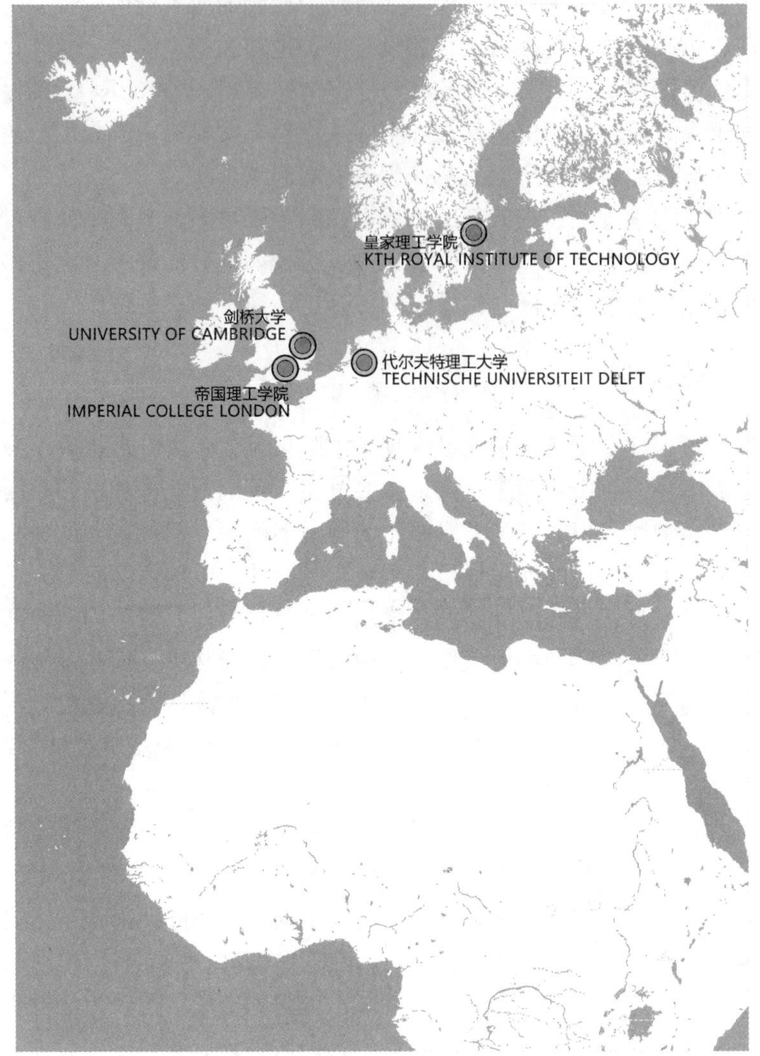

图 4-124 欧洲高校分布示意图（马婧洁绘）

4.3 亚洲高校

4.3.1 首尔大学

（1）校园区位概况

首尔大学（Seoul National University）全称“国立首尔大学”，简称“首尔大”，位于韩国首都首尔，是一所综合性国立大学。冠岳校区位于首尔特别市冠岳区冠岳路 1 号。冠岳校区占地 430 公顷，师生人数达 1 万多人。首尔大学冠岳校区毗邻美林女子高等学校、冠岳山落星岱公园、宝国参罗禅院等，位于汉江南岸、首尔南方郊区的冠岳山脚下，距市中心 16 千米（图 4-125、图 4-126）。

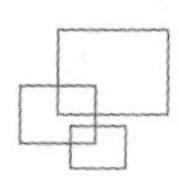

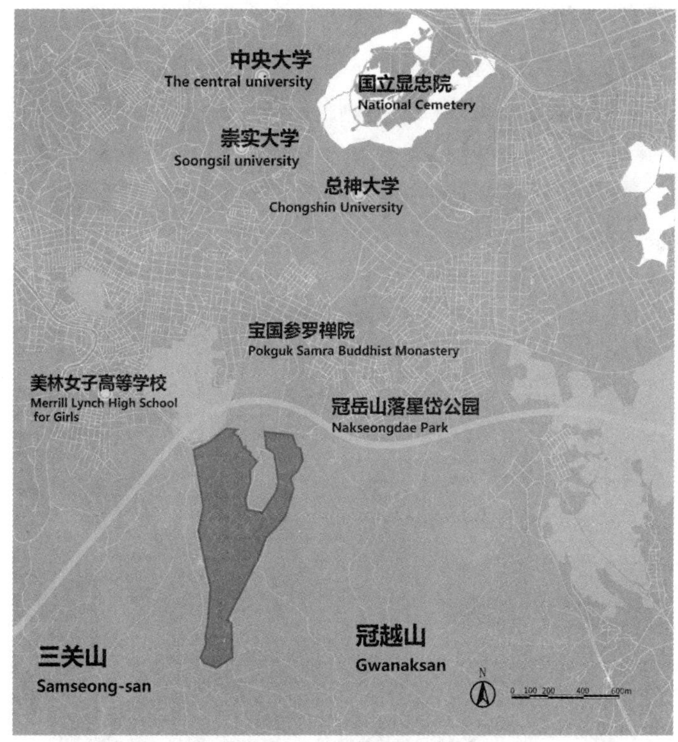

图 4-125　韩国首尔大学区位图（王帆绘）

图 4-126　韩国首尔大学校园地图（引自首尔大学官网）

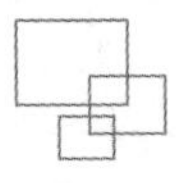

(2) 校园空间布局分析

在街区层面，首尔大学主校区位于首尔城南，三面被冠岳山包围，由北部出入。在建筑层面，建筑顺应山体地形走势，建筑形态多样且分散，轴线不明显（图 4-127、图 4-128）。

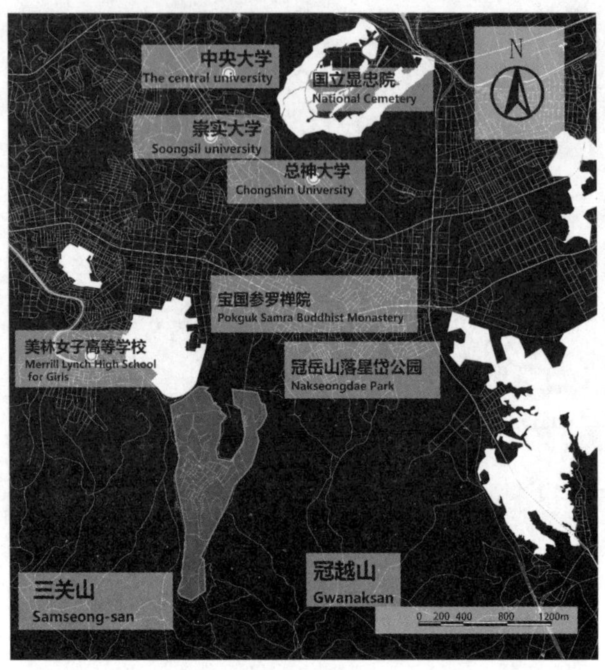

图 4-127　韩国首尔大学街区尺度图底关系（王帆绘）

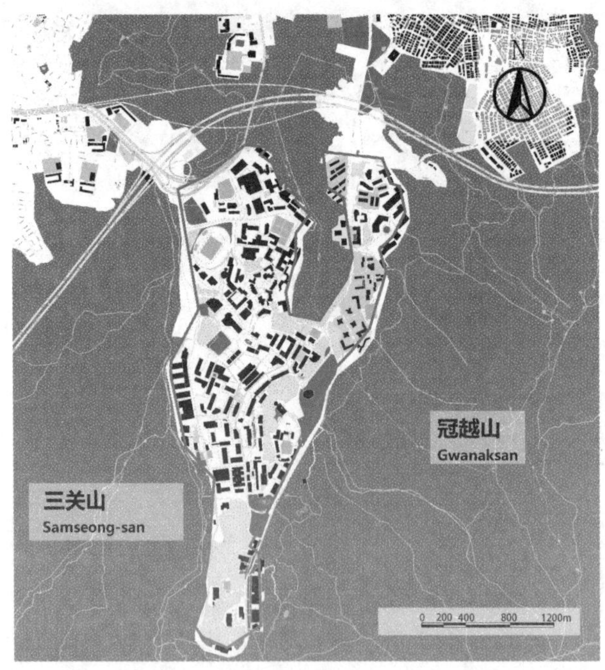

图 4-128　韩国首尔大学校园图底关系（王帆绘）

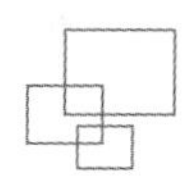

冠岳校园总面积的约70%由绿地构成，但建设前期对开放空间没有予以足够的关注。近年来将开放空间计划作为主要课题，通过对室外空间现状的诊断和引出的问题，提出了改善方向。开放空间规划的主要内容是绿地轴的形成，并试图连接校园内外的绿地，系统地管理开放空间，目标是建立并活跃与各生活据点相连的各领域开放空间和象征性的中央开放空间（图4-129）。

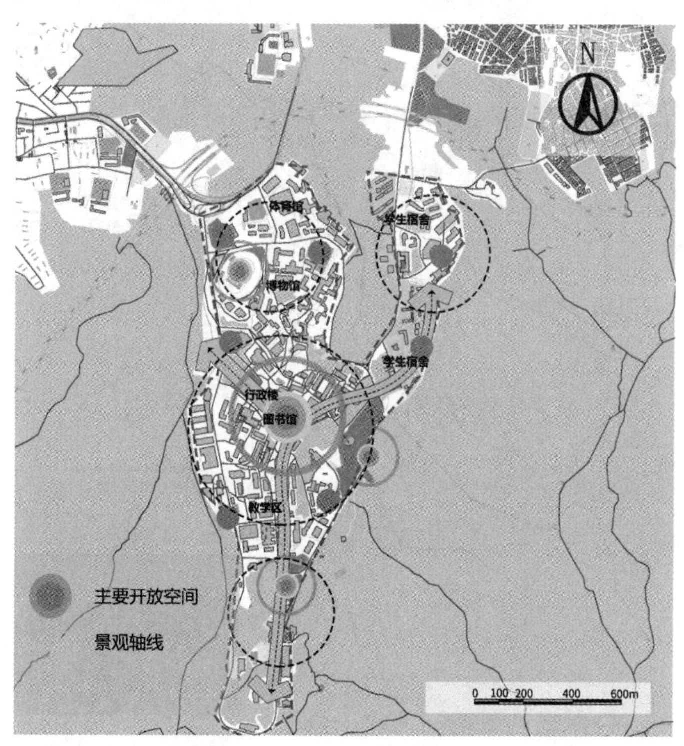

图4-129 韩国首尔大学校园开放空间体系（王帆绘）

（3）校园景观结构分析

主持2017—2021年校园总体规划的建筑系教授崔在弼教授指出："20世纪80年代中期以后，现有总体规划的组织和秩序被打破，新建筑开始乱建。个别建筑物的建筑风格也各有不同，甚至出现了低水平设计，冠岳校区成了不良建筑物的展示场。"由于乱开发，校园的景观失去了统一性。首尔大学共有78座捐赠建筑，约占全部建筑的30%。但是，由于新建筑的设计规划没有制定好，所以每次建造捐赠建筑物时，都不会考虑与周围建筑物的和谐，损害了周围景观。

首尔大学位于冠岳山与城市用地交界处，虽然建筑排布序列较差，校园整体景观轴线除主入口—行政楼—图书馆—冠岳山轴线外，依托地形变化，依然可以分辨出南北向弯曲的景观序列轴线，连接了校园宿舍区、教学区各学院，是城市—自然的过渡轴线（图4-130、图4-131）。

冠岳校园缺乏连接整个校园的系统步行网络。横跨校园的中心人行道被切断，主要步行节点没有路标，方向性较差。另外，由于地形上的台阶等，残疾人的接近性明显下降。为了减少校园内的事故发生率，打造以行人为主的校园，学校为此制订了交通计划。

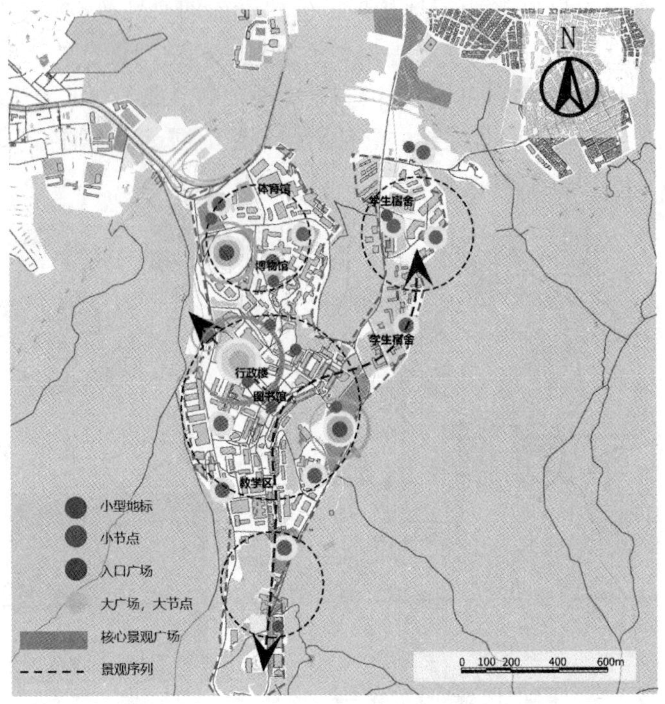

图 4-130　韩国首尔大学校园景观序列（王帆绘）

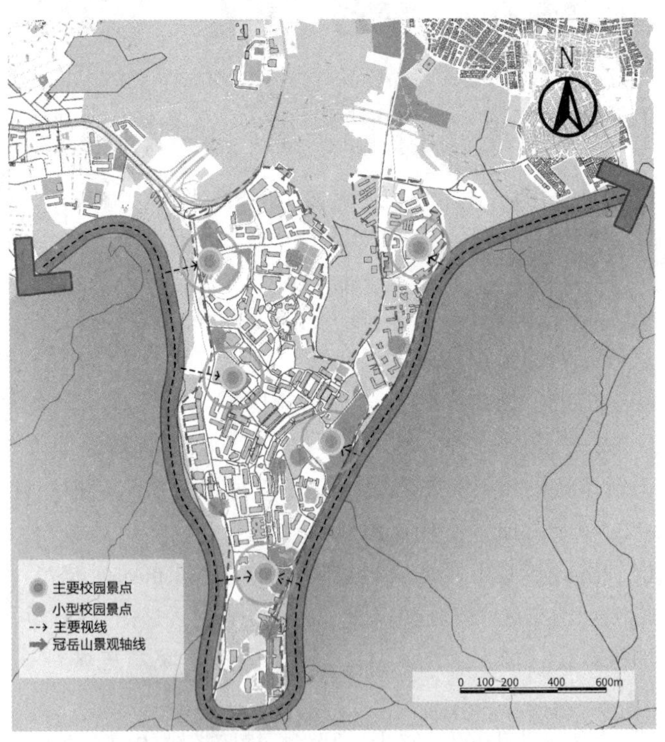

图 4-131　韩国首尔大学区域景观结构（王帆绘）

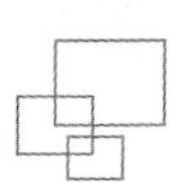

首尔大学的景观视线主要由山体地形为主导，由行政楼、图书馆和冠岳山组成的景观轴线成为校园的主要景观视廊，校园与周围其他建筑序列被打乱，未能与山体较好地融合，形成宜人的景观视线（图 4-132）。

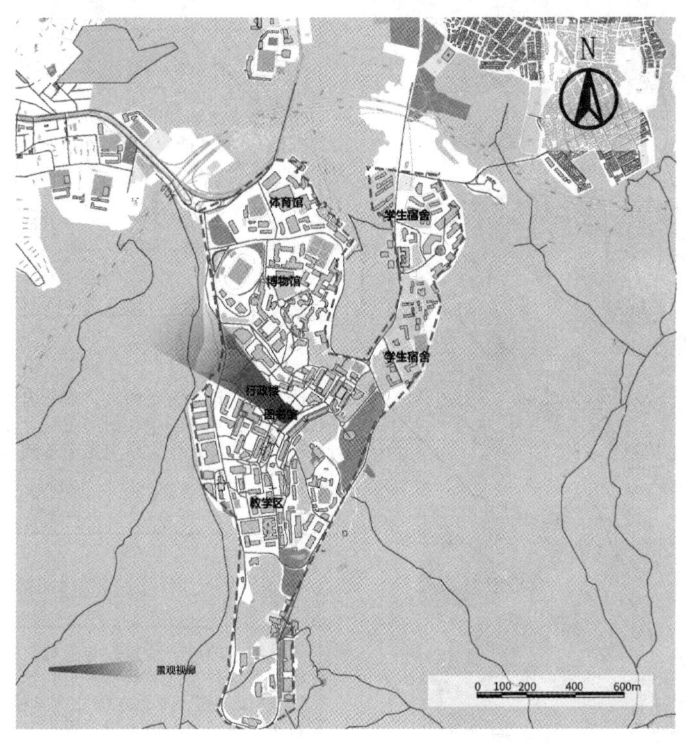

图 4-132 韩国首尔大学校园景观视廊（王帆绘）

（4）校园更新发展策略

作为一所国立大学，首尔大学最早的直系前身是朝鲜高宗于 1895 年创立的法官养成所。1946 年，由韩国政府合并首尔地区的十所学校组建了当前的首尔大学。经历过朝鲜战争及战后重建期后，首尔大学成了开创民族未来命运的大学，确立了其“代表韩国的大学”的地位（图 4-133）。

首尔大学核心的冠岳校区于 1975 年以 28 栋新建筑开学，现在有 200 多栋建筑，在建筑林中已经失去了原有的余地。《首尔大学校园总体规划 2012—2016》提出校园的概念不是只在冠岳、莲建校园等现有校园的栅栏内看到，而是向外扩张，标榜与社区的沟通和融合，即为了解决校园内可用土地不足的问题，将大学功能扩大到校园外部的社区，或推进校园内部空间与社区居民共享的计划（图 4-134）。

《首尔大学校园总体规划 2012—2016》充分考虑到处于开发饱和状态的现状，比起短期的建筑物和设施的追加开发，将重点放在了制订中长期校园管理方向的课题引导上。本计划主要有两个特点：首先反映了校园管理的范式变化。首尔大学是每天有 5 万多人活动的一个“城市”。但迄今为止的计划缺乏对人行道、广场、绿地等开放空间的关注。另外，被车辆侵蚀的校园环境的改善也成为迫在眉睫的问题。为了应对这些问题，该计划强调了开放空间计划和改善交通环境的交通计划。其次是校园的概念不是只在冠岳校园的栅栏内看到，而是向外扩张，促进与社区的沟通和融合。另外，法人化后首尔大学转让资产等进行综合管理，拟建立多种类型的多元校园（Multi-campus）。

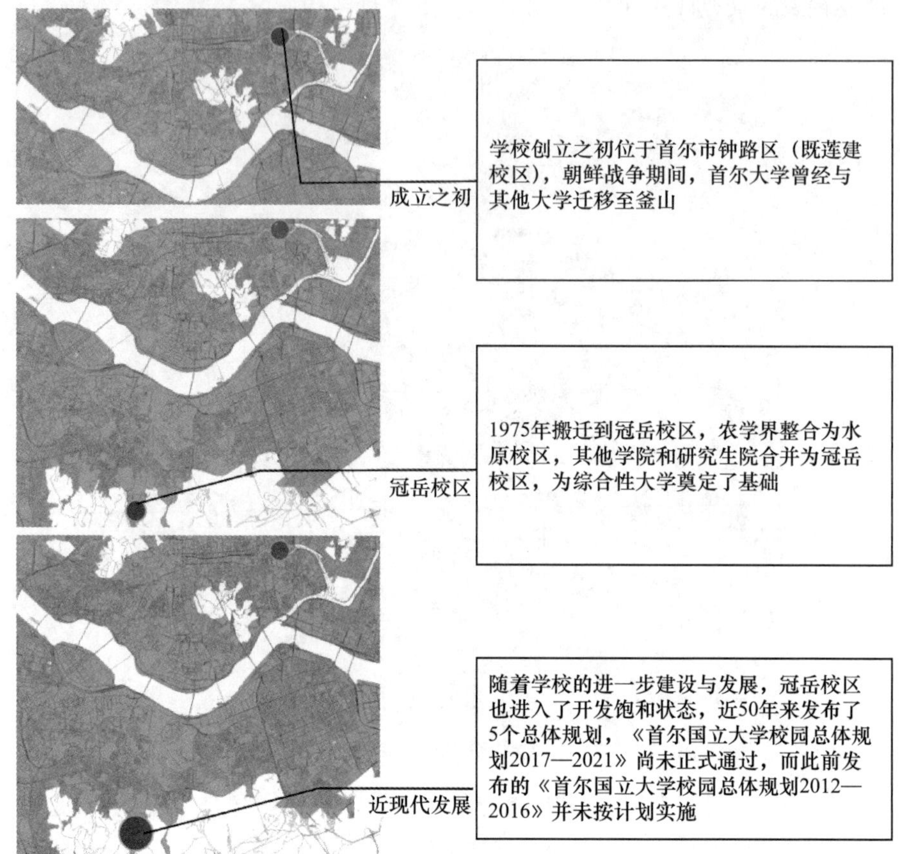

图 4-133　韩国首尔大学校园建设历史沿革（王帆绘）

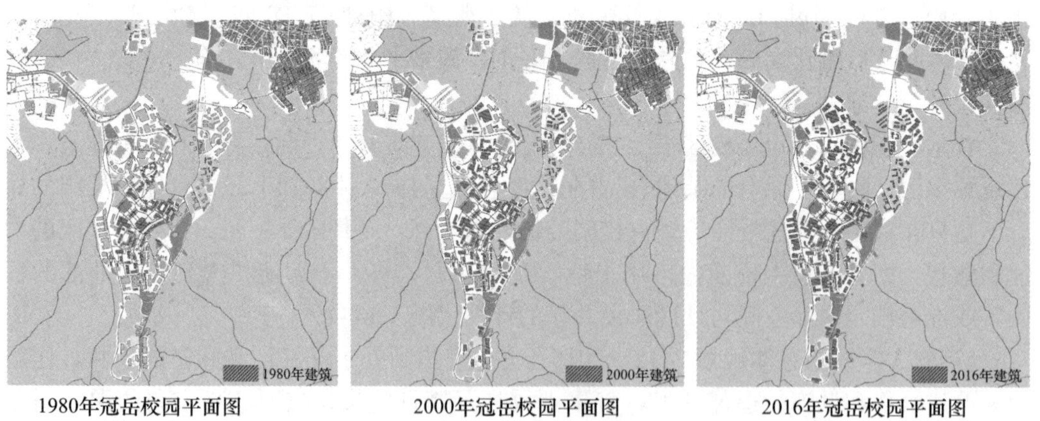

图 4-134　韩国首尔大学更新发展阶段（王帆绘）

规划提议：未来，通过建立专门的校园规划组织，校园总体规划必须在中长期内保持一致，同时还需要聘用 Campus 主计划或建筑公司签订长期合同，负责专门组织。此

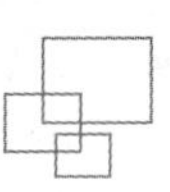

外，该计划不仅涉及建筑规划，还涉及开放空间规划和交通规划，但今后将需要整合环境和能源计划，以提高校园可持续性的综合计划的性质。最后，校园需要维护建筑中的指示性标记系统，以及跨文化校园环境、鼓励残疾人的通用设计、外部空间指示系统，以创建一个鼓励学生多样性和弱势群体的校园环境。但是目前，以《首尔大学校园总体规划 2012—2016》为基准，对冠岳校区进行调研发现，不仅计划没有实现，反而很难说已经开始。建筑改造、绿地轴形成等计划根本没有实施，曾参与 2012—2016 校园总体规划企划的李有美教授（环境景观学科）主张："目前很难说冠岳校区总体规划已经实施。"他还补充说："由于没有实践的计划，建筑物周围的景观和步行网络正在受到损害。"

首尔大学坐落于群山之间，空间轴线顺应自然地势的同时，校园景观序列也需要综合考虑来建设，但现状是各建筑特征明显，校园的景观失去了统一性，与周围建筑、景观不协调。1946 年重建后，首尔大学的校园规划从单纯的建筑开始，组织外部空间，建筑增量大，同时缺乏规划、盲目发展，大量的捐赠建筑不考虑与周围建筑物的和谐，校园承载力无法负荷校园未来的发展，《首尔大学校园总体规划 2012—2016》的规划轴线与管控也未得到有效实施。

4.3.2 东京大学

(1) 校园区位概况

东京大学（The University of Tokyo），简称"东大"，位于日本东京都文京区，是一所综合性国立大学。校区位于日本国东京都文京区本乡七丁目 3 番 1 号，占地 40 公顷，师生人数 3 万左右。本校区紧邻上野站，毗邻文京学院大学、东京艺术大学、私立上野学园大学、东洋学园大学、LEC 大学等，靠近上野恩赐公园、谷中灵园、东京博物馆等公共建筑（图 4-135、图 4-136）。

图 4-135 东京大学区位图（王帆绘）

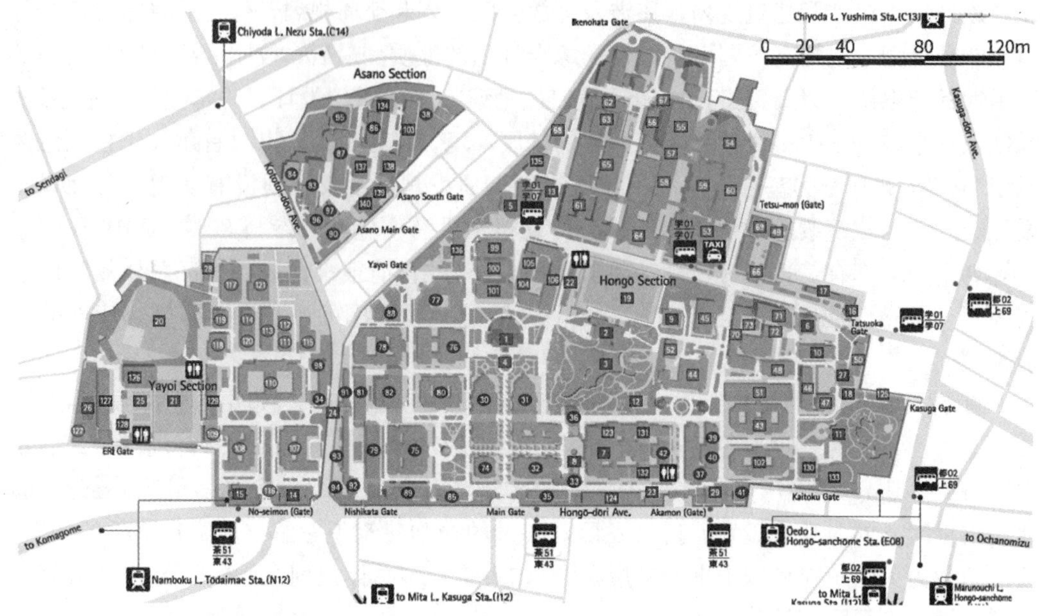

图 4-136　东京大学校园地图（引自东京大学官网）

(2) 校园空间布局分析

在街区层面，东京大学主校区位于东京都文京区，东侧为上野公园，四周被高密度城区包围。在建筑层面，校园内建筑体量较周围较大，以中心绿地为景观核心，校内建筑排列整齐，东西向入口轴线明显（图 4-137、图 4-138）。

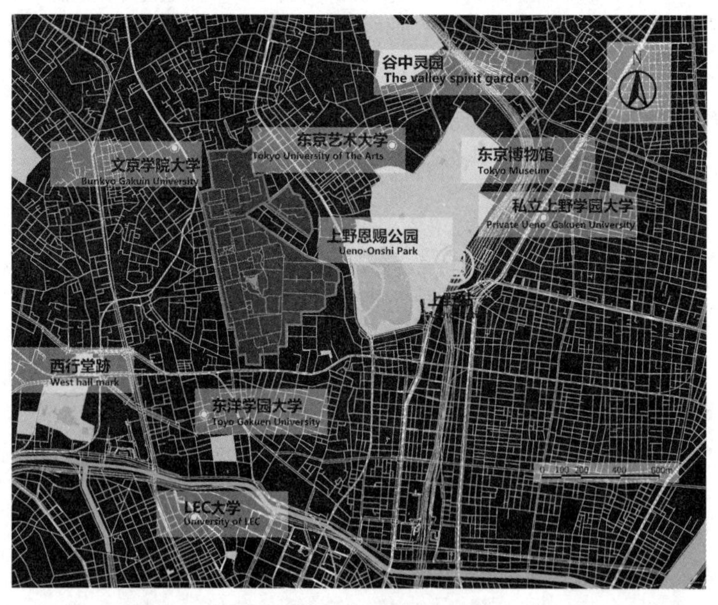

图 4-137　东京大学街区尺度图底关系（王帆绘）

东京大学没有厚重的围墙，是开放校园的一次尝试，校外人士也可以自由使用校园开放空间，为城市公共空间增添了多样性。开放空间以中部的公园为中心，分别沿东西向、南北向轴线，以及组团中心布局，串联各庭院式的教学空间、生活空间，形成各类人群共同使用的公共空间网络（图 4-139）。

图 4-138 东京大学校园图底关系（王帆绘）

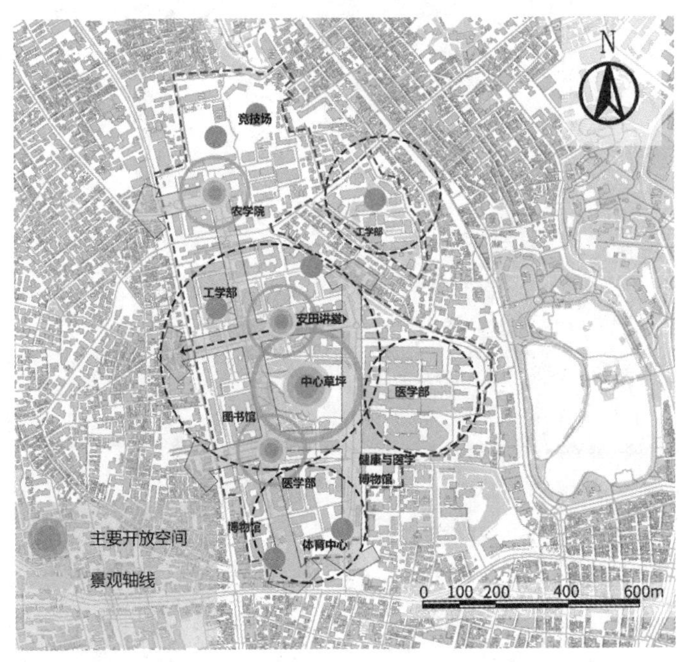

图 4-139 东京大学校园开放空间体系（王帆绘）

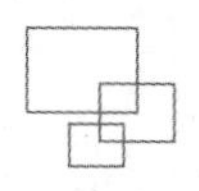

（3）校园景观结构分析

由于内田祥三规划的潜在的南北向这条轴线上分布着多个广场，规划就以这些广场为中心，以绿地轴为引线，编织起一个由历史建筑物、绿化、广场、林荫道等构成的多样化的开放空间序列。在漫长的校园建设发展中，东京大学形成了丰富的景观序列，各轴线西部、东部和各个小组团均有大小入口至广场空间（图 4-140、图 4-141）。

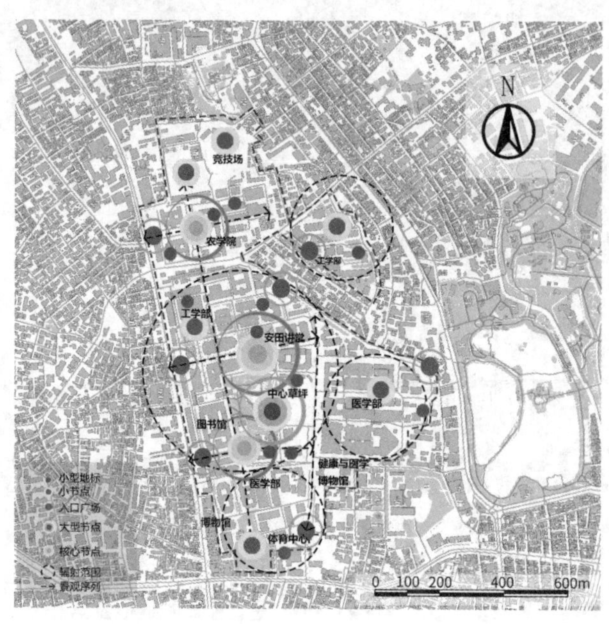

图 4-140　东京大学校园景观序列（王帆绘）

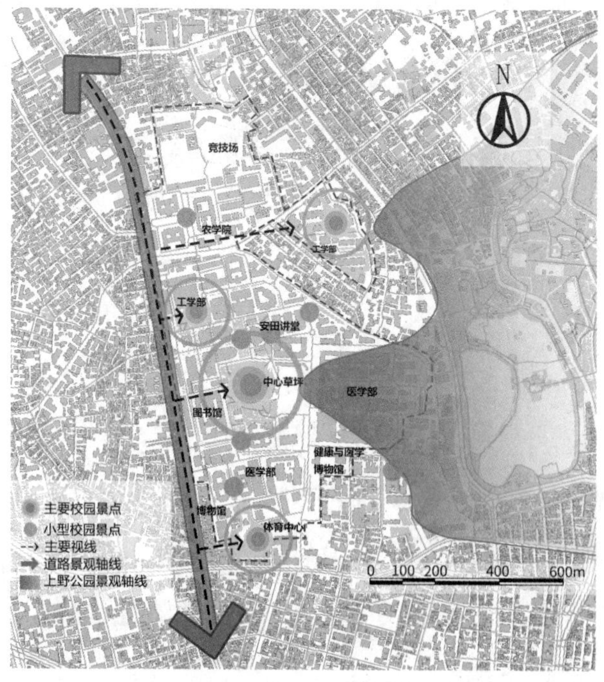

图 4-141　东京大学区域景观结构（王帆绘）

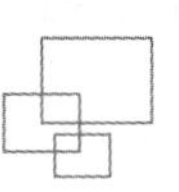

校园景观视廊依托景观轴线形成，主要有东西向沿着三个主要出入口分散排布，以及校园沿内部一条主要道路形成的南北向景观视廊共同组成校园的景观视廊系统。校园内田规划时期的建筑立面全部采用砖砌，样式统一为哥特式。单体建筑的再开发不论是对老建筑的改扩建还是新建，在建筑内部均设置充满阳光的中庭，形成室内化的公共空间。同时，校园规划还十分重视绿化，通过种植草坪花木、道路两侧栽种高大的行道树来营造“城市公园”般的景观环境（图 4-142）。

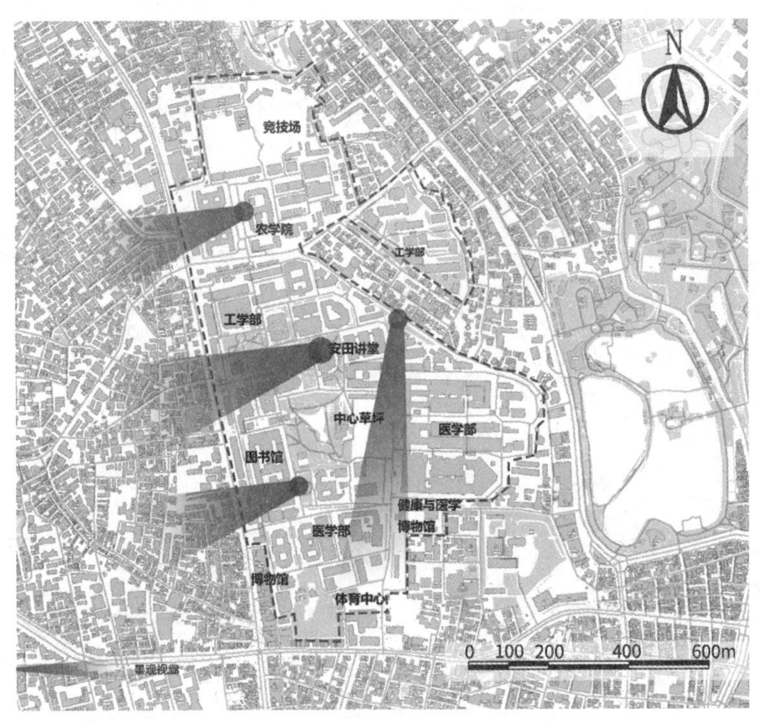

图 4-142　东京大学校园景观视廊（王帆绘）

（4）校园更新发展策略

与世界上多数大学一样，校园的成长也是一个循序渐进的过程，100 多年的历史中既包含了许多持续性的发展，也出现过偶发事件带来的变化。1923 年对东京造成毁灭性破坏的关东大地震发生了，东京大学也在劫难逃。震后的校园里到处是残垣断壁，大部分设施遭到重创，这也恰好给了东大一个重新梳理校园空间和建筑的机会（图 4-143）。

1867 年本乡校园内只有原来的东京医学校遗留下来的若干校舍和位于校园中部的日本庭院三四郎池，在此后的十余年里相继建成法学院、工学院、理学院、图书馆等仿西洋式建筑。

从 1885 年起校园逐渐被各种用途的建筑填满。建筑沿西道路排列，形成了城市型街路空间，从而形成了以标志性建筑安田讲堂为核心的第一条东西向主要轴线。

关东大地震恰好给了东京大学一个重新梳理校园空间和建筑的机会。当时东京大学建筑系的教授内田祥三很快为本乡校园作出了新的总体规划。内田的规划方案除主轴线外，规划中反复使用的、由广场和街路组合在一起而构成的“T 字型空间”在地震前就

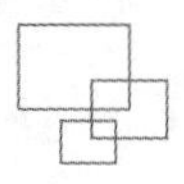

已经初现端倪，内田规划的最大功绩是将原有的空间结构体系化，他采用了相互垂直的轴线网来贯穿和统合“T 字型空间”的反复与组合，由此构成了一个连续的外部开放空间的网络，为日后的本乡校园搭起了骨架（图 4-144）。

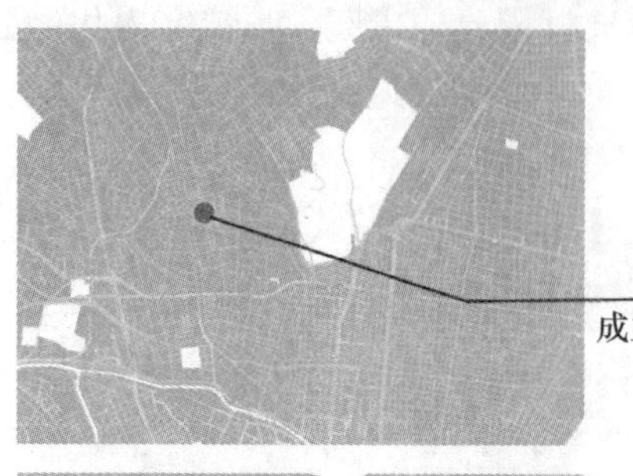

图 4-143　东京大学校园建设历史沿革

1884年本乡校园平面图

1923本乡校园平面图

1958年本乡校园平面图

图 4-144　东京大学更新发展阶段（王帆绘）

由于本乡校园很长一段时间里各个学院根据自己的需要建房，缺乏统一的限制和管理，1975 年东京大学制定了《本乡校园利用计划》，基本思想是要保护校园中心区风格统一的哥特式建筑群、保护校园内作为大学公共空间的广场绿地不被占用。

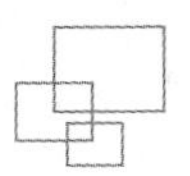

1993年春天，学校方面制定了《本乡校园再开发计划纲要》，纲要中列出了3项基本原则：一体性和统一性；全学校的共同努力；非固定的土地利用。依照纲要的要求，本乡校园再开发总体规划由东京大学建筑计划室完成。由于内田规划为本乡校园留下了一系列环境幽美的开放空间，因此对开放空间、或者说公共空间的整合和拓展便成为再开发规划的核心。

东京大学建校初期落成的标志性建筑集中在教学中心区，经过多年的发展，已经形成了一定的空间格局和建筑风格，主要的轴线结构和主要开放空间也都主要集中在校园西侧，校园主轴为贯通校园南北的绿地轴，辅以多条东西向轴线，横纵向串联多个节点，各个广场作为公共空间中心，以绿轴为连接线，构建起一个由历史建筑物、绿地、广场、开放空间、林荫道等构成的多样化的开放空间序列。建筑单体亦保持古典的风格，部分建筑内部设置充满阳光的中庭，下部设置开敞的柱廊，构筑起立体化的开放空间。但基于其现状建筑密度趋于饱和，东京大学本乡校区同样面临空间紧缺，高密度建筑的环境改善以及扩建问题。

4.3.3 新加坡国立大学

（1）校园区位概况

新加坡国立大学（National University of Singapore），简称“国大”（NUS）。肯特岗校区位于新加坡西南部，占地约150公顷，师生人数4万人左右。校园由肯特岭路分为前后两部分，新加坡科学园和国立大学医院紧邻校园，科研条件十分便利。校园南邻巴西班让集装箱港口，位于马六甲后。周边轨道交通发达，业态丰富，毗邻西海岸码头，东、西两面分别紧邻肯特岗公园、西海岸公园，地理位置优越（图4-145、图4-146）。

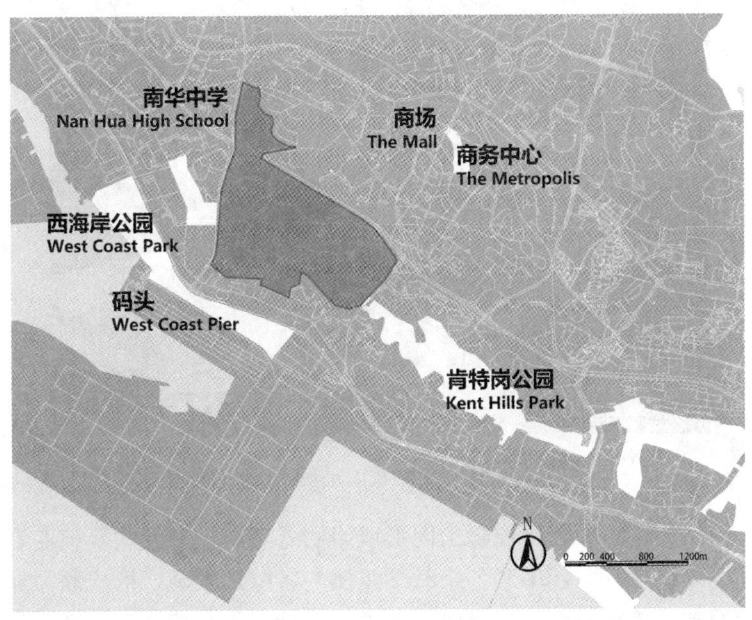

图4-145 新加坡国立大学区位图（王帆绘）

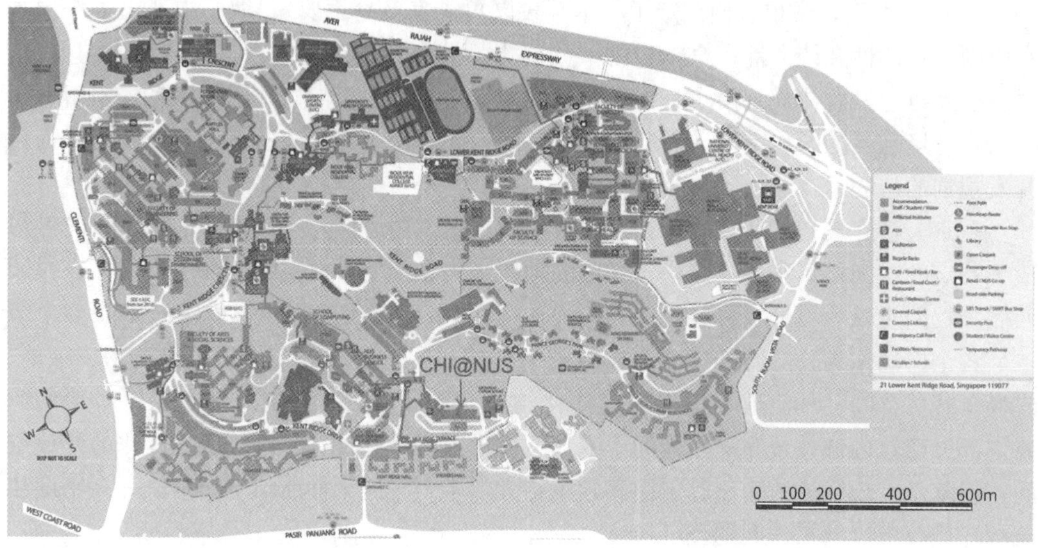

图 4-146 新加坡国立大学校园地图（引自新加坡国立大学官网）

(2) 校园空间布局分析

在街区层面，新加坡国立大学肯特岗校区位于新加坡西海岸，为丘陵地形，校园被东西向高速路分隔为南侧校区与北侧的大学城，校园整体被快速路与主干路包围，交通路网呈整体环路的自由型布局。在建筑层面，主校区坐落在肯特山上，校园建筑被山体分割为多个组团，建筑排布顺应山势，疏密有致（图 4-147、图 4-148）。

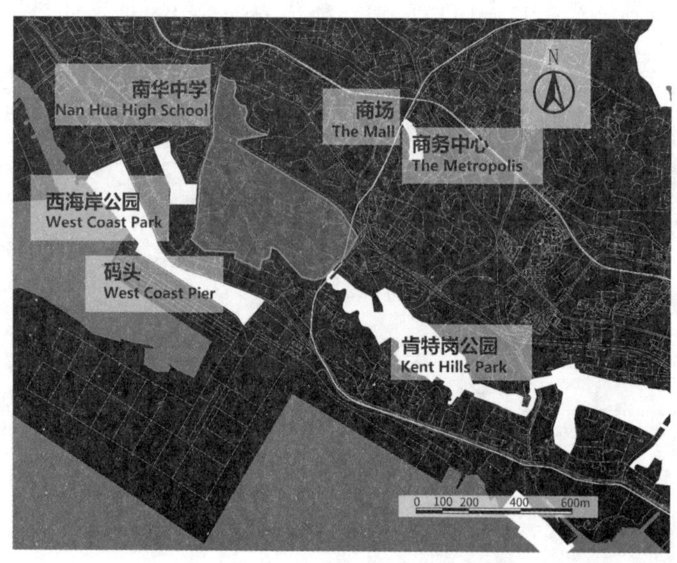

图 4-147 新加坡国立大学校园平面图底关系（王帆绘）

以肯特岗山体为核心，校园环绕山冈形成组团式布局，多元次要核心在周边自由式分布，景观轴线环绕肯特岗，串联各个教学组团与各绿地景观，形成联系紧密的校园空间。北部大学城被高速路分隔，与南侧校区的景观轴线无直接联系（图 4-149）。

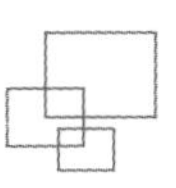

图 4-148 新加坡国立大学校园图底关系（王帆绘）

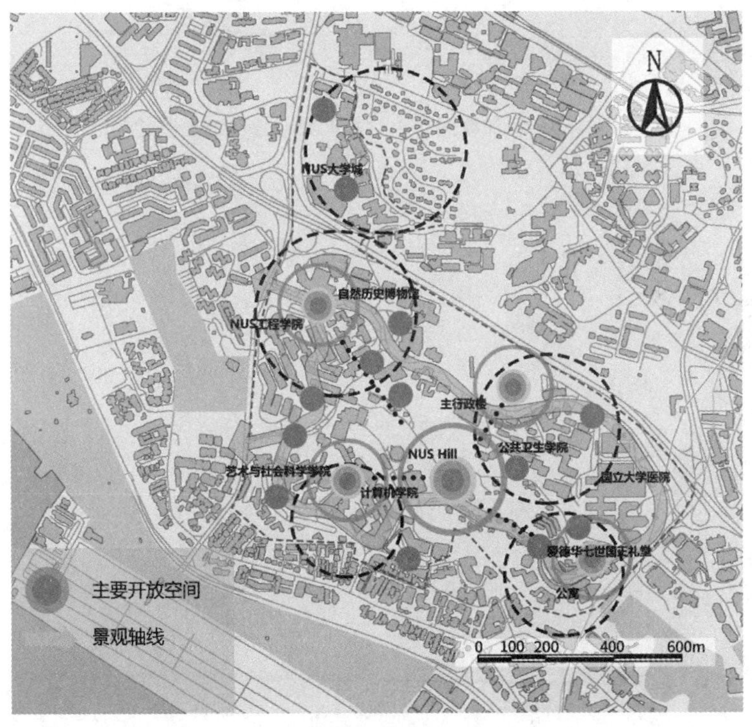

图 4-149 新加坡国立大学校园开放空间体系（王帆绘）

（3）校园景观结构分析

校园景观轴线以肯特岭—肯特岭路—厅堂为核心，沿医院、医学院、理学院、文化中心、体育场馆、工程学院、设计与环境学院、人文与社会学院、商学院、生活区等布置。校园是以山为主体，以道路为背景，以建筑为点，展示自由型布局的空间景观格局，建筑风格简洁通透又各有特点，环境形象较好，文化氛围浓厚（图 4-150、图 4-151）。

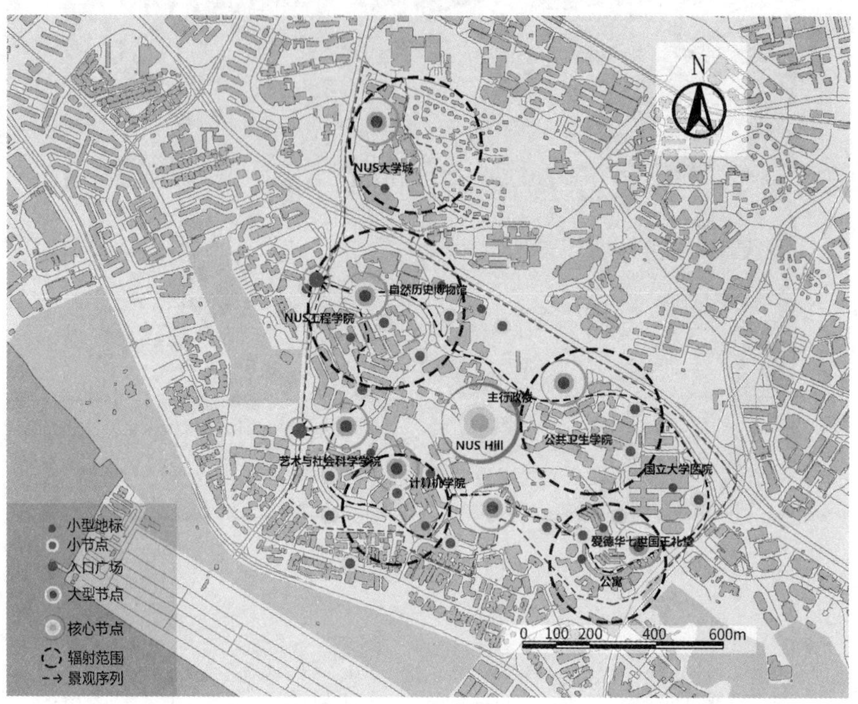

图 4-150 新加坡国立大学校园景观序列（王帆绘）

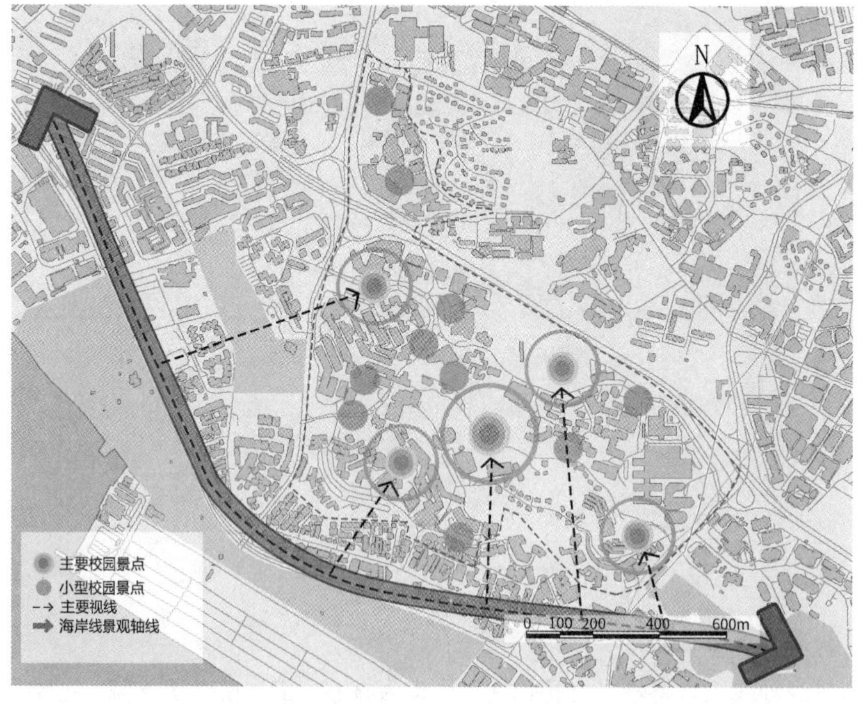

图 4-151 新加坡国立大学区域景观结构（王帆绘）

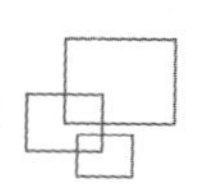

校园位于山地，风景秀丽，围绕肯特山形成向心的视廊，其地理条件占主导地位而成为美妙的风景。由于山地落差相当大，景观布局形成内院到外院，山地到建筑，道路到植物，所有元素都形成了多维和全景变化的立体空间（图4-152）。

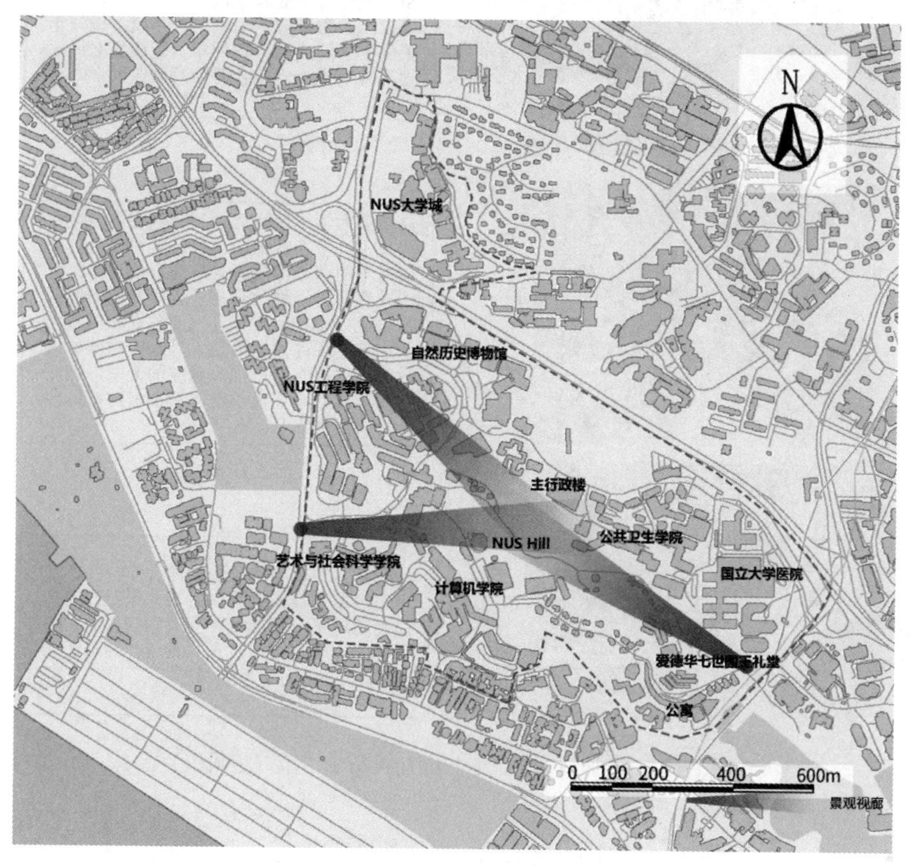

图4-152　新加坡国立大学校园景观视廊（王帆绘）

（4）校园更新发展策略

新加坡国立大学于1980年8月由原新加坡大学和南洋大学两校合并而成，但其发展与沿革可追溯至1905年成立的海峡殖民地和马来亚联邦政府医科学校（The Straits Settlements and Federated Malay States Government Medical School），主校区坐落在肯特岗（Kent Ridge）山上，是1968年原新加坡大学所设的新校址（图4-153）。

1969年荷兰OD205设计事务所第一个总体规划采用网格划分场地，将各校园遗址有序联系，规划3～4层的底层建筑与山脊起伏轮廓融为一体。1970年第二个总体规划综合考虑未来十年招生人数的增长和校园校舍规模的增加，对校舍进行全面规划，并重点突出标志性建筑。2000年第三个总体规划对北部大学城进行全面布局，提出住宿社区概念，强调住宿学习和课程教学的交织与融合。2000年至今，基于总规划对校园进行分区域规划，并强调可持续规划设计。2011年校园生活与居住总体规划，临近生活区设置公共活动空间与后勤配套，实现住宿社区模式，使各区域自给自足，实现日常步行生活（图4-154）。

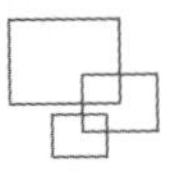

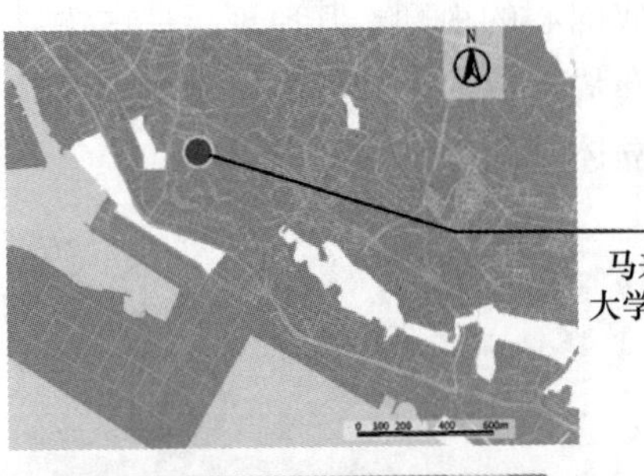

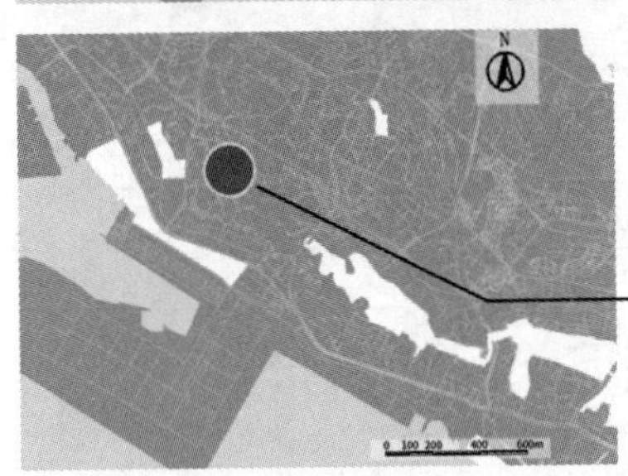

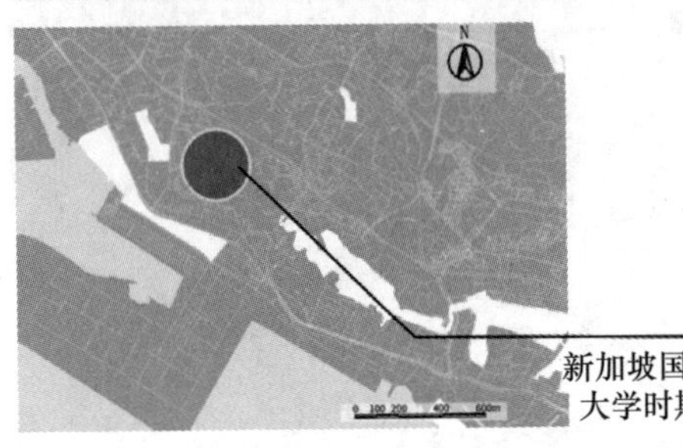

图 4-153　新加坡国立大学校园建设历史沿革（王帆绘）

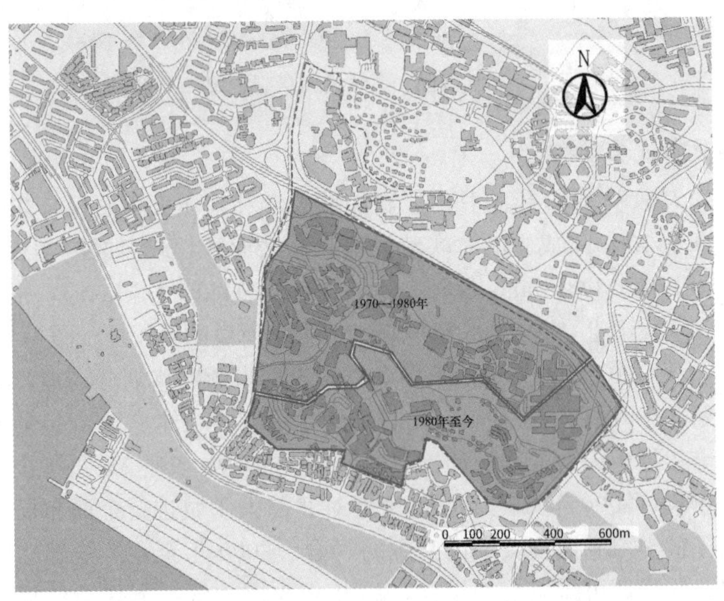

图 4-154　新加坡国立大学更新发展阶段（王帆绘）

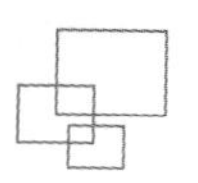

自20世纪七八十年代开发新加坡国立大学肯特岗校区以来，该大学已成为世界顶级学术和研究机构之一，入学人数增加了两倍。如此快速的增长带来了许多挑战，包括基础设施不足、学生生活场所过度拥挤、缺乏互动公共区域以及流通问题。新的开发项目也需要更好地与现有的校园结构相结合——尤其是横跨高速公路 Ayer Rajah 的大学城开发项目。

2011年《新加坡国立大学校园生活和居住生活总体规划》旨在创造一个反映该大学作为全球领先大学地位的学生生活环境。该计划创建了一个可持续的、充满活力的校园，促进综合的生活学习体验，并鼓励和社区交流。主要的解决方案是在校园中心创建新的中央绿地——Kent Common 和几个卫星中心，以鼓励校园不同区域的社区发展。枢纽通过融合的景观环境和明确的步行道与绿地相连。

总体规划创建了一个框架来指导学生和住宅生活设施的发展。Kent Common、卫星枢纽和连接景观将形成一个综合的、充满活力的校园。总体规划还明确了校园核心和卫星枢纽的新设施计划。该计划包括学生生活和艺术空间、餐饮、图书馆和学习空间、体育和休闲空间以及学生宿舍，它们共同营造了一个综合的学生生活环境和整体的学生体验。

新加坡国立大学正在实施其2030年气候行动计划，打造更绿色、更可持续的校园，其中包括两项标志性举措——创建一所碳中和大学，以及将校园降温4℃。大学拥有大约4万个传感器，并且正在增加更多传感器来测量各种环境参数。“这些使我们能够管理能源并利用可再生能源，为校园规划和环境模拟开发了校园数字模型。”每年在校园内种植约1万棵树，以实现10万棵树的总目标。这些树将有助于生态碳汇，即从大气中捕获二氧化碳，并且采取措施减少开发和运营产生的太阳能增益和热负荷。同时尽量减少交通运行，使校园尽可能少用汽车，并拥有绿色交通。

新加坡国立大学校园内有大面积的草地、特色显著的建筑、蜿蜒的道路、绿色庭院、山顶等景观元素，其景观设计理念与西方文明、文化价值完美结合，展示了高水平、国际化的研究型大学建设理念。校园自由型布局充分展现了学术自由的重要思想，功能分区规划的系统结构体现了学术自主的特点。校园与社会、科技与文化等要素的互动形成了校园自治的民主光环。

独特的景观为校园提供了良好的、安全的空间，周围环境和巨大的树木被保留下来，移植和培育新品种增加了大植株的多样化，辅助以矮小的地面覆盖植物。同时以草地为主的地形，强调景观的可达性，校园空间展现了地形地貌的魅力。校园构思既结合历史，又注入现代元素，紧跟世界一流大学的景观语境，将国际化理念与场地相结合，形成具有国际化、现代化特色的校园景观。

4.3.4 清华大学

(1) 校园区位概况

清华大学位于北京市海淀区，北四环与北五环之间，具体地址为北京市海淀区双清路30号。西邻圆明三园，南邻中关村，北邻清河区域，东邻学院路和北京市的八大院

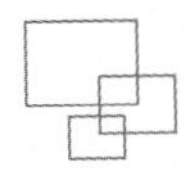

校，地处北京市高校集中群。此地原为三山五园地区，因而周围的古典园林与景观众多，风景秀丽，交通便利，有多个公交站，距离地铁站清华东路西口与五道口站很近，公交、地铁均方便出行（图 4-155）。清华大学校园面积为 442.12 公顷，在校人数为约 69074 人，建筑面积 168 万平方米，是中国高层次人才培养和科学技术研究的重要基地（图 4-156）。

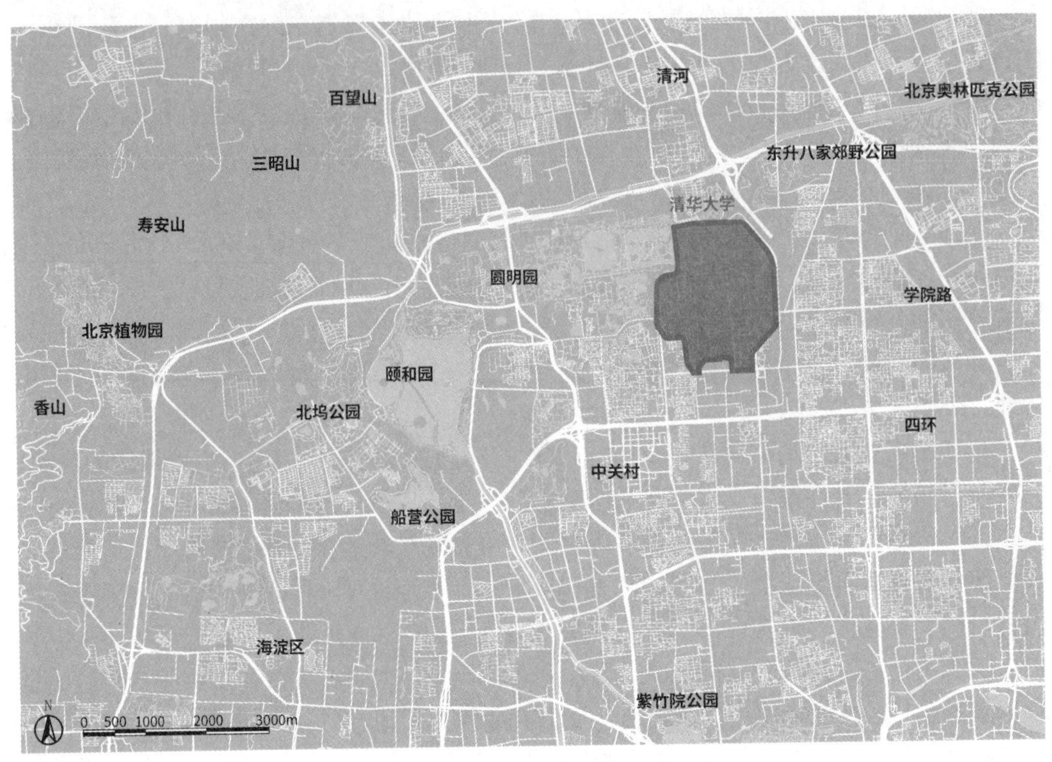

图 4-155 清华大学区位图（张争光绘）

（2）校园空间布局分析

清华大学的街区尺度图底关系显示，清华大学西侧为圆明三园区域，以绿地与水域为主，北侧的建筑稀少，主要以公园绿地为主，街区的尺度也比较大（图 4-157）。南侧与西侧为建筑密集的街区，方格网的道路分割，其中零散分布着一些绿色空间。清华大学的校园建筑群主要集中在校园的东部区域，呈现出街区建筑的性质，西北侧与西南侧的建筑体块较小，较为密集；中部和东部区域的建筑舒朗，空间开阔。整体建筑群落东西部分存在分割感（图 4-158）。

清华大学的校园开放空间主要依托于校园中央的开阔区域，即原古园林保留下的空间和万泉河串联的绿色空间，贯穿了校园的主要区域。校园内部沿着万泉河形成的开放空间活动带，联系了情人坡、水木清华、熙春园等校园开放空间，蜿蜒的带状空间贯穿了校园的西北部区域。校园的东南部区域主要依靠中间“十”字形的草坪绿色开放空间引导区域的开放空间，两片区域的开放空间风格差异较大，突出了不同区域的特点（图 4-159）。

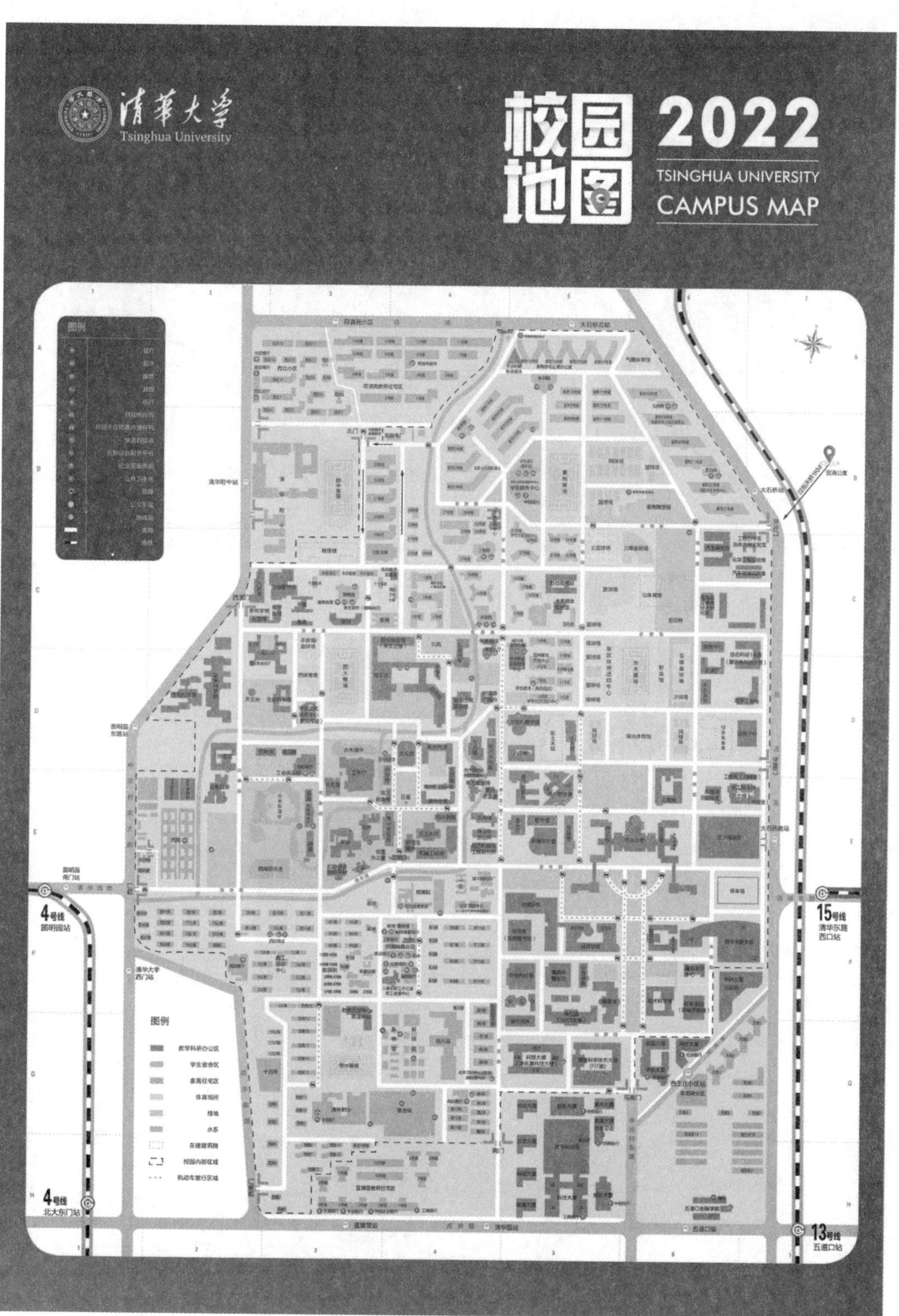

图 4-156　清华大学校园地图（引自清华大学官网）

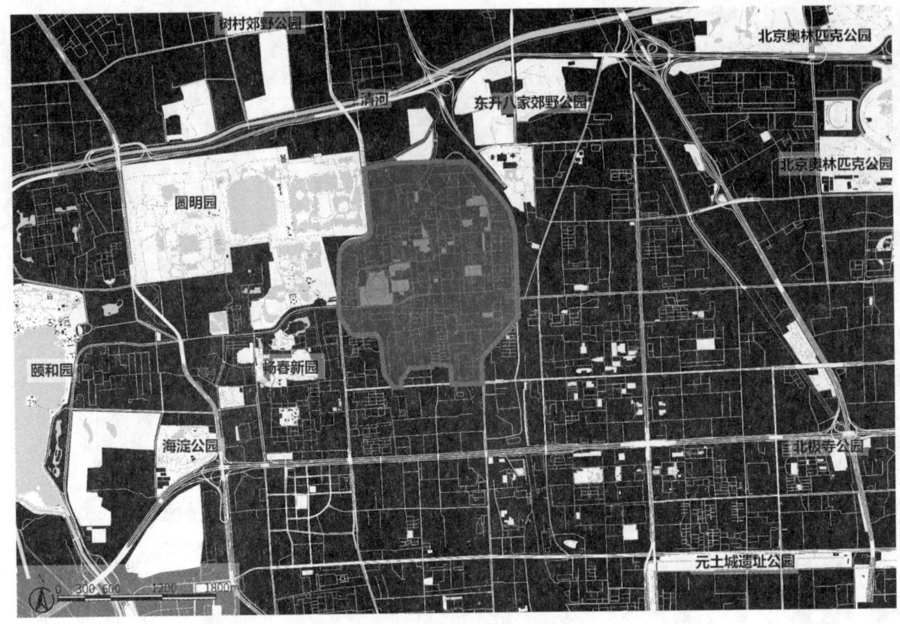

图 4-157 清华大学街区尺度图底关系（张争光绘）

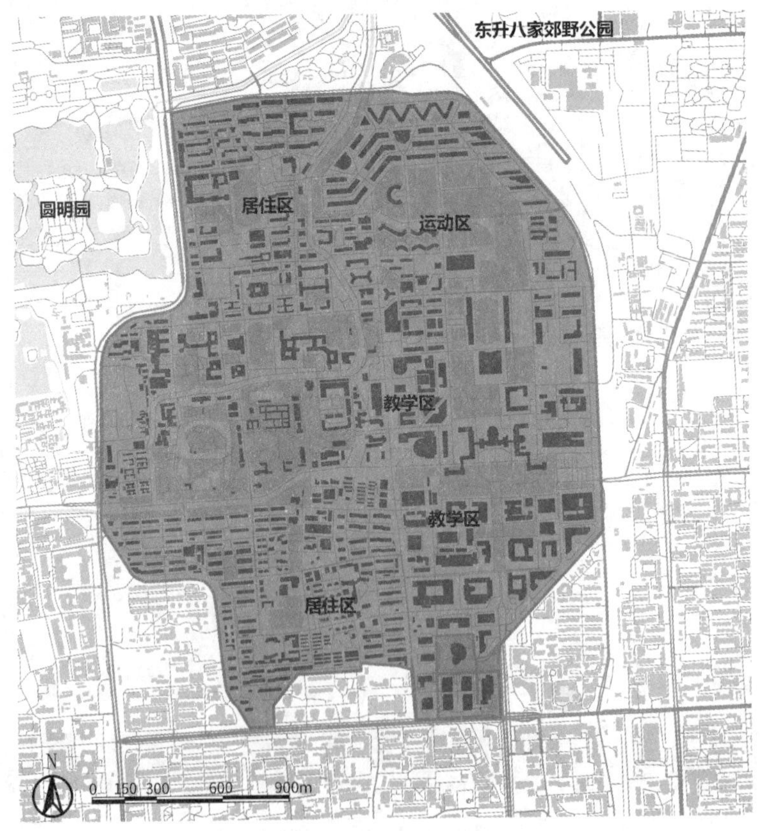

图 4-158 清华大学校园图底关系（张争光绘）

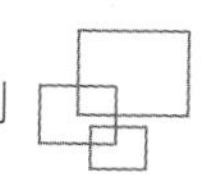

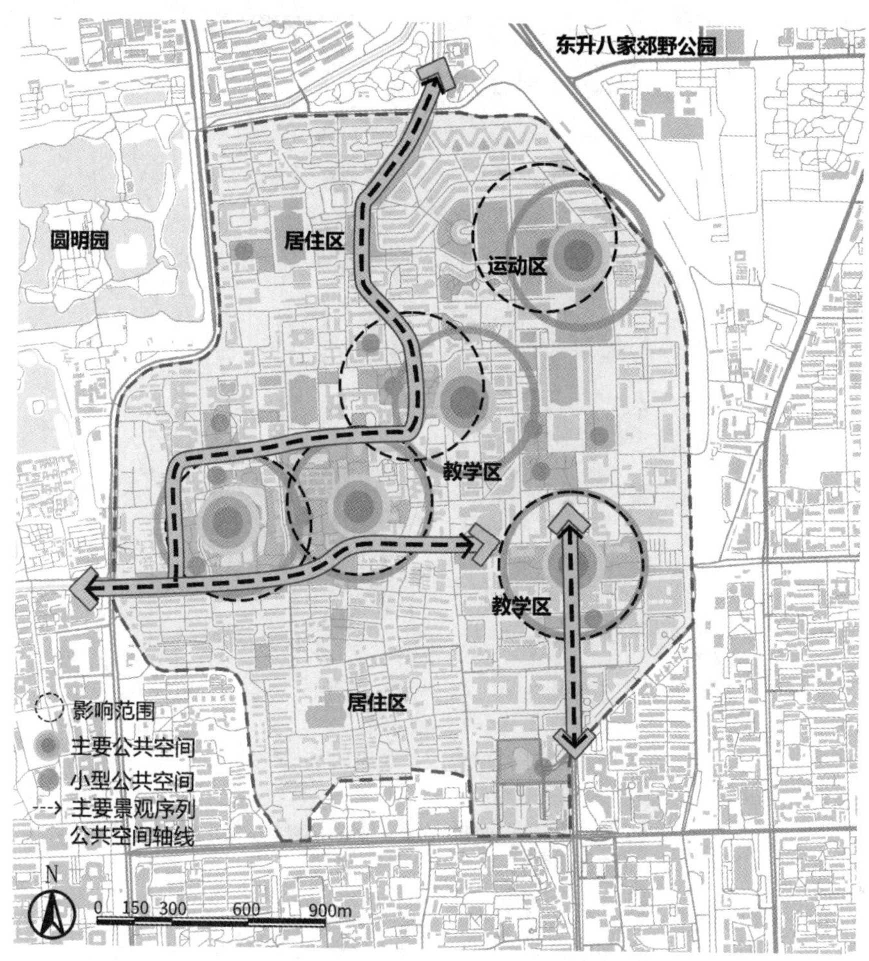

图 4-159 清华大学校园开放空间体系（张争光绘）

（3）校园景观结构分析

清华大学的校园景观序列主要沿着中央主楼南北向展开，并且在万泉河周围形成多个景观点，河道将其串联起来，并灵活地穿过校区的主体部分（图 4-160）。核心景观集中在清华大学东南区域的景观轴线上，还有清华大学西北区域的绿色景观山水集合区，例如荷塘月色等。景观大节点分布在万泉河的景观带上，例如水木清华、近春园等。校园的入口广场分布在学校东南西北的出入口区域。小节点与小坐标分布在核心景观的内部或者周围（图 4-161）。

清华大学的校园景观视廊沿着中央主楼南北向展开，除此之外，在校园中西部的景观区域沿万泉河展开多方向景观视廊，因地制宜。西区的荷塘月色与近春园等区域的整体感觉是古典园林的景观，远近分明，通过近处遮挡和水的层次感变化增加景深。区域的景观视廊灵活，动观近观皆成景，让人流连忘返。北区的运动区留出足够的空间，让人不会感觉到此处建筑密集，也方便人们观看活动。东区的主轴景观将人们的视线导向中央的主建筑，凸显庄重之感（图 4-162）。

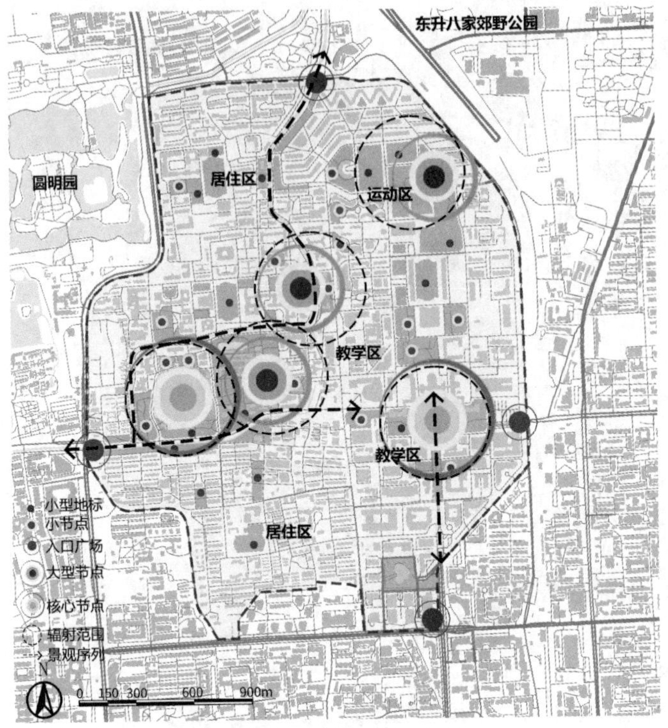

图 4-160　清华大学校园景观序列（张争光绘）

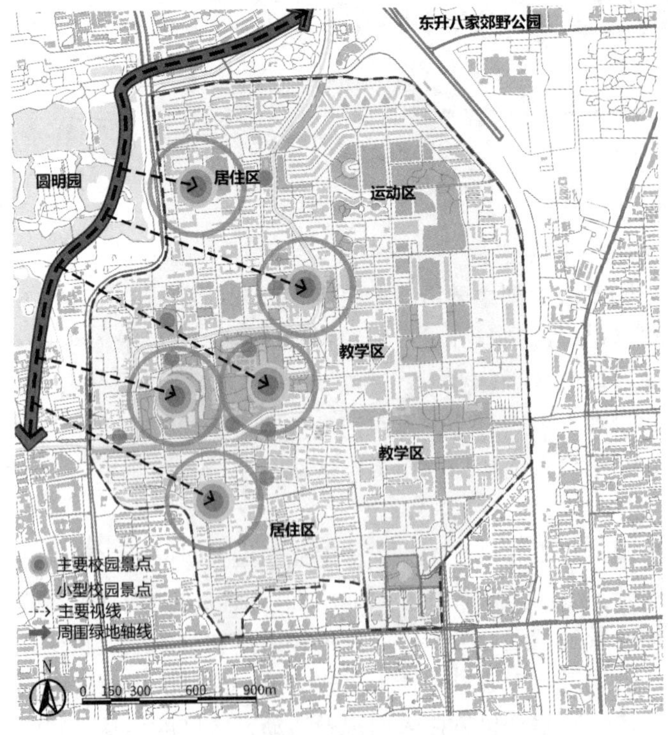

图 4-161　清华大学区域景观结构（张争光绘）

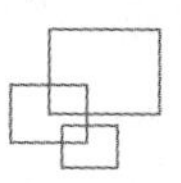

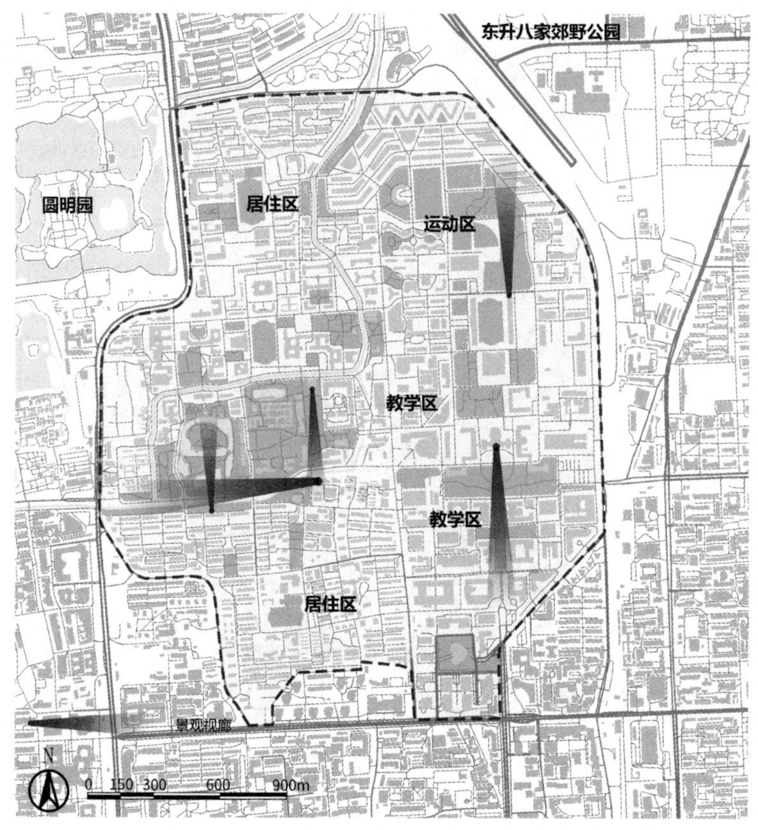

图 4-162　清华大学校园景观视廊（张争光绘）

清华大学的校园景观体现的是绿色校园特点，绿色校园是绿色大学最基本的要求，是绿色大学最明显的标志。建设绿色大学“校园景观”，需要在清华大学校园总体规划基础上进行修订，制订清华园林景观规划，建设与清华历史、文化氛围及建筑风格相协调的园林景观。清华校园景观环境建设尊重历史，延续文脉，形成了自己的特色。其地处北京西北郊繁盛的园林区，是在清华园基址上建立起来的。清华园历经三百多年的变迁，发展至今，园内古建筑、山形、水系犹在，学校保存和合理利用了这些历史遗迹，使园内的古典园林风格得以完整保留。随着学校的发展，对园林景观进行了细心再造，仍与原有的风格保持一致。清华大学布置了很多相对独立的小区，不仅是学习、生活的场所，还是休憩之地。在校园内重点建设了若干独立的景点、景区，展现不同的景观，让人产生不同的景观感受。

（4）校园更新发展策略

1910 年，基于清代清华园的遗址，完成对清华学堂的前期建设。1930 年，完成并实施国立清华大学规划，校园范围向西扩展。1950 年，开始新的校园规划，学校范围主要向东、南、北扩展新的校园。不再采用大礼堂轴线的“美国模式”，代之以“苏联模式”。在有限的经济条件下，以高效的方式完成了新中国的新气象在清华大学的空间化（图 4-163）。2000 年实施新清华大学校园规划，形成三条建筑轴线，并大致确定最终的校园范围，对学校现有的建筑进行大范围的维护（图 4-164）。

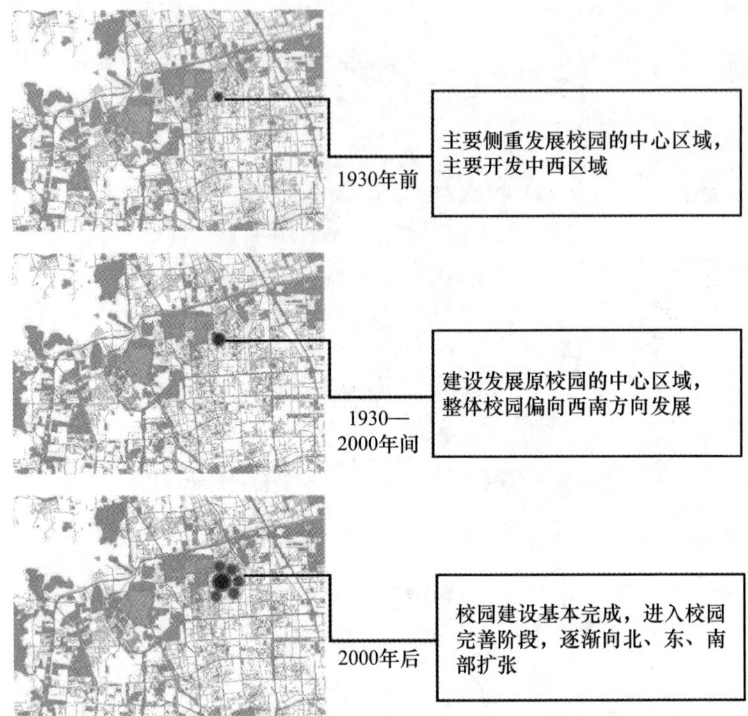

图 4-163　清华大学校园建设历史沿革

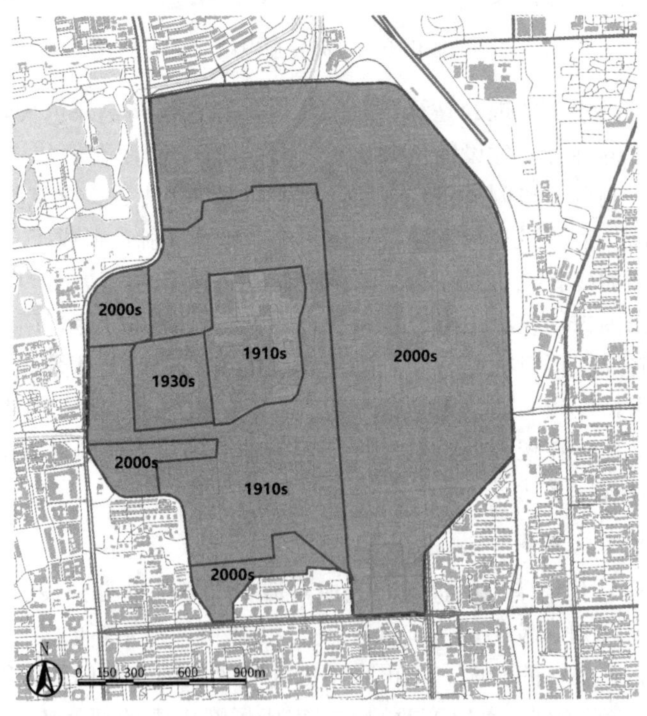

图 4-164　清华大学更新发展阶段（张争光绘）

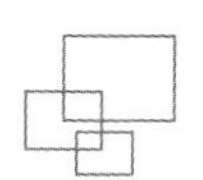

经过90多年的发展，清华大学校园已经形成了明确的功能分区，同时在功能区内部存在合理组团式分区的格局。这种格局根据学校不同阶段教学和科研发展的需要一直在不断地发展和完善。清华大学校园规划优先尊重了老校区的空间格局，使新区有机纳入旧区肌理中，使校园文脉得以延伸，同时利用基地的特殊条件创造出新区的特色。自然式园林式、混合式园林式、规则式园林式、现代广场式四种开敞空间塑造出一个整体和谐的形象环境。

4.3.5 北京大学

（1）校园区位概况

北京大学（Peking University）燕园校区位于北京市海淀区颐和园路5号，燕园主校区占地约40公顷，建筑面积93余万平方米，师生人数达3万。毗邻清华大学、国际关系学院等校区。北依圆明园，西靠颐和园，南有中关村产业园，同时有海淀公园等绿色资源，具有良好的地理区位优势（图4-165、图4-166）。

图4-165 北京大学区位图（王帆绘）

（2）校园空间布局分析

在街区层面，北京大学主校区位于北京市西北，西侧、北侧分别为圆明园、颐和园等大型公园，周边多为建筑密度较大的居住区。在建筑层面，北京大学规划建设与燕园充分融合，使校园既有传统书院式教学空间，又有较为明显的景观轴线，建筑尺度宜人（图4-167、图4-168）。

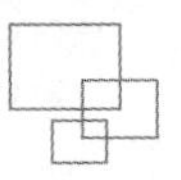

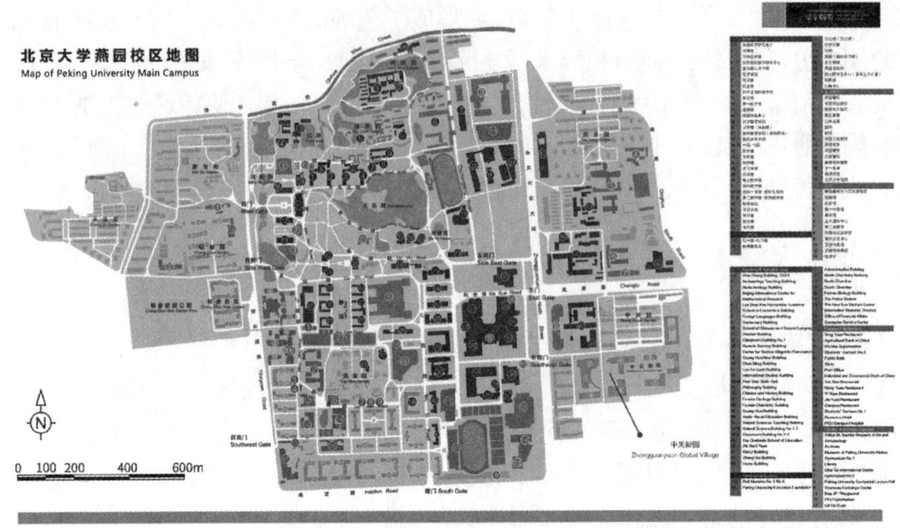

图 4-166　北京大学校园地图（引自北京大学官网）

图 4-167　北京大学校园平面图底关系（王帆绘）

空间形态特征上，北京大学校园以未名湖、博雅塔为中心组织校园空间，多元次要核心在周边分布，多轴线穿插，呈现出明显的辐射性和向心性。《北京大学燕园校区总体规划（2016—2030）》中以未名湖风景区为核心、贯穿燕园南北的中心绿带，南门至百周年纪念讲堂的景观轴线以及东门到图书馆的景观轴线带作为中心绿地，为广大师生提供良好的户外交流活动场所。此外，在南部教学与生活区，营建新的集中绿地，缓解高密度建筑群带来的压抑感，创造适宜学生成长和发展的有利环境（图 4-169）。

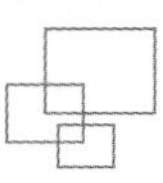

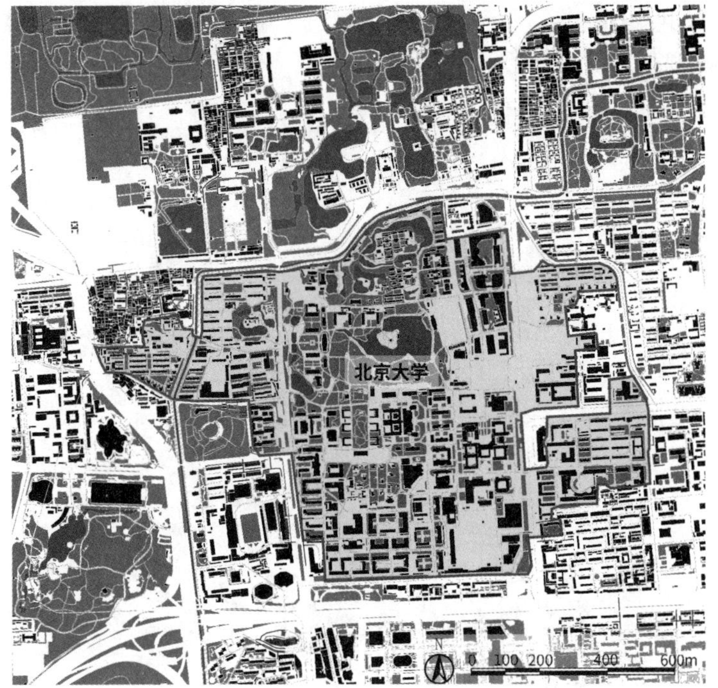

图 4-168 北京大学校园图底关系（王帆绘）

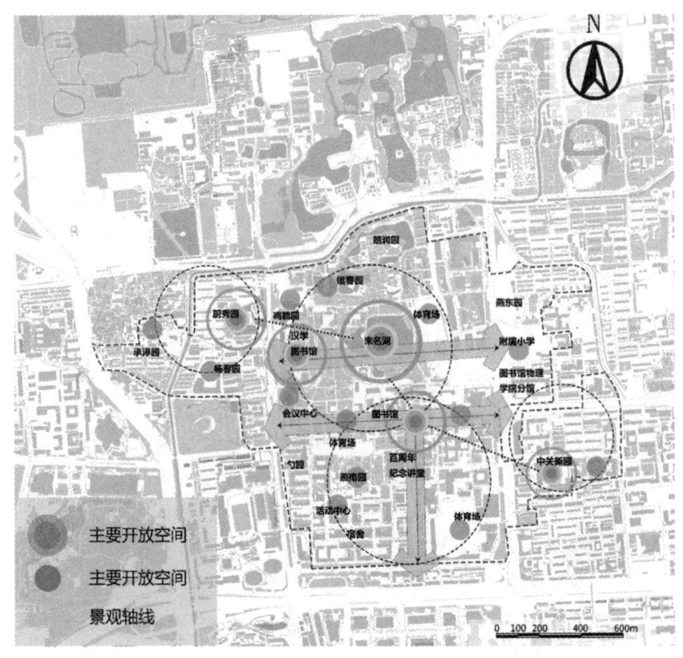

图 4-169 北京大学校园开放空间体系（王帆绘）

(3) 校园景观结构

从平面上看，北京大学有两条轴线，一条是贯穿西门的主轴线，该条轴线形态是建筑师亨利·墨菲的设计构想，该轴线是东西方向的。抛开传统的西门轴线，校园东门附

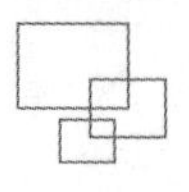

近是于中华人民共和国初期，受到莫斯科大学的影响而规划的新图书馆轴线，是一条东西向轴线（图 4-170、图 4-171）。

图 4-170　北京大学校园景观序列（王帆绘）

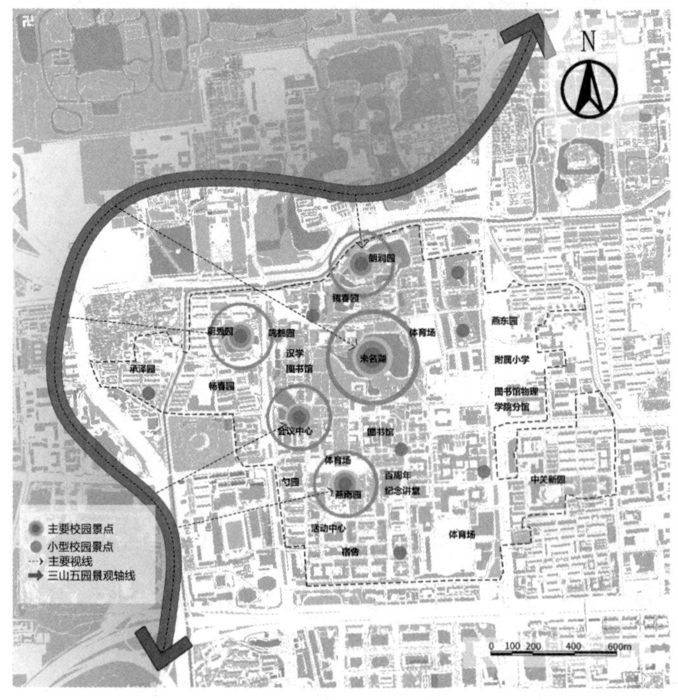

图 4-171　北京大学区域景观结构（王帆绘）

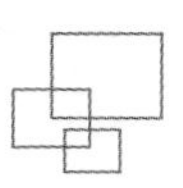

西门主轴线指向玉泉山上的塔，轴线贯穿西门、贝公楼，连接博雅塔。东门轴线是贯穿东门、文史楼、理科楼、图书馆、静园、勺园的轴线（图 4-172）。

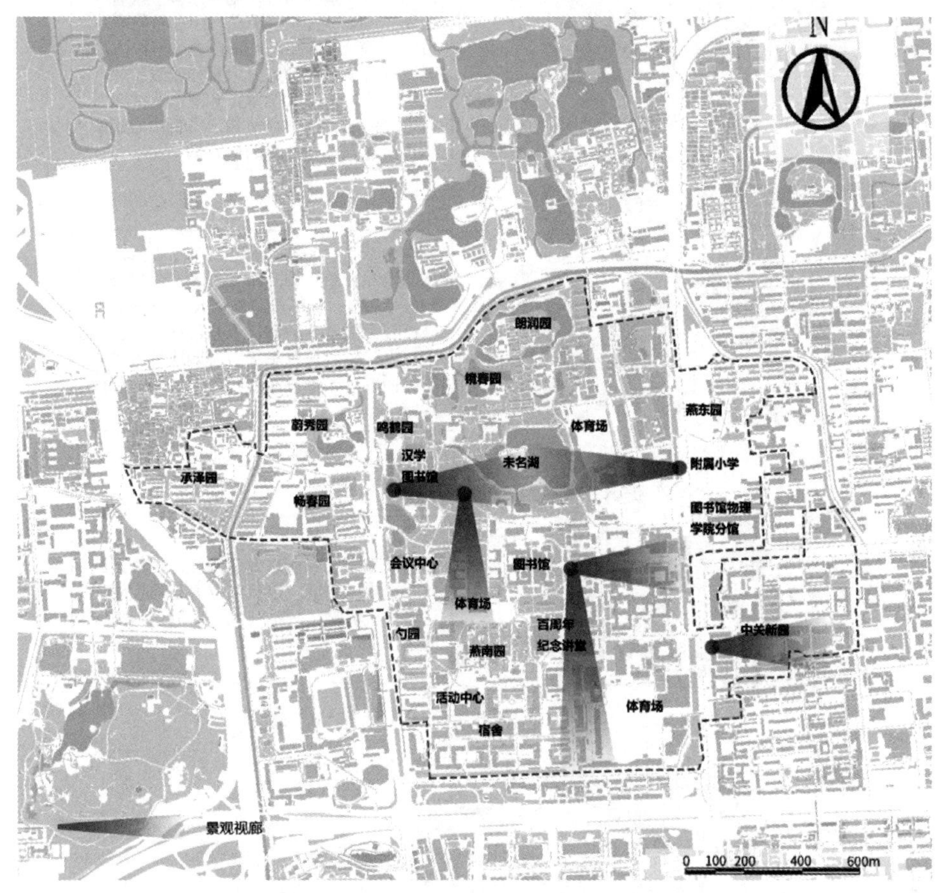

图 4-172　北京大学校园景观视廊（王帆绘）

（4）校园更新发展策略

百余年来，北大校园几经迁徙、扩大、更新，深深镌刻着每个时代的印记，真实记载着规划理念的变迁，是一部中国大学校园建设理念的微缩简史。作为清末“百日维新”的产物，京师大学堂匆忙登台，校舍未及重新建设，落在了京城马神庙附近的和嘉公主府内。1938 年 5 月 4 日，北大、清华、南开三校合并的国立西南联合大学成立。中华人民共和国成立后，全国院校调整，燕京大学并入北京大学，北京大学搬迁到燕京大学校址（图 4-173）。

搬迁后，北京大学共有 12 个系，33 个专业，7 个专修科，当年全校注册学生 4250 人。1952 年，北大购得承泽园、镜春园、朗润园，完成对古园林的一次扩张，但主要用于兴建教师公寓。抛开传统西门的轴线，规划设计出新的东西轴线（图书馆、文史楼、哲学楼等教学楼贯穿的教学轴线），逐步形成两横一纵的格局。改革开放后，保持了原有的格局，确定了理科教学楼群、东西部学生宿舍和西部住宅区的扩建，新建了新图书馆、百周年纪念讲堂等一系列新式建筑（图 4-174）。

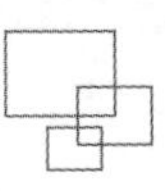

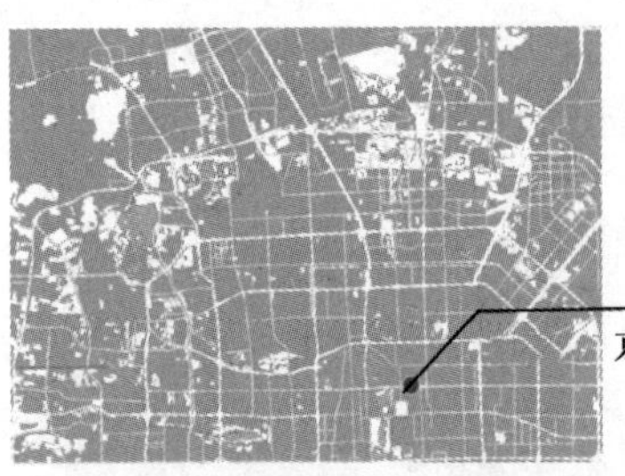

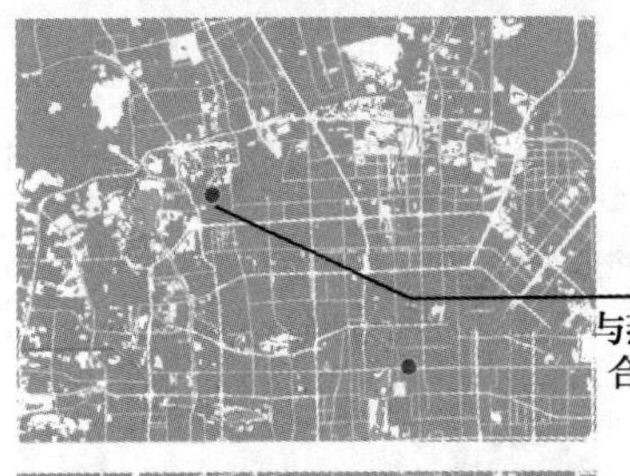

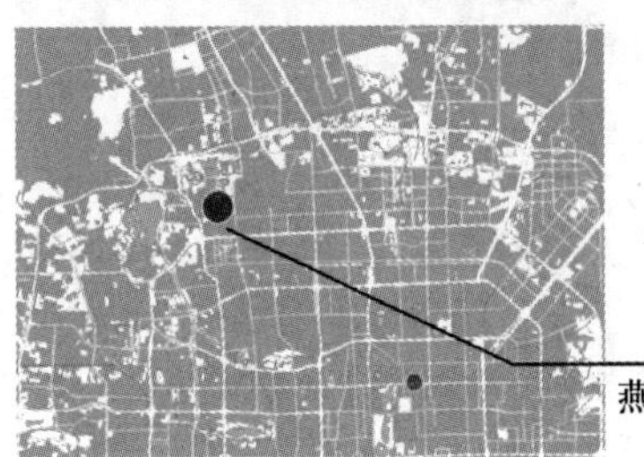

图 4-173　北京大学校园建设历史沿革（王帆绘）

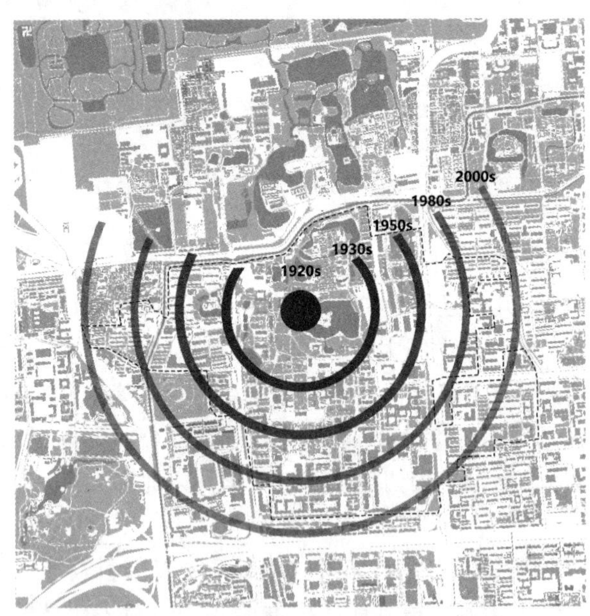

图 4-174　北京大学更新发展模式（王帆绘）

北京大学燕园校区总体规划（2016—2030）在 2004 年校园规划基础上，总结几年来校园设计建设的经验教训，吸收国内外相关研究成果，结合学校发展实际，寻求一种新的校园空间秩序。目的在于合理利用空间，保持传统风格，优化功能分区，保障教学科研，

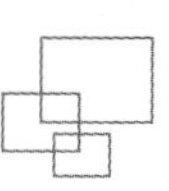

改善学生住宿环境，组织好人流、车流，保护好国家文物，建设具有历史文化传统的现代生态型校园，使北京大学既能成为世界一流的教学科研学术中心，又能在相关的社会活动中发挥主导影响作用。北京大学燕园校区总体规划（2016—2030）调整了教学科研用地。其中公共教学区方面，该规划大幅增加了教学科研用地的比例，规划将蔚秀园、承泽园等地的部分教职工住宅区改成教学科研区，并在成府园规划建设用地新建教学楼，形成具有更大影响力的教学科研区，满足未来的公共教学要求，并且使布局更为合理，交通更加便捷。理科教学科研区方面规划主要集中于校园东门附近、燕东园西部、中关园西部及成府园东部和南部等地区。通过新建部分教学科研楼，并改扩建一批现有楼宇，使各理科教学科研区相对集中于主校园外围的主要出入口处。文科教学科研区方面，规划将学校部分文科院系迁至校园北部的古建园林区中。根据古建园林区的历史变迁、现状空间结构，结合文科的学科性质，对古建园林区进行清理整治，并遵从古典园林风貌与合理的环境容量，进行建筑设计与安排使用，从而建立书院式的环境宜人的文科教学科研区。

北京大学校园规划强调与中式传统建筑布局及造园手法的结合，主要开放空间以未名湖、博雅塔为中心组织，规划建设也以未名湖和博雅塔为中心向四周进行发展，多元次要核心在周边分布，多轴线穿插，呈现出明显的辐射性和向心性。北京大学校园规划与建设的过程融合了西方校园规划理念、苏联校园规划模式、现代校园设计理念和古典园林理念。校园景观以未名湖独具特色的历史文化为中心，建筑仿照传统四合院的样式，以古典园林式造园手法建造的校园空间，形成了当前其独一无二的校园风貌与人文底蕴。

4.3.6 天津大学

(1) 校园区位概况

天津大学（Tianjin University），简称“天大”，坐落于天津市，卫津路校区位于河西区西侧、南开大学北侧，与南开大学隔街相望（图4-175），卫津路校区占地总面积182公顷，学生人数27000人，建筑面积142.5万平方米（图4-176）。北洋园校区位于东丽区南侧、津南区东侧，占地总面积243.6公顷，学生人数36000人，建筑面积155.07万平方米。两个校区相距21千米（图4-177）。

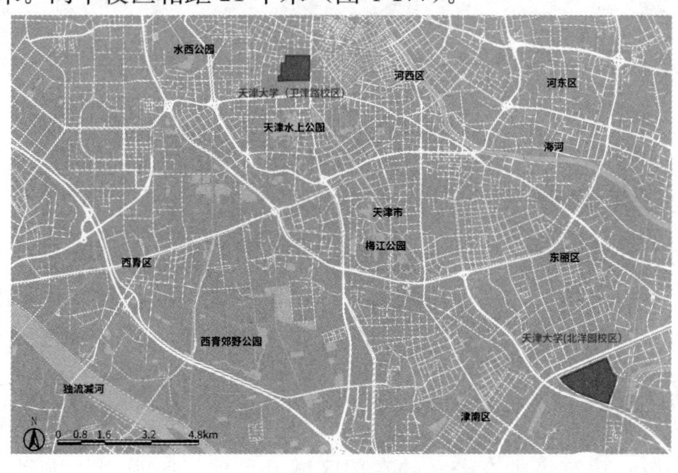

图4-175 天津大学区位图（张争光绘）

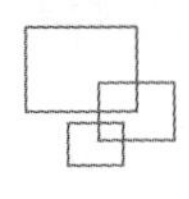

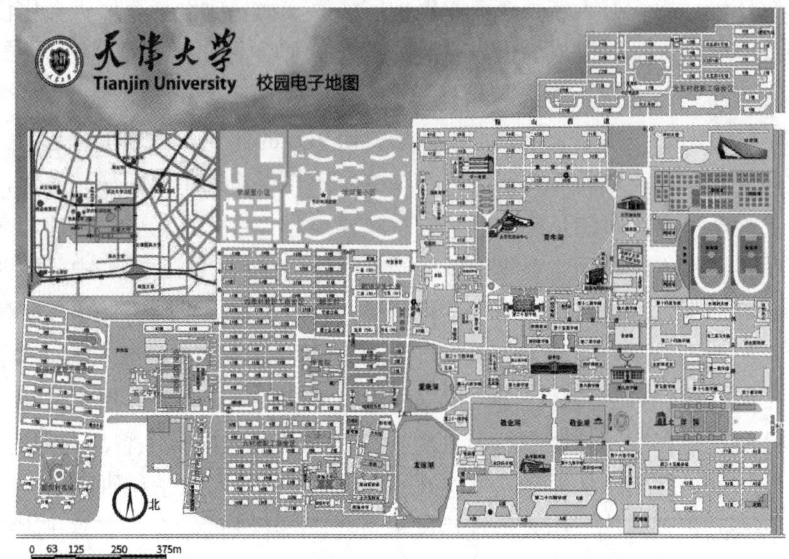

图 4-176 天津大学卫津路校区校园地图（引自天津大学官网）

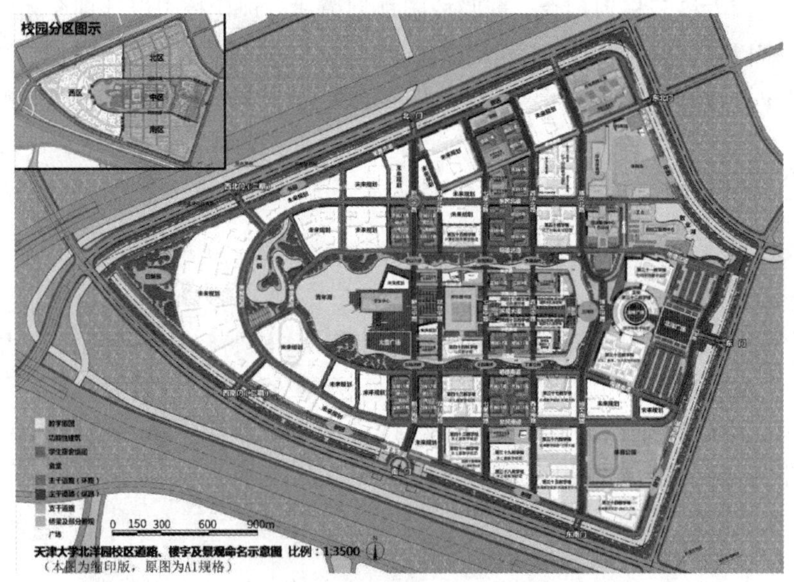

图 4-177 天津大学北洋园校区校园地图（引自天津大学官网）

（2）校园空间布局分析

天津大学街区尺度图底关系显示，两个校区周围的水域区块较多，周围区域也是分布在水域周围或者河道两侧。周围街区形状各异，多是顺延道路布置变化，两个校区之间距离较远（图 4-178）。天津大学卫津路校区建筑集中在校园的中部与南部区域，建筑形式多样，新老建筑交替混合，中间与西侧的两段都有大片水域，分割了校园的建筑组团，整体校园的建筑肌理感不太统一，比较散乱（图 4-179）。北洋园校区的建筑沿东西向的轴线对称分布，建筑集中在校区的东部区域，呈现街区组团状排列形式，校园西部

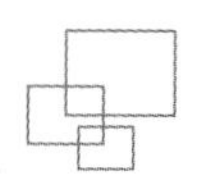

无建筑，水系环绕校园边界而成，校园中部区域另外有水系环绕，校园的建筑形式统一、和谐（图 4-180）。

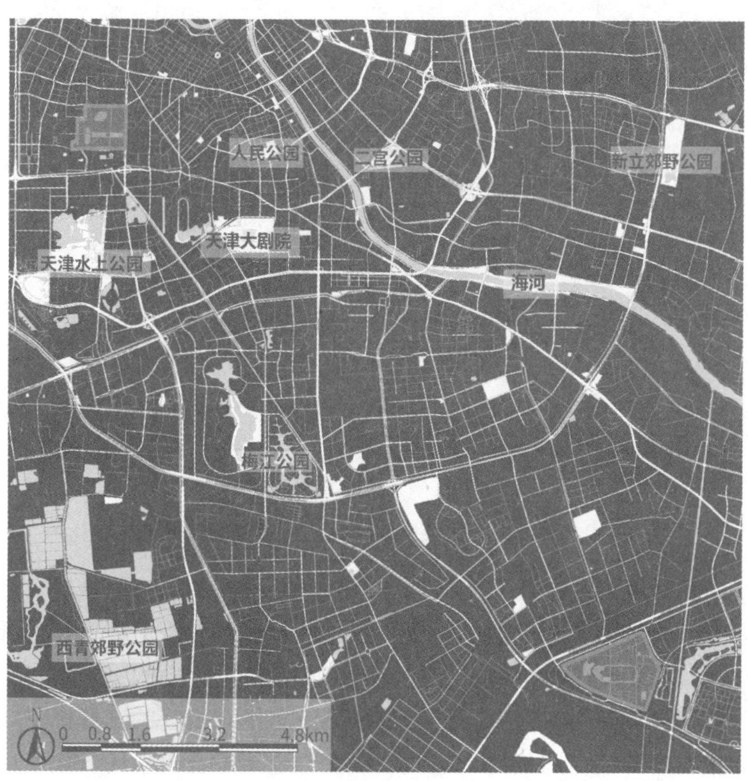

图 4-178 天津大学街区尺度图底关系（张争光绘）

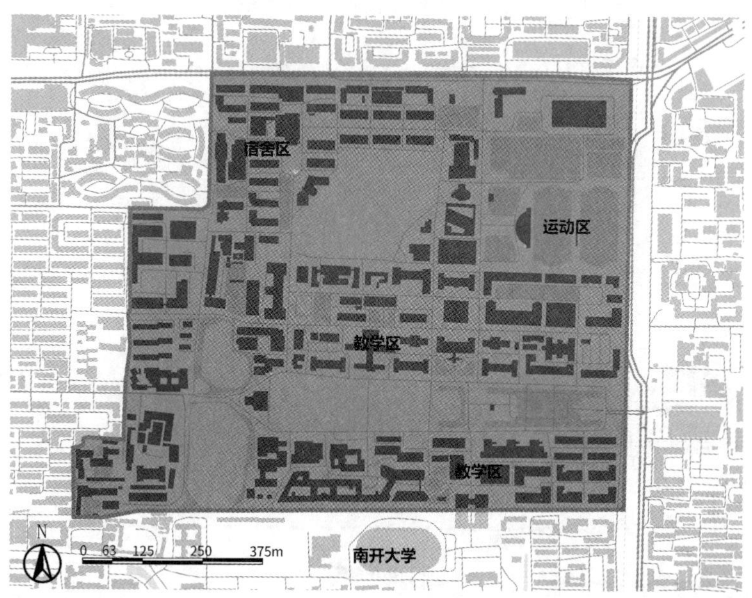

图 4-179 天津大学卫津路校区校园图底关系（张争光绘）

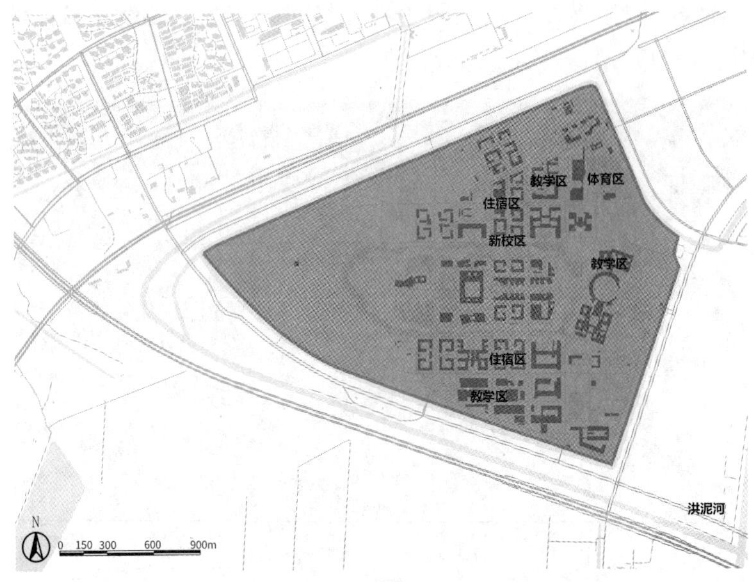

图 4-180 天津大学北洋园校区校园图底关系（张争光绘）

天津大学卫津路校区的开放空间体系主要依托于南侧的东西向轴线，由方形水池引导展开，在西段水池结束处，分散为两个不规则的水池，北侧水域也是校园重点开放空间区域。开放空间核心位于主轴线东侧的开阔草坪和三片集中的大水域（图 4-181）。北洋园校区的校园开放空间沿东西向轴线对称分布，集中在校区的东部区域，中轴线西侧的湖泊旁边有主要的开放空间集群，一侧的尽头为建筑围合出来的开放空间核心，其他小的开放空间节点沿内部河流环绕成组，流动成环，点缀了整个新校园的核心区域（图 4-182）。

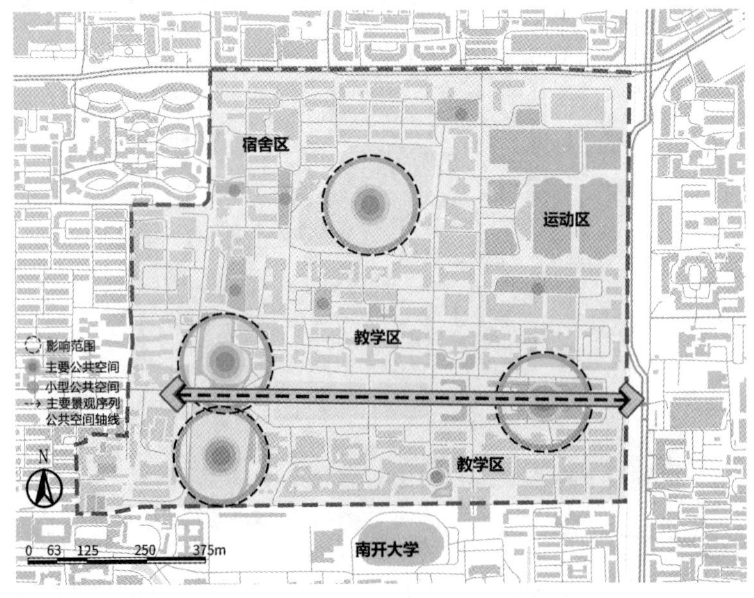

图 4-181 天津大学卫津路校区校园开放空间体系（张争光绘）

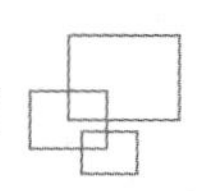

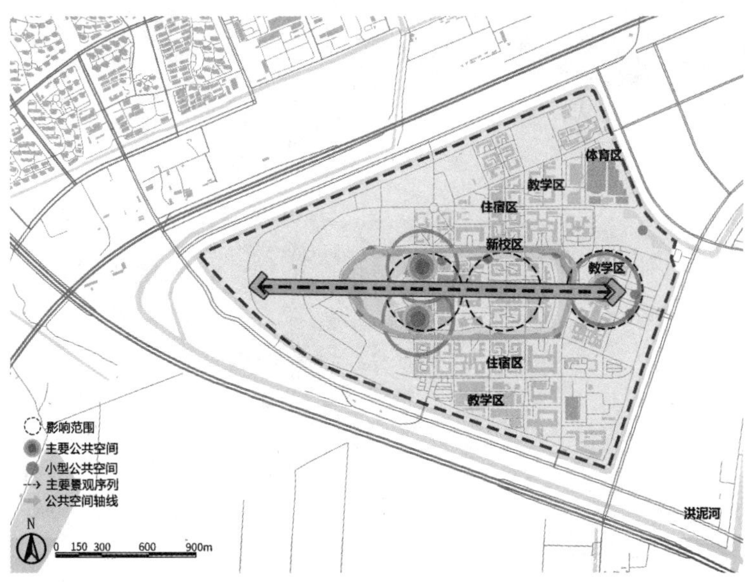

图 4-182　天津大学北洋园校区校园开放空间体系（张争光绘）

（3）校园景观结构分析

天津大学卫津路校区的景观序列依托于中轴线上的开放空间展开，北侧水池处的大节点景观较为孤立，未与校园其他区域景观产生联系。南侧的景观轴上的核心景观与景观大节点统一地布置在一起，贯穿了校园区域，校园中建筑之间的其他空间散落布置着小节点（图 4-183、图 4-185）。北洋园校区的景观序列也是依托于南北向的轴线布置，通过水池、绿地、建筑围合营造出不同的景观体验区域，沿湖面环状点缀大大小小的景观，核心景观分布在中心湖岸上，景观大节点分布在轴线两侧，首尾呼应（图 4-184、图 4-186）。

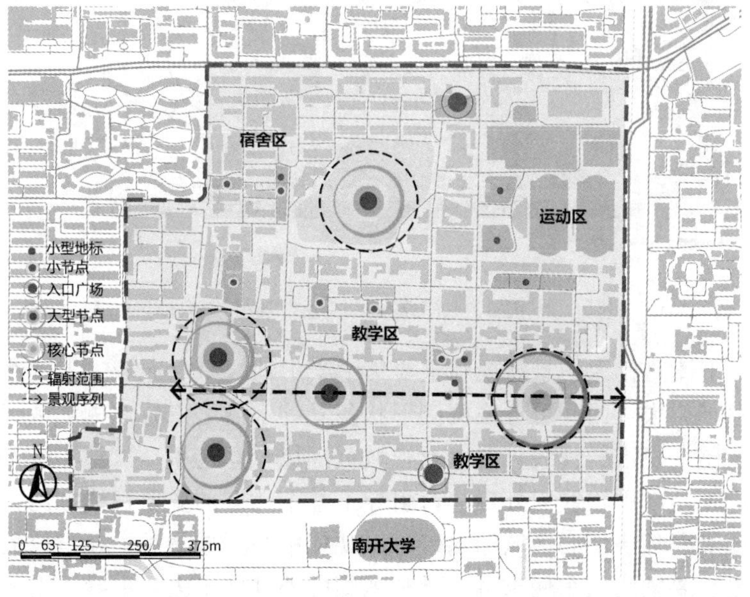

图 4-183　天津大学卫津路校区校园景观序列（张争光绘）

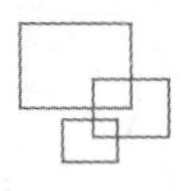

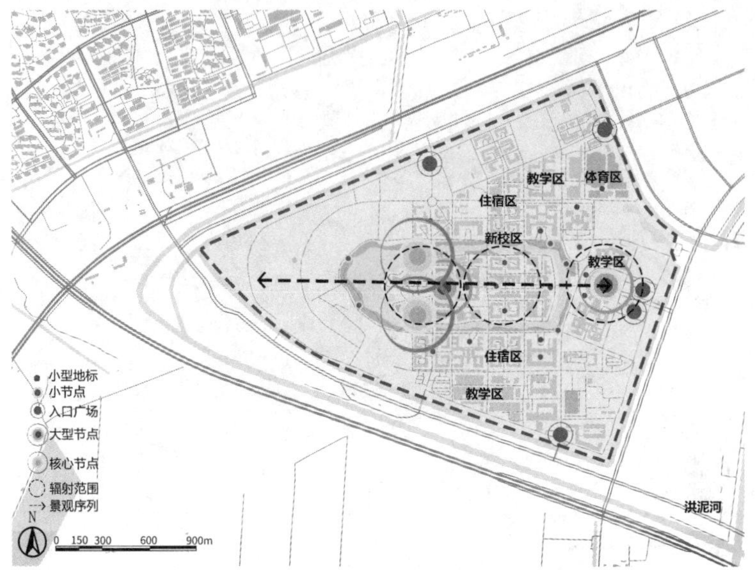

图 4-184　天津大学北洋园校区校园景观序列（张争光绘）

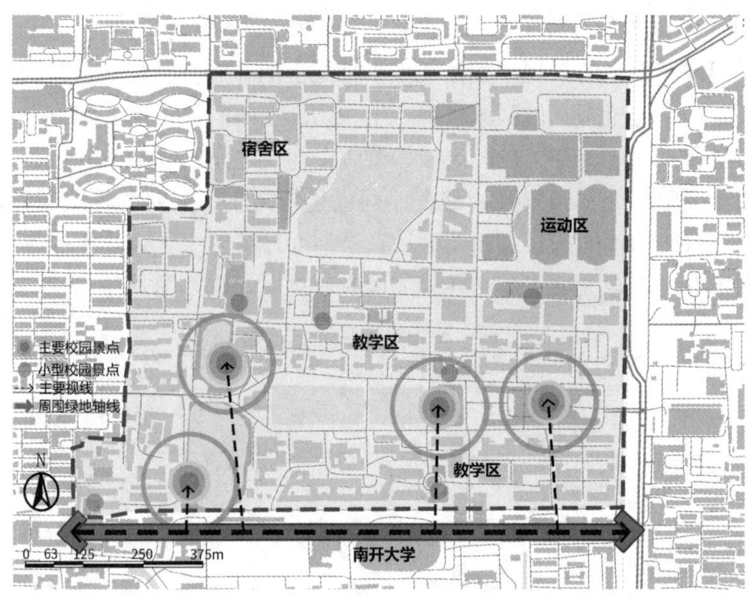

图 4-185　天津大学卫津路校区区域景观结构（张争光绘）

天津大学卫津路校区的景观视廊主要集中于中轴线沿湖区域，由轴线末端的建筑向东侧的大草坪望去，西侧可近观两侧形状各异的水域之景，北侧水域旁沿湖可以对望隔岸景色，整个校区的视线方向以及视域范围比较固定单一（图 4-187）。北洋园校区的景观视廊也是由中轴线向外延伸，引导了整个片区的主要视线方向，主要轴线两侧的建筑组团隔着环绕中心区域的水带可以观望中心区域景观，在学校的主要出入口区域，也就是主要轴线的东侧末端，景观视廊向外延伸出去，引导了出入口的视线方向（图 4-188）。

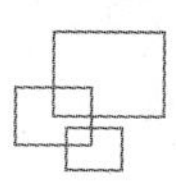

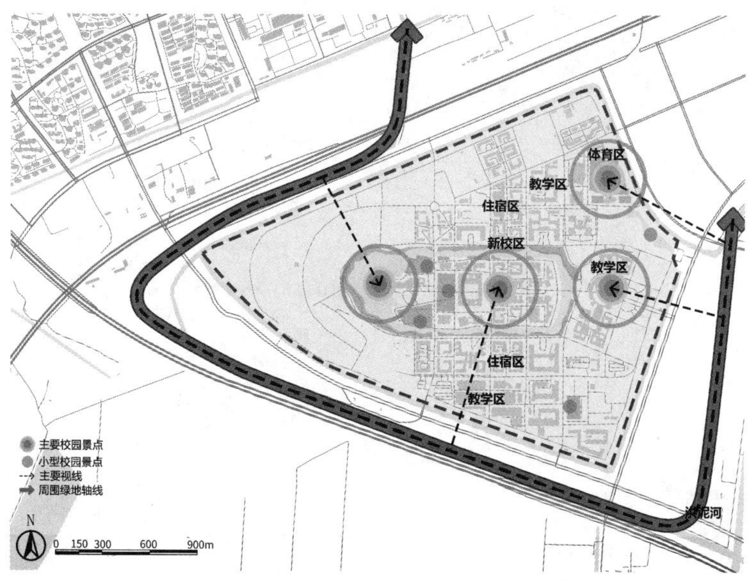

图 4-186 天津大学北洋园校区区域景观结构（张争光绘）

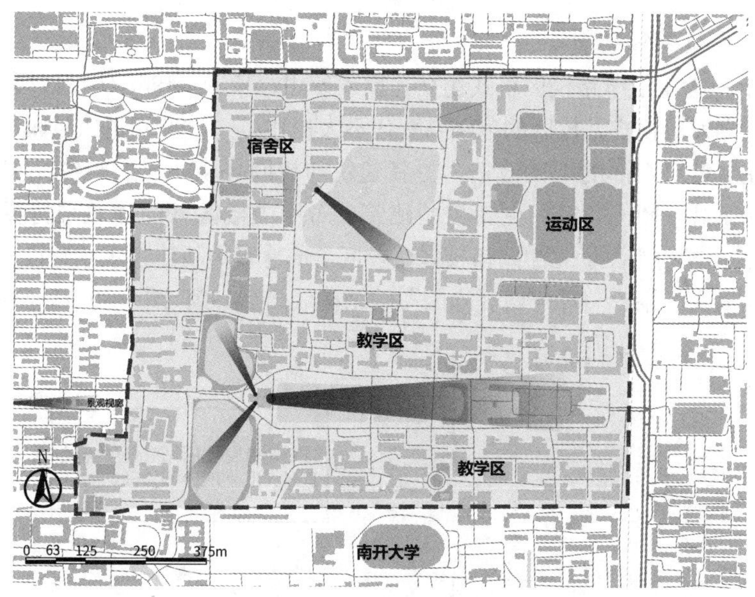

图 4-187 天津大学卫津路校区校园景观视廊（张争光绘）

天津大学卫津路校区的景观特征体现在校区边缘体量高大的建筑上，它们与周边低矮的校园建筑之间体量上的差异形成了强烈的对比，带来了空间与视觉上的冲突，影响了学校景观的整体性。这些都是学校规模扩大、校区内建设用地不足的情况下不得已而为之的结果。优化现有的景观结构对于景观品质的提升效果并不显著。

天津大学北洋园新校区的景观特征为双重水系，即外环河与内环河。外环河由卫津河与先锋河改道而来，环绕校园外侧一周，作为护校河，取代冰冷的围墙，保障校园安全；内环河则是根据竖向地形设计的人工水系。双环的水系结构将校园整体分为中心岛区、中环区、外环区三部分。

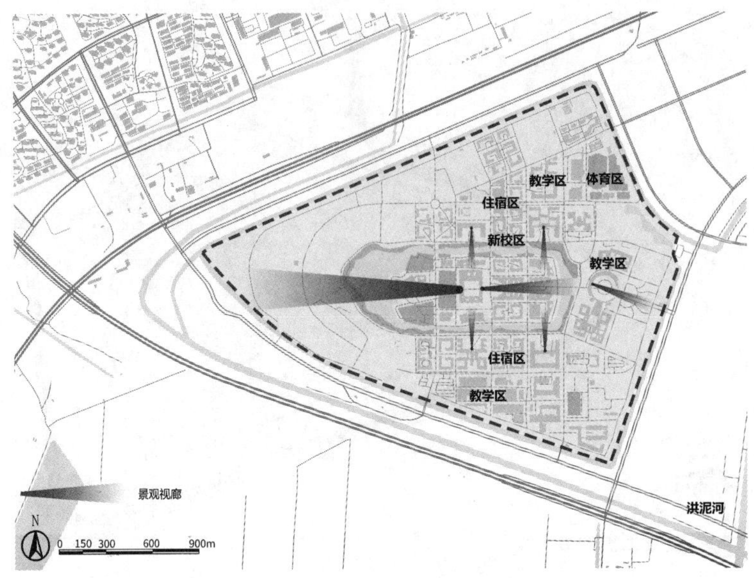

图 4-188 天津大学北洋园校区校园景观视廊（张争光绘）

（4）校园更新发展策略

1952 年天津大学卫津路校区正式建立并投入使用；1952—1965 年校区缓慢更新发展，基本维持原规划发展模式，校区的范围与变化不大；1976—1999 年进入校园的规划调整和建设阶段，主要针对南部的组团改造，更新建筑与校园环境，之后继续完善对校区的发展，增添校园景观（图 4-189），更新校园建筑，对原主楼区域的建筑维持原样，加以保护；2010 年后，规划建设了北洋园新校区，校区全部建筑为新建，规划建设形成了天大新校区“一轴串人文十景、一环连两堤六园”的结构（图 4-190、图 4-191）。

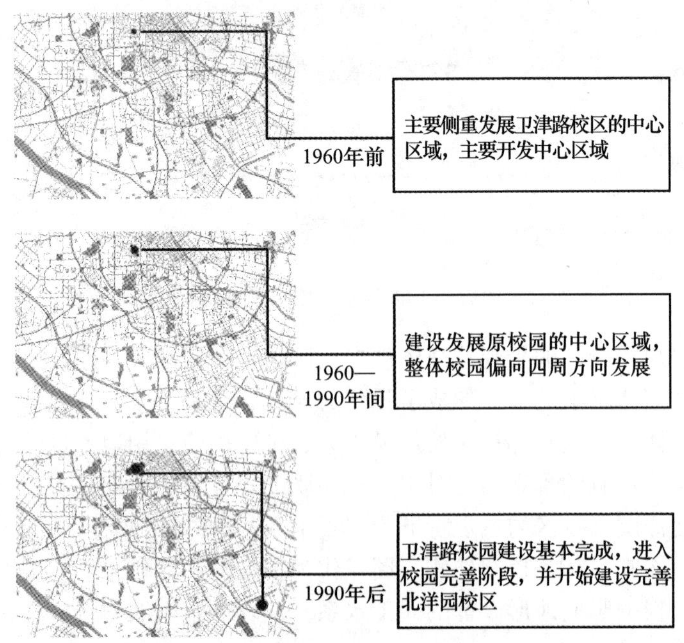

图 4-189 天津大学校园建设历史沿革（张争光绘）

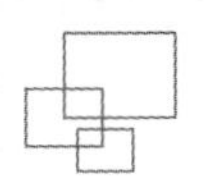

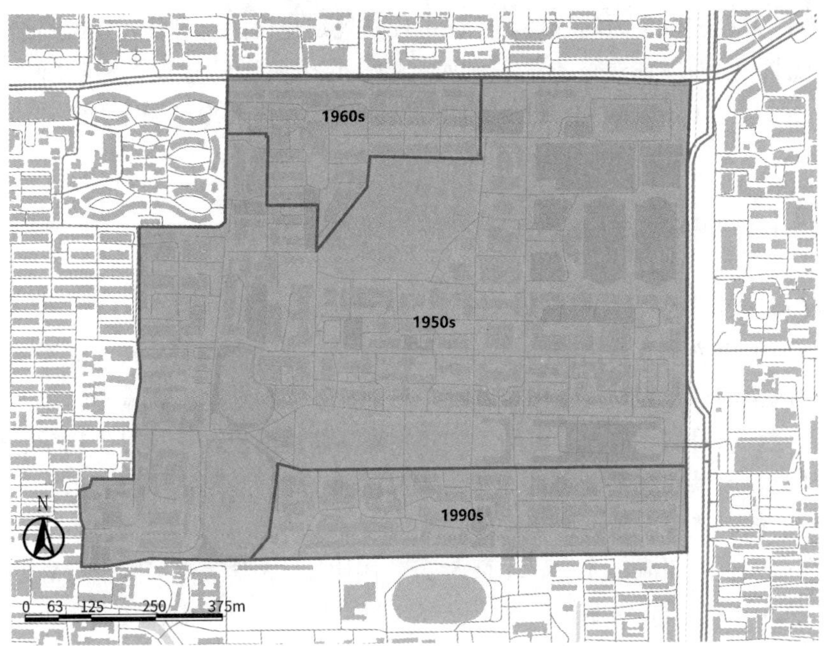

图 4-190 天津大学卫津路校区更新发展阶段（张争光绘）

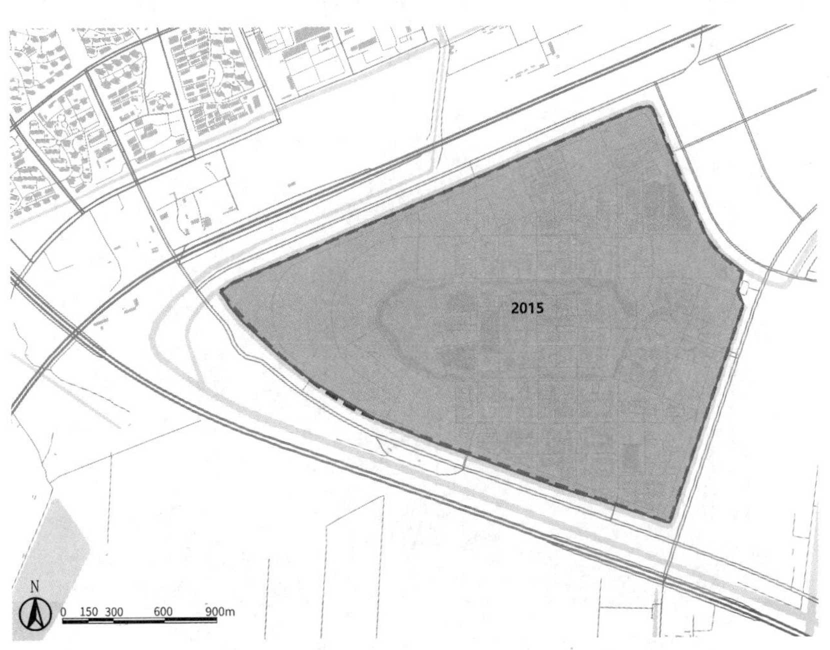

图 4-191 天津大学北洋园校区更新发展阶段（张争光绘）

大学校园景观建设不可能一步到位，景观与建筑相比具有时间性，校园景观是具有生命活力的，这实际上也给予学校的未来更多期待，使得校园沉淀出精华，并不断更新发展，从而使大学校园具有无限的活力和魅力。天津大学在不同时期发现之前规划中的

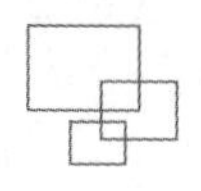

不合理之处时，均及时根据当前背景对规划进行调整，做到长远规划与阶段调整相结合，并对校园建设进行全面的管理，保证了校园规划建设的合理性，建成符合学校发展的校园。天津大学的规划建设不是一蹴而就的，每个阶段的建设都和其所处时代的社会、经济状况及设计倾向有关，正是不同时期的建设才体现出了天津大学的历史风貌与文化底蕴。

4.3.7　北京林业大学

（1）校园区位概况

北京林业大学位于北京市海淀区学院路街道，是教育部直属、教育部与国家林业和草原局共建的全国重点大学，是国家首批“211 工程”重点建设高校和国家“优势学科创新平台”建设项目试点高校，是国家“双一流”建设高校。学校以生物学、生态学为基础，以林学、风景园林学、林业工程、农林经济管理为特色，农、理、工、管、经、文、法、哲、教、艺等多门类协调发展。

北京林业大学毗邻清华大学、北京大学、中国农业大学等高等院校，靠近北京科技发展重要中心的中关村，学术创新氛围浓郁（图 4-192）。学校总占地面积 13176 亩，其中，校本部占地面积 696 亩，实验林场占地面积 12480 亩，图书馆建筑面积 23400 平方米（图 4-193）。拥有在校生约 26458 人，其中本科生 13719 人，研究生 7513 人，各类继续教育学生 5226 人。配合国家林业和草原局落实与“一带一路”沿线国家政府间合作协议，2021 年北京林业大学共有来自 75 个国家的 334 名留学生在校学习。

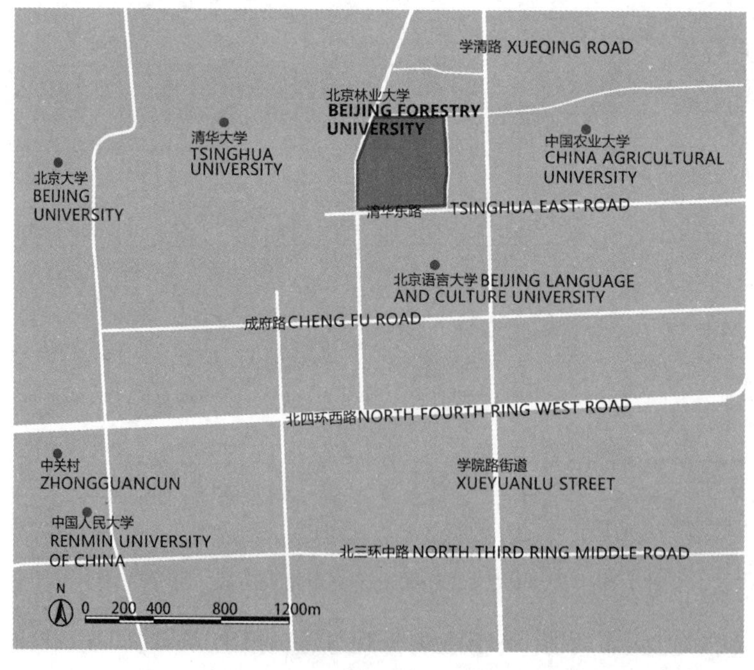

图 4-192　北京林业大学区位图（马婧洁绘）

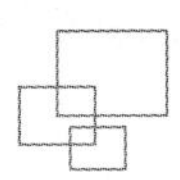

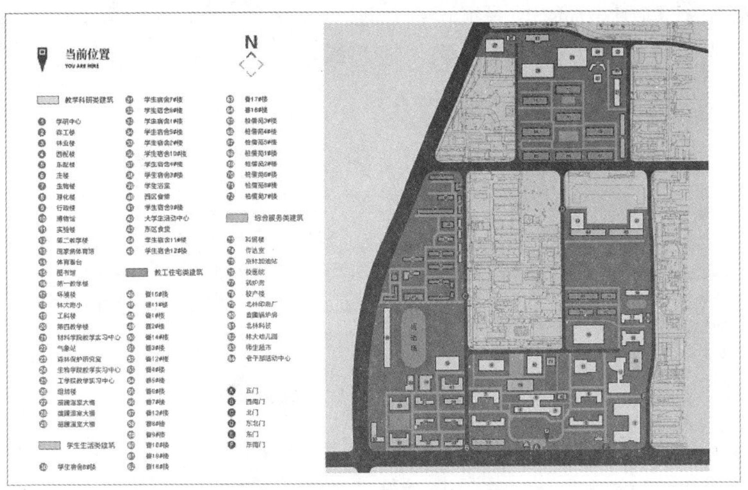

图 4-193 北京林业大学校园地图（引自北京林业大学官网）

（2）校园空间布局分析

北京林业大学位于学院路街道，东侧为学院路，南侧为成府路。临近五道口商业中心，中关村科技创业中心，清华、北大等高等院校，地铁、公交网络便利，临近六道口地铁站，便于师生出行（图 4-194）。

图 4-194 北京林业大学街区尺度图底关系（马婧洁绘）

北京林业大学正南门承接清华东路，校园以主楼博物馆为大致界限分为东区、西区两个区域，主要体育场分布在校园西侧，核心绿地分布于校园中心位置，其余公共空间与景观绿地分散布置于校园内部（图 4-195）。

图 4-195　北京林业大学校园图底关系（马婧洁绘）

北京林业大学的主要公共空间共五个，即下沉广场、图书馆附近绿地、林之心、主楼前绿地、闪电广场。小型公共空间若干，以公共绿地、广场等形式设置，辐射影响范围完全覆盖全校，满足在校师生的公共活动需要。其中，形成了以银杏大道为主的南北走向轴线关系以及以“林之心”为主的东西向轴线关系，联系东西两个校园区域（图 4-196）。

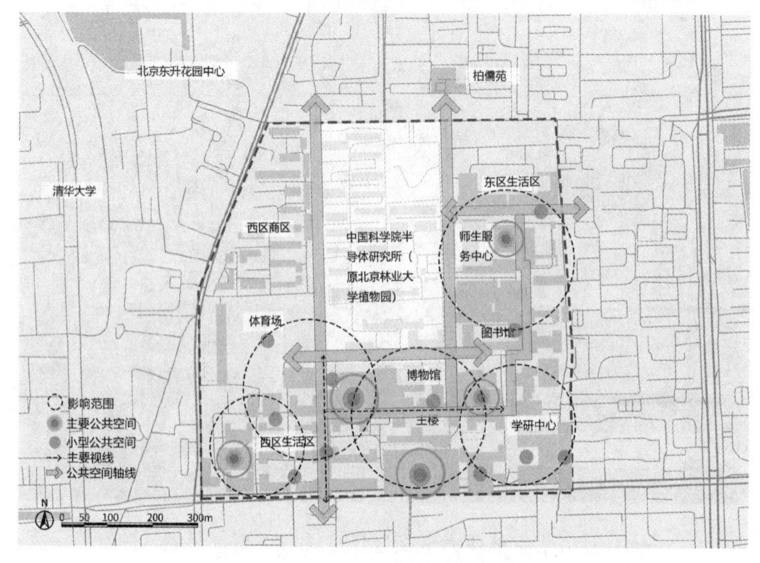

图 4-196　北京林业大学校园开放空间体系（马婧洁绘）

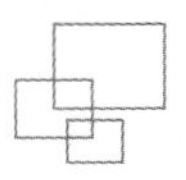

(3) 校园景观结构分析

学校内分布着若干小型节点与小地标，例如薄房子、树洞花园、雨水花园等，同时也分布着如下沉广场、闪电广场等大型广场节点，以及形成了“林之心”核心节点。林之心位于校园中心位置，打造为智能交互的新型景观，设计了“光雨之泉”“森林之廊”“林亭”“林中博物馆”“森林剧场”“林中密语”等一系列景观节点，为校内师生提供愉悦宜人的户外景观，校园内部的户外景观形成了“一核多点”的景观结构（图4-197）。在北京西北郊区域内，北京林业大学毗邻清华大学、北京大学，以中国古典园林“三山五园”布局构筑新的轴线关系，可远眺西山（图4-198）。

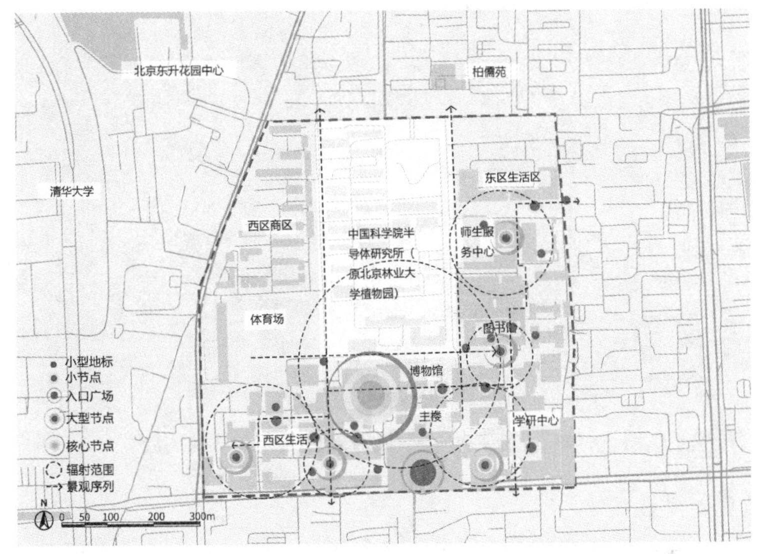

图4-197 北京林业大学校园景观序列（马婧洁绘）

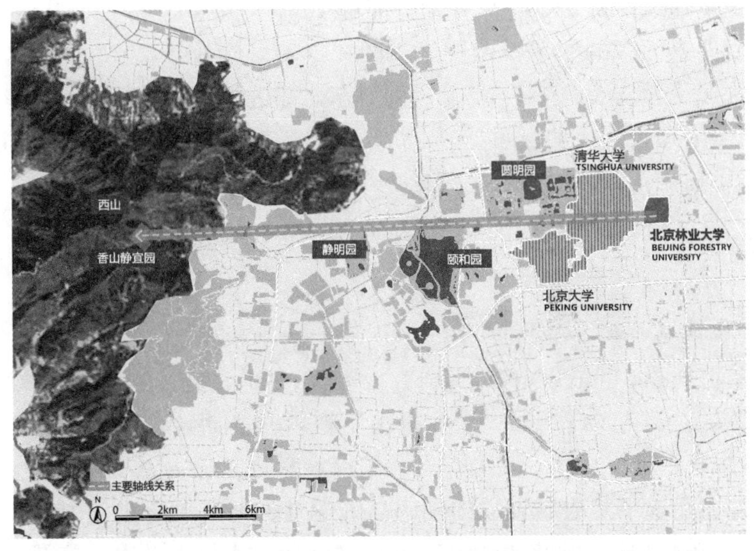

图4-198 北京林业大学区域景观结构（马婧洁绘）

学校内的主要景观视廊有五条，分别是：自“东一门—雨水花园—东区生活区”西望的视廊；自实验楼向西望森林剧场—天鹅岛—林沼—心跳涌泉—校医院旧址纪念庭院—梅园—“林之心”的视廊；银杏大道的南北向视廊；正南门北望主楼的视廊；自学研中心西望远眺西山的视廊。五条视廊共同构成校园内部的视线关系，景观视廊的打造形成了近景、中景、远景结合的层次丰富的景深关系（图 4-199）。

图 4-199　北京林业大学校园景观视廊（马婧洁绘）

（4）校园更新发展策略

1952 年全国高校院系调整时北京农业大学森林系与河北农学院森林系合并，成立北京林学院，并于 1985 年正式更名为北京林业大学（图 4-200～图 4-202）。图书馆新馆于 2004 年建成，建筑面积 23400 平方米，拥有 10 个阅览室，共 3258 个座位，建成了“千兆骨干，百兆桌面”的数字校园网络（图 4-203）。学校于 2013 年正式建成全新的“学研中心”大厦。学校于 2014—2017 年间对东北部进行改造与新建，打造了师生服务中心、新食堂与大型公共活动空间——下沉广场，同期对校园内的公共空间进行了更新与改建，建设了树洞花园、薄房子、林之心等校园公共空间（图 4-204）。

4.3.8　湖南大学

（1）校园区位概况

湖南大学（Hunan University），简称“湖大”，创办于 1903 年，是教育部直属的全国重点大学，位于湖南省长沙市岳麓山下，占地面积约 92.15 公顷，建筑面积 239.776 万平方米，师生人数 4 万人左右。湖南大学史承公元 976 年创立的岳麓书院，前身为 1903 年由岳麓书院改制设立的湖南高等学堂。湖南大学毗邻中南大学、湖南师范大学等校区，东临湘江，西靠岳麓山，东揽凤凰山，南依天马山，校园无严格意义上的围墙与校门，与城市无明确分界线（图 4-205、图 4-206）。

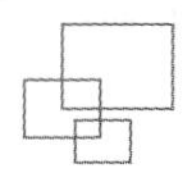

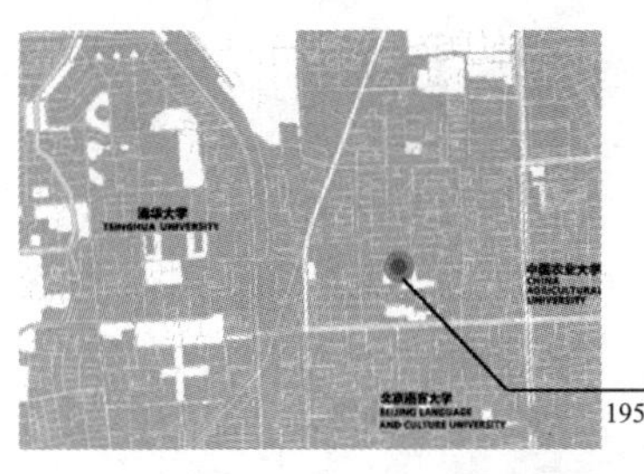

1952年后

1952年全国高校院系调整时北京农业大学森林系与河北农学院森林系合并，成立北京林学院。1985年正式更名北京林业大学，并在1996年被列入首批“211工程”重点建设大学

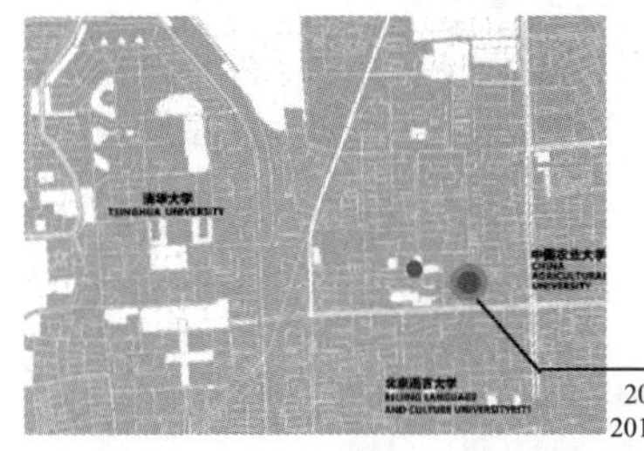

2011—2013年间

学校于2013年正式建成全新的“学研中心”大厦，形成新的教学、研究基地

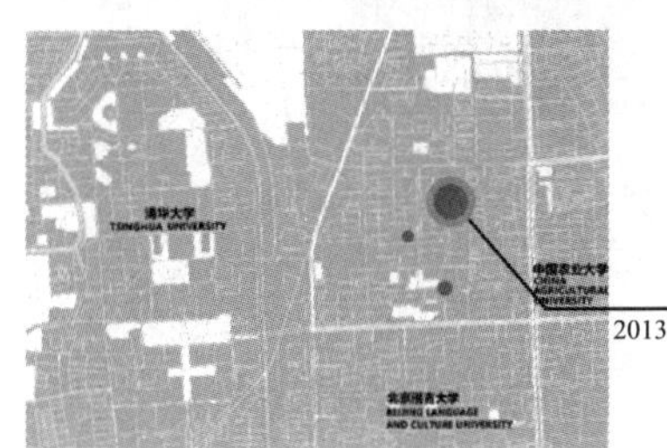

2013年后

2014—2017年间对学校东北部进行改造与新建，打造了师生服务中心、新食堂与大型公共活动空间——下沉广场，并对区域风貌进行了更新

图4-200 北京林业大学校园建设历史沿革（马婧洁绘）

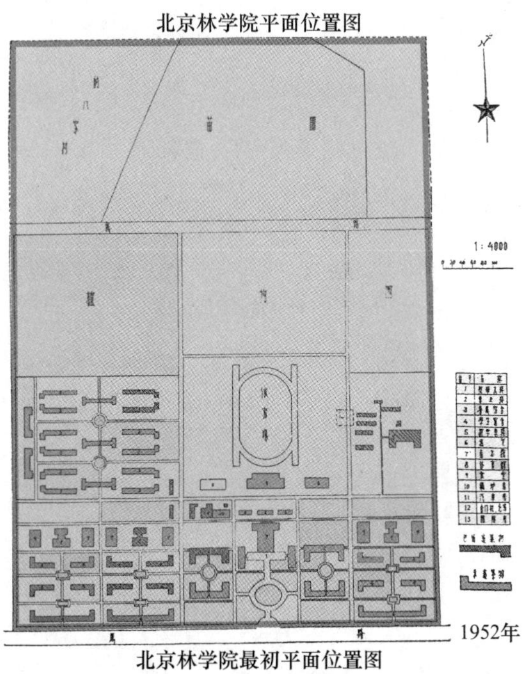

图4-201 北京林业大学更新发展阶段（1952年）（马婧洁改绘）

图 4-202　北京林业大学更新发展阶段（2000 年以前）（马婧洁绘）

图 4-203　北京林业大学更新发展阶段（2004 年）（马婧洁绘）

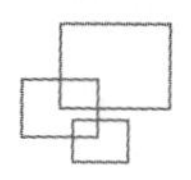

图 4-204　北京林业大学更新发展阶段（2010 年后）（马婧洁绘）

图 4-205　湖南大学区位图（王帆绘）

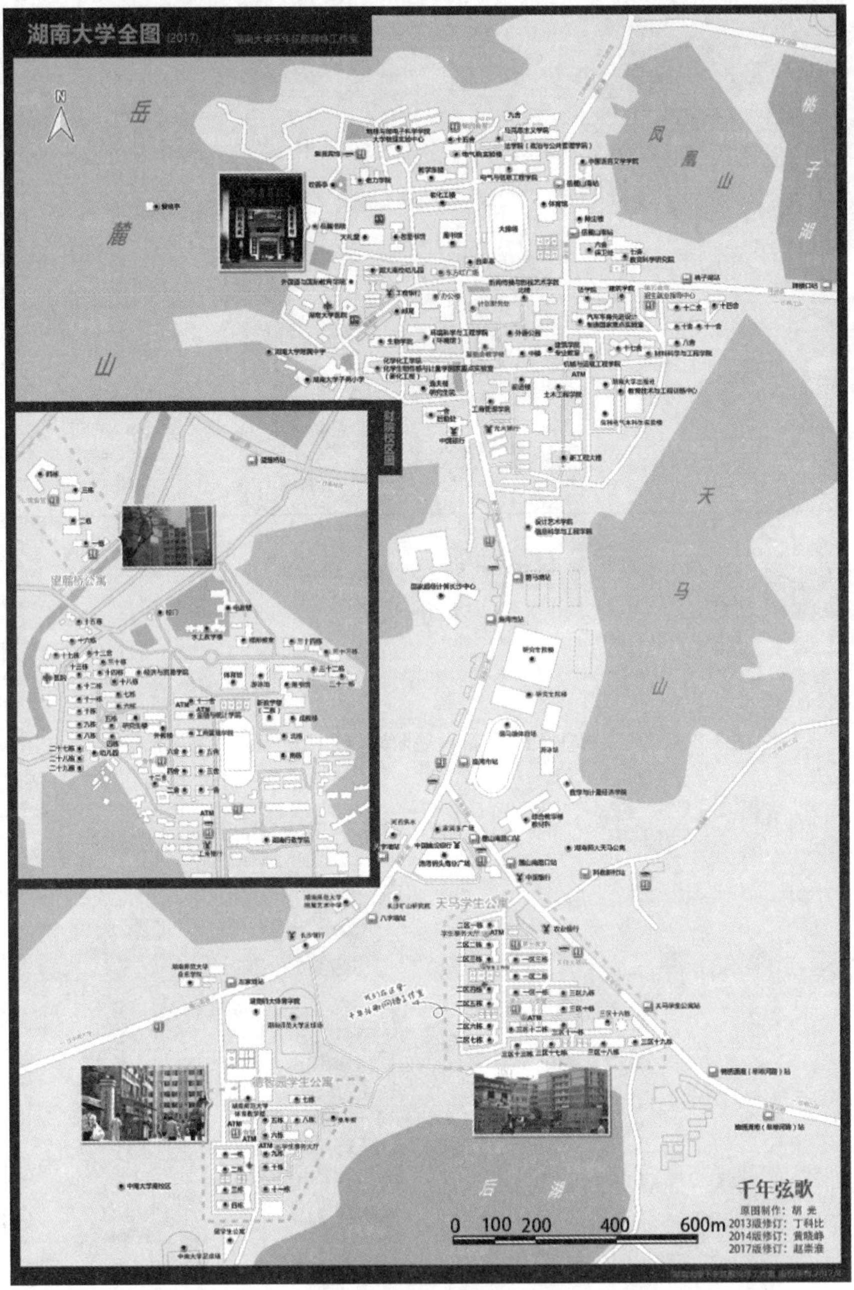

图 4-206　湖南大学校园地图（引自湖南大学官网）

（2）校园空间布局分析

在街区层面，湖南大学校园位于长沙市湘江西畔，岳麓山脚下，自然环境优越，校区被山势分割，呈不规则校园边界。在建筑层面，校园建筑顺应山势，被牌楼路分割，南侧建筑较规整，且体量较大，北侧建筑体量较小，校内有全国重点文物保护单位——岳麓书院（图 4-207、图 4-208）。

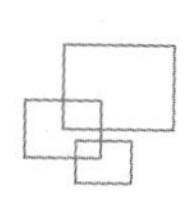

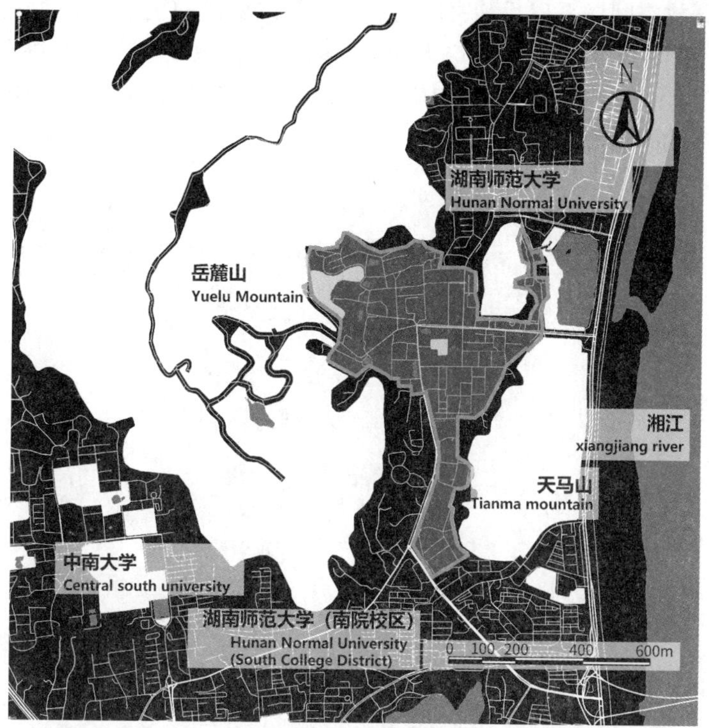

图 4-207　湖南大学校园平面图底关系（王帆绘）

图 4-208　湖南大学校园图底关系（王帆绘）

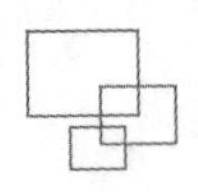

湖南大学开放空间体系以岳麓书院为核心，并以街道轴线串联了教学区、东方红广场等重要开放空间。岳麓书院是湖南大学，同时也是未来长沙大学科技园的历史核心。规划以此为出发点，把岳麓书院、中国书院研究中心建设成为一个全国性的集历史研究、历史文化与书院研究于一体的中心（图 4-209）。

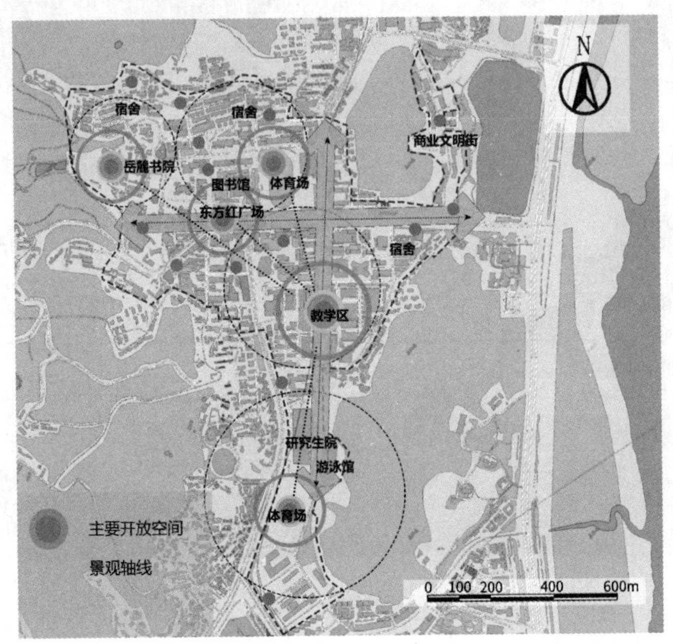

图 4-209　湖南大学校园开放空间体系（王帆绘）

（3）校园景观结构

规划以现有结构为出发点，采用“一心、二轴”的布局形式。其中“一心”是以现有北楼、中楼、南楼等为基础，发展建设成为未来校园核心的教学中心区；“二轴”是历史文化轴和教学科研发展轴。从牌楼口到新校门口、科技艺术馆、东方红广场、岳麓书院为历史文化轴。该轴代表湖南大学的历史渊源和深厚的文化底蕴。从桃子湖湘楚文苑至渔湾市学生公寓区的活动广场，经过教学区、科研区一系列开放空间，串成一条反映大学校园文化特色的轴线，该轴体现了湖南大学的时代特色和未来发展方向，是继往开来的一条教学科研发展重要轴线（图 4-210、图 4-211）。

湖南大学的主要景观视廊是以东方红广场为核心的东西向视廊和以教学区为核心的南北向景观视廊，湖南大学内的主干道麓山南路同时具有城市次干道的性质。牌楼路与麓山南路交会后延伸至东方红广场，进而进入岳麓书院、岳麓山；阜埠河路与麓山南路的交会处则成为学生休闲娱乐区（图 4-212）。

（4）校园更新发展策略

湖南大学坐落于湘江之滨、岳麓山下，享有“千年学府，百年名校”之誉。学校办学起源于宋太祖开宝九年（公元 976 年）创建的岳麓书院，历经宋、元、明、清等朝代的变迁，始终保持着文化教育的连续性。1903 年改制为湖南高等学堂，1926 年定名湖南大学，1937 年成为国民政府教育部十余所国立大学之一（图 4-213）。

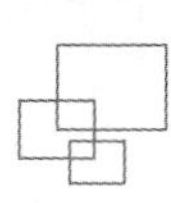

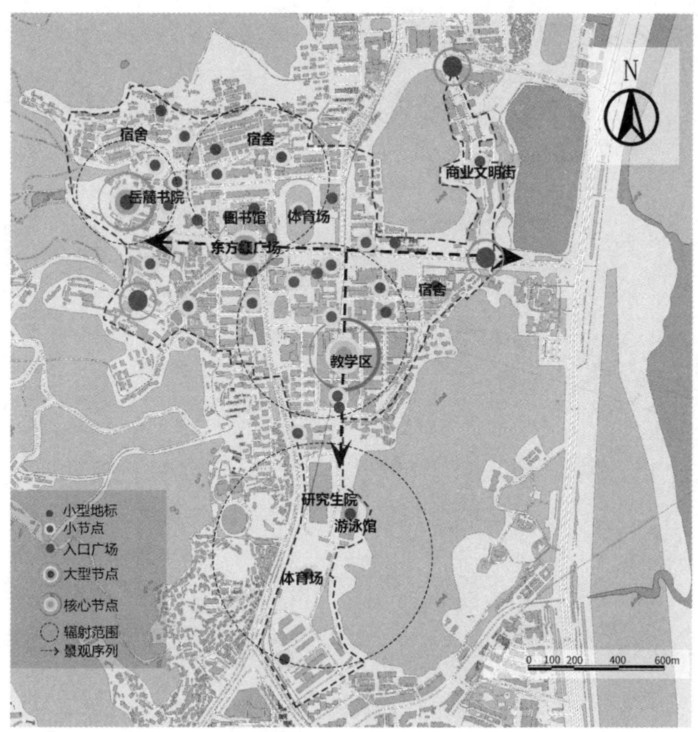

图 4-210 湖南大学校园景观序列（王帆绘）

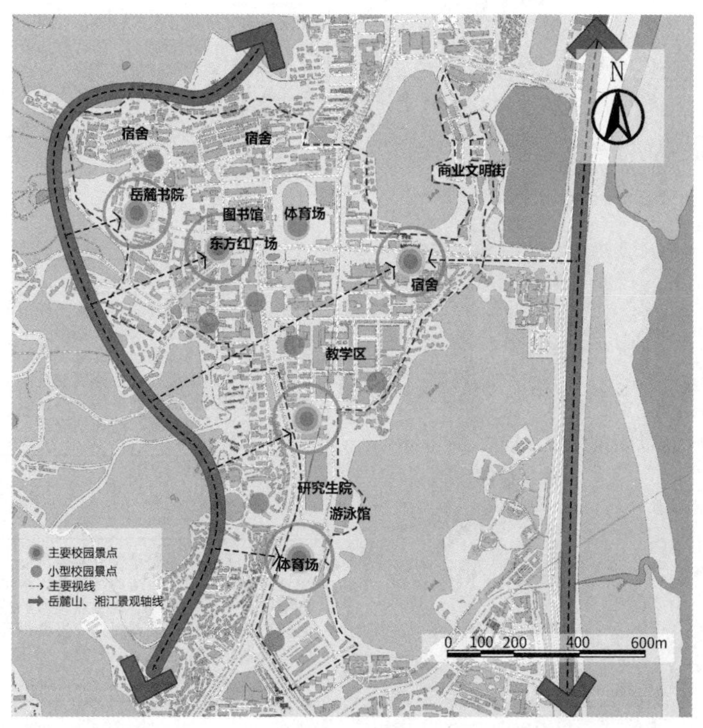

图 4-211 湖南大学区域景观结构（王帆绘）

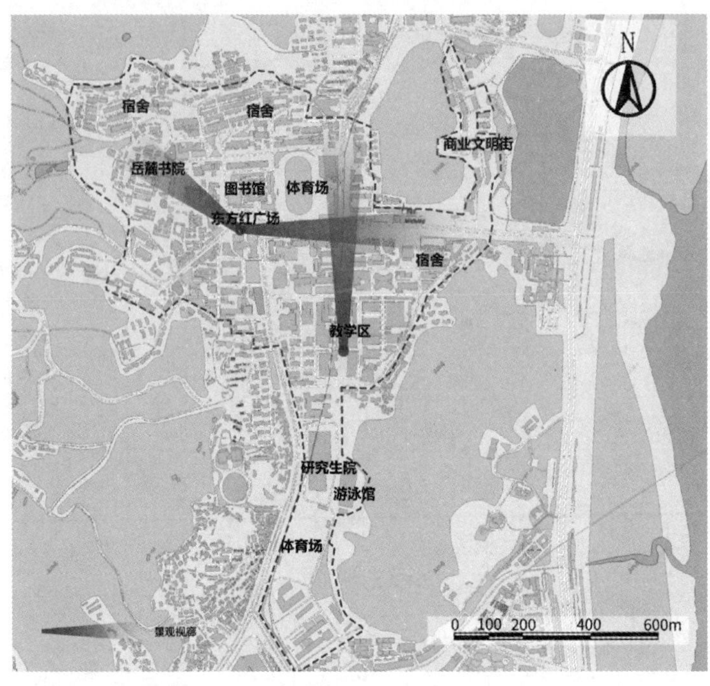

图 4-212 湖南大学校园景观视廊（王帆绘）

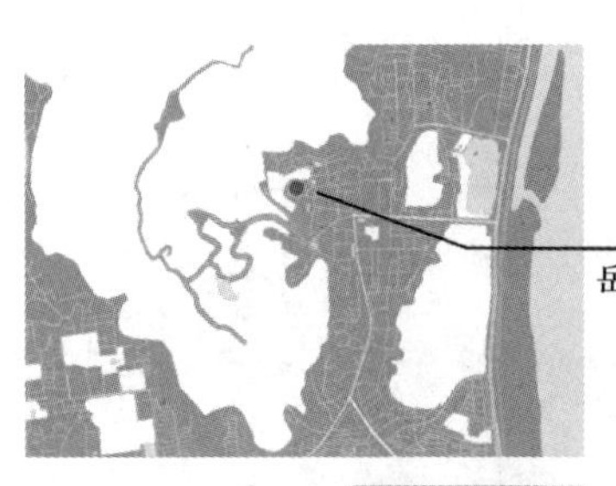

岳麓书院时期

北宋开宝九年（公元976年），潭州太守朱洞在僧人办学的基础上，由官府捐资兴建，正式创立岳麓书院。岳麓书院历史上经历多次战火，曾七毁七建，现在主要建筑是清朝遗构

民国时期

1926年国立湖南大学在岳麓山下成立，柳士英在湖南大学执教期间，曾出任中南土建学院院长，他负责编制了湖南大学1949年后的第一稿校园规划。针对当时的实际需要，在利用地形、善待环境的基础上，他将岳麓书院传统空间格局予以保留与发展，提出了“同心圆”的规划模式

1949年后

专门成立了校园规划建设专家委员会，由规划、建筑、园林、结构、道桥、水电、环境、人文、社会等学科专业领域的教授组成。按照学校“十五规划”发展纲要，校园规划建设经过多方面努力，强化校园特色

图 4-213 湖南大学校园建设历史沿革（王帆绘）

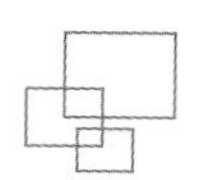

民国时期，柳士英任教期间将岳麓书院传统空间格局予以保留与发展，他提出了“同心圆”的规划模式，并负责设计与组织修建了大礼堂、老图书馆，由此强化了书院的轴线特色。在他的同心圆模式中，第一圈是教学区，第二圈是学生宿舍区，第三圈是教工宿舍区，因而这种模式较好地解决了功能分区，并充分利用了地形，以求不破坏湖南大学的自然山水环境。

随着学校规模不断扩大，学校先后征收了天马村、凤凰新村土地。同时，城市交通及社会旅游业的发展等因素使得校园面积不能满足学科发展需要，新的教学科研设施在校区内寻地兴建，校区发展面临着校区功能的混杂、环境恶化以及建筑宜人尺度逐步丧失的危险。20世纪初，原湖南大学与湖南财经学院及湖南省计算机高等专科学校合并组建新的湖南大学。因此，湖南大学分为南、北两个校区，为了适应学科与科研的发展，学校实行“改造、置换、拓展”的六字建设原则，对校区现有功能进行了整合。

为了适应学科发展需要，湖南大学一方面积极向外扩大校区，新建房屋，另一方面对内进行整合与置换，近几年每年的基建投资均在1亿元以上，这种发展形势既是一种机遇，又是一种文化挑战。因此，在校园规划建设上坚持新老校区的文化传承，建筑环境与文化氛围协调相衬，教学科研用地功能整合，建筑小品尺度宜人，实现校区资源共享，塑造绿色校园环境，这便是千年学府校园规划建设理应把握与坚持的原则和定位（图4-214）。

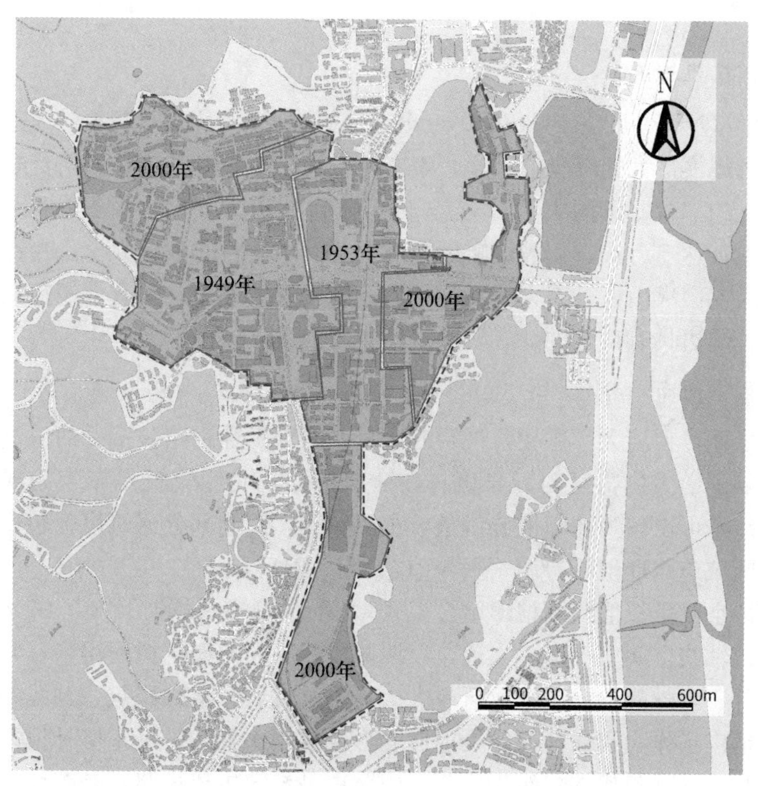

图4-214 湖南大学更新发展阶段（王帆绘）

校园规划建设专家委员会按照学校“十五规划”发展纲要，修编制订了《湖南大学校园总体规划》，科学合理规划布置校园功能，完善了学科布局及功能分区，建筑风格及尺度上进一步强化校园特色，改善道路交通，恢复历史格局，强化环境氛围，加强节点空间设计，形成绿化开敞空间，进一步塑造湖南大学宜人的校园环境和具有深厚文化底蕴的校园形象。

20世纪初，为了适应学科与科研的发展，学校实行“改造、置换、拓展”的六字建设原则，对校区现有功能进行整合。在改造方面，对破旧而且不具有历史价值的房屋进行改造。比如拆迁“四无”大厅，修建机械大楼，拆迁东升楼，修建法学院大楼。同时对与教学无关或相关性不强的用地进行置换，比如将学生二、三、四舍用地置换为研究生院及化学化工学院，将工厂用地置换为实验用房。最后积极向外拓展校区空间，征收天马山西麓、桃子湖及龙王巷水塘等土地，用作教学发展用地，并且利用高校后勤社会化改革政策，积极向校外建设学生公寓及教职工住宅新村。

总的来说，湖南大学的历史可追溯到公元976年创建的岳麓书院，一直保持着文化教育的连续性，校园地处岳麓山东麓、湘江之滨，人文历史浓厚。同时自然环境优越，但也存在着集中绿地太少，能满足休闲活动的开放空间数量不多、形式单一、缺少休息设施设置等问题。其主要的开放空间以中部北楼、中楼、南楼等为基础，发展建设的核心教学中心区，主要轴线为穿越核心区的纵向教学科研发展轴线和横向沿牌楼路形成的历史文化轴，但历史文化轴岳麓书院、自卑亭、吹香亭、牌楼口等各文化空间联系较弱，有待进一步提升加强。

4.3.9 台湾大学

(1) 校园区位概况

台湾大学（National Taiwan University），简称“台大”（NTU），成立于1928年，是中国台湾省规模最大的综合性大学，素有“台湾第一学府”之称，前身是日本殖民统治时期所建立的“台北帝国大学”。主校区位于台北市大安区，大安校区总区占地113公顷，师生人数达5万人。主校区毗邻台湾师范大学、台北教育大学、台湾科技大学等高校，北依大屯山火山群，有大安森林公园，南可望蟾蜍山，东有南岗拇指山，西北有观音山，学校周边具有良好的森林资源（图4-215、图4-216）。

(2) 校园空间布局分析

在街区层面，台湾大学主校区被台北市重要的穿越性道路包围，而东侧基隆路双层高架道路区隔了学生住宿区与教学区。在建筑层面，北侧建筑排布较为规整，尺度和谐，疏密有致，可以较为清晰地分辨学校主要轴线，南侧部分建筑尺度较小，排布密集无序，与周围城市肌理很不协调（图4-217、图4-218）。

校园整体空间呈枝形与网格形组合模式，校园土地使用分区明确，井然有序。校园最具代表性的轴线空间——椰林大道，以两侧成行高大的椰子树而得名，两侧分布着图书馆、理学院、农学院、文学院及行政大楼等略具古典风格的建筑，轴线端头是新图书馆，前有绿地广场作为端景。在广场前向北形成校园次轴线——小椰林道，小椰林道两侧以20世纪60—70年代的建筑为主。舟山路也是校内主要道路，是校地扩张后的新校园路，两侧建筑以20世纪70—90年代的居多（图4-219）。

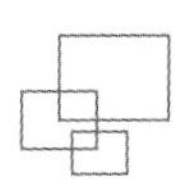

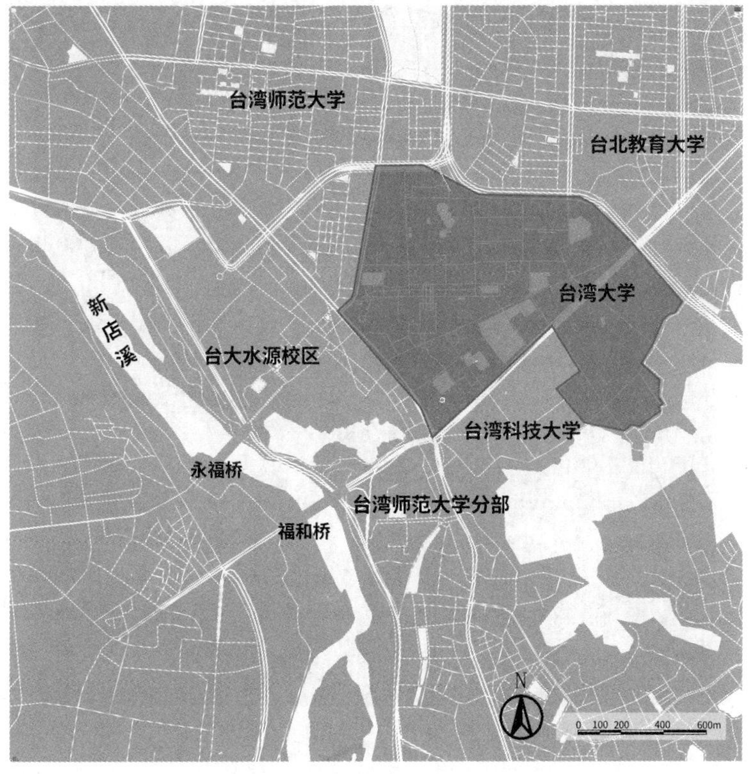

图 4-215 台湾大学区位图（王帆绘）

图 4-216 台湾大学校园地图（引自台湾大学官网）

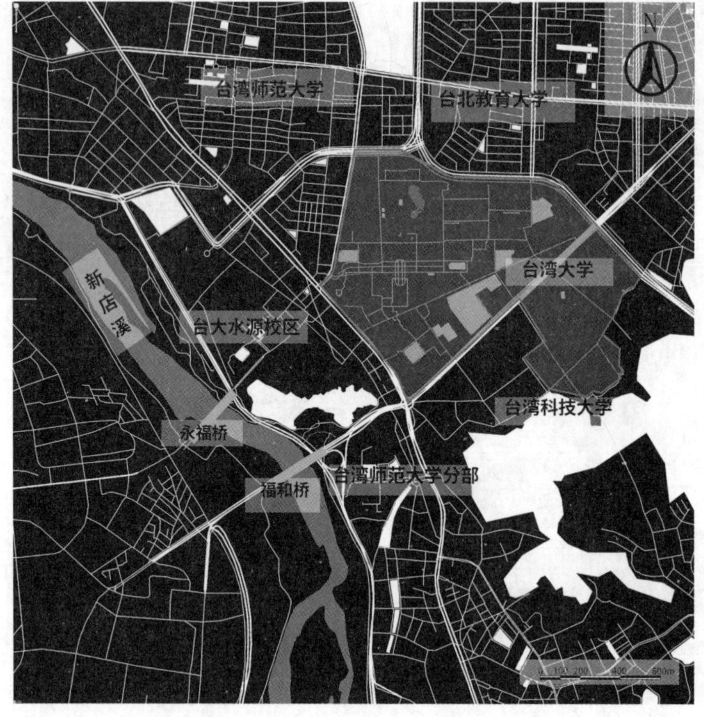

图 4-217 台湾大学街区尺度图底关系（王帆绘）

图 4-218 台湾大学校园图底关系（王帆绘）

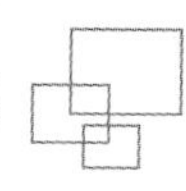

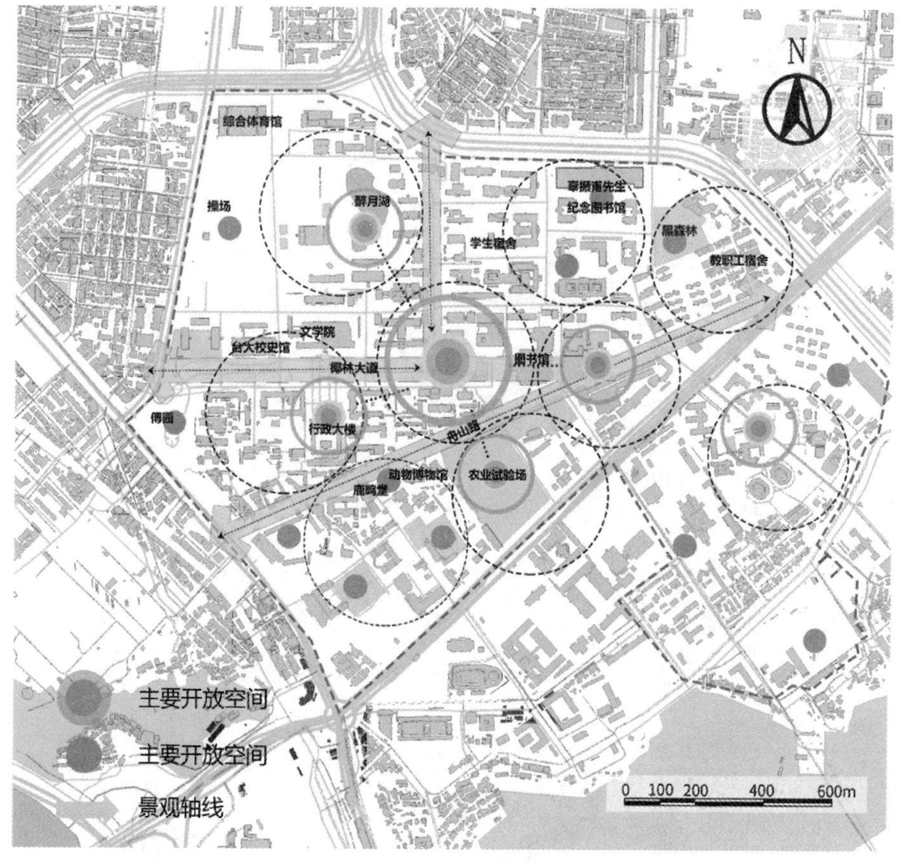

图 4-219 台湾大学校园开放空间体系（王帆绘）

(3) 校园景观结构分析

校园主要景观沿主要轴线排布，包括标志建筑物与主要室外景观。在校园的发展过程中，一些具有历史价值和纪念意义的建筑得到了保护，并加以修葺，使其成为富有历史意义的场所，例如台大的文学院、图书馆、行政大楼与校史馆等建筑。同时加入了现代主义特色，使其两者相容而不悖，再如社会科学院大楼、博雅教学馆等。在各种因素的影响下，台大当前校园中既有延续日据时期的罗马建筑风格，亦有现代宜居建筑的风格（图 4-220、图 4-221）。

椰林大道、小椰林道和舟山路是台湾大学的重要轴线空间，校园规划注重轴线景观的打造，且沿轴线布置重要景观节点，形成校园主要的视廊，视廊视野开阔，主要以图书馆及其周围景观为核心视线交会点（图 4-222）。

(4) 校园更新发展策略

1928 年，台北帝国大学设立，成立文政与理农两学部，是台湾大学的前身。校总区是主要发展基地，历史悠久，是一所治学严谨、敦品励学的综合性大学。另外还有台北水源校区、医学院校区、徐州路校区、新竹竹北分部、云林分部、宜兰校区（图 4-223）。

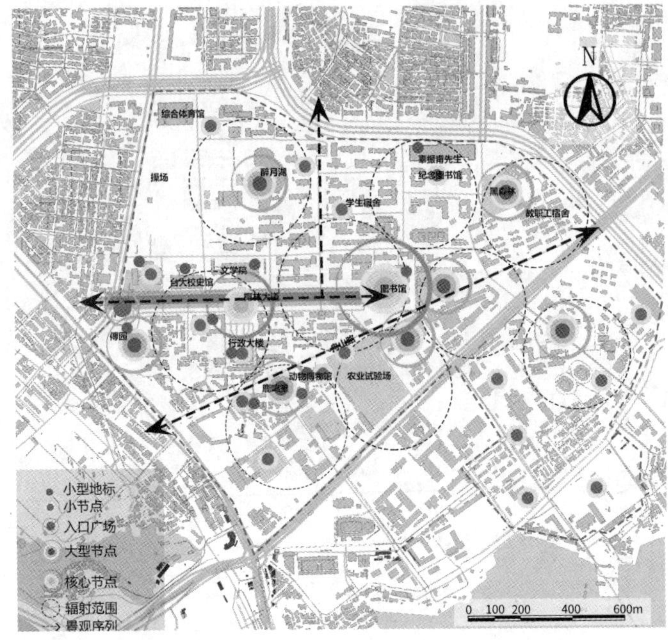

图 4-220 台湾大学校园景观序列（王帆绘）

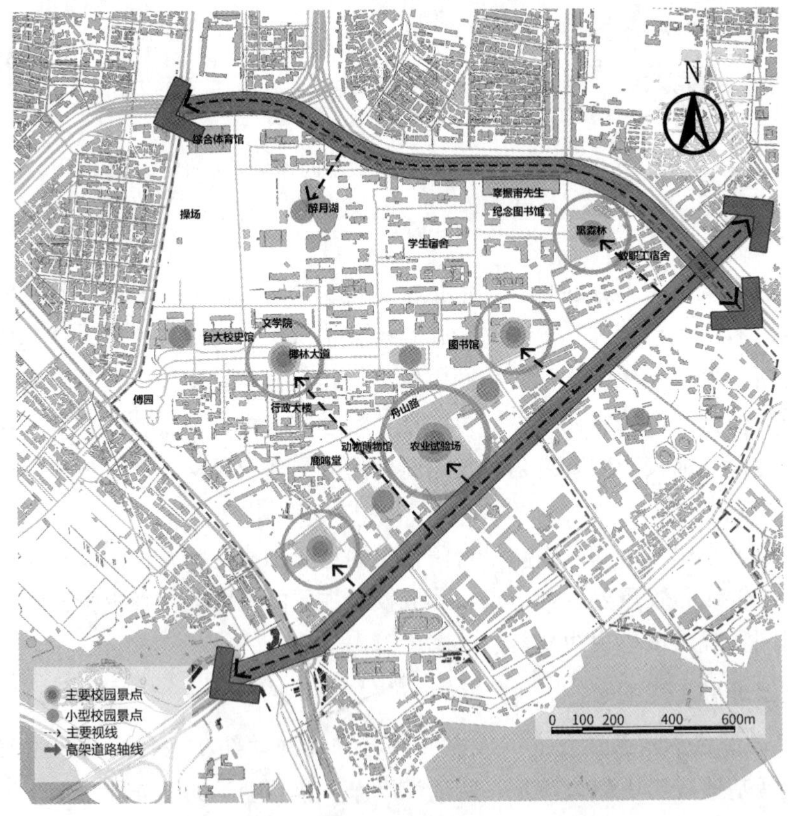

图 4-221 台湾大学区域景观结构（王帆绘）

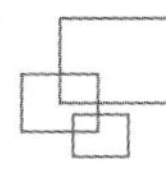

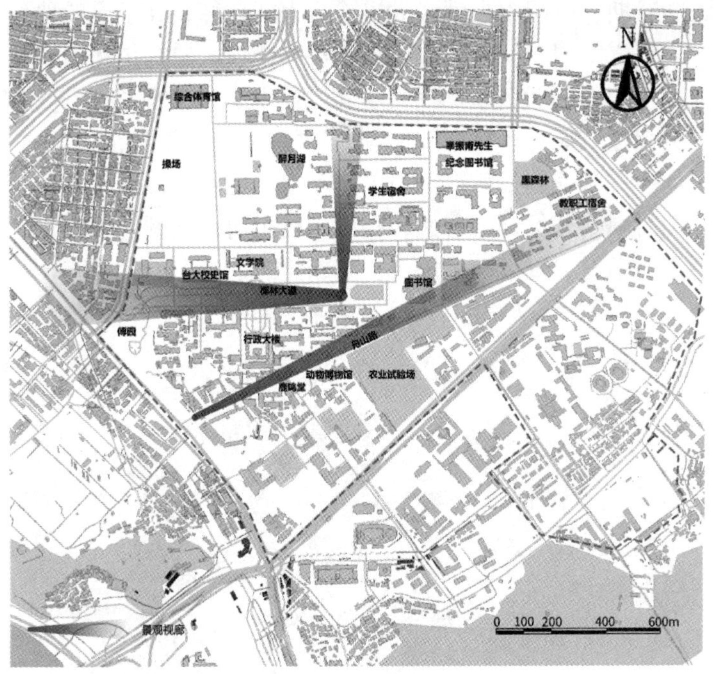

图 4-222　台湾大学校园景观视廊（王帆绘）

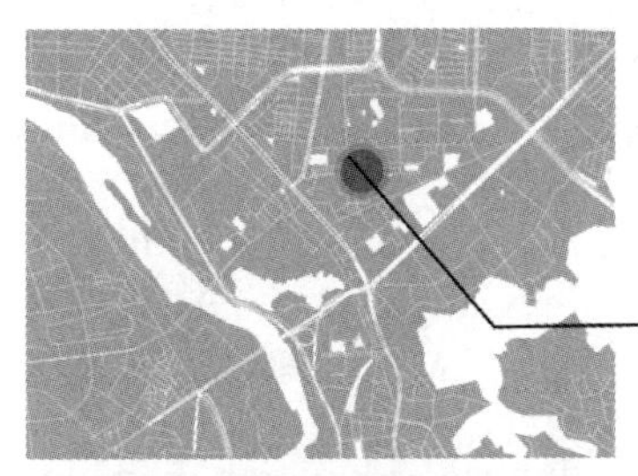

1949年

日据时期成立了台北帝国大学，为台湾大学的前身

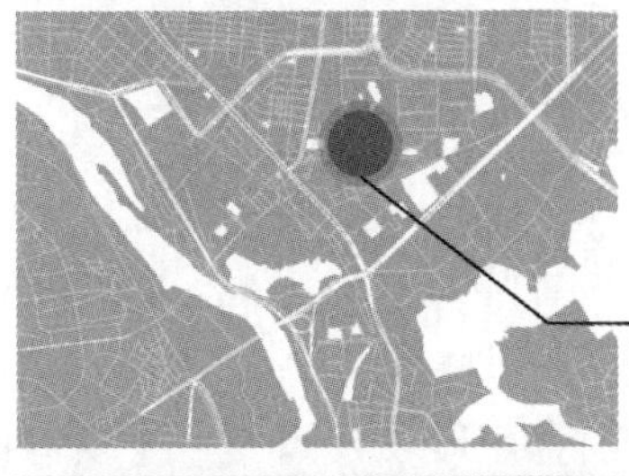

1949年至20世纪80年代

1949年后，台湾大学获得了大量资金支持，傅斯年先生担任台大校长，成为台湾大学历史上一个重要转折点，整个校区向北扩张

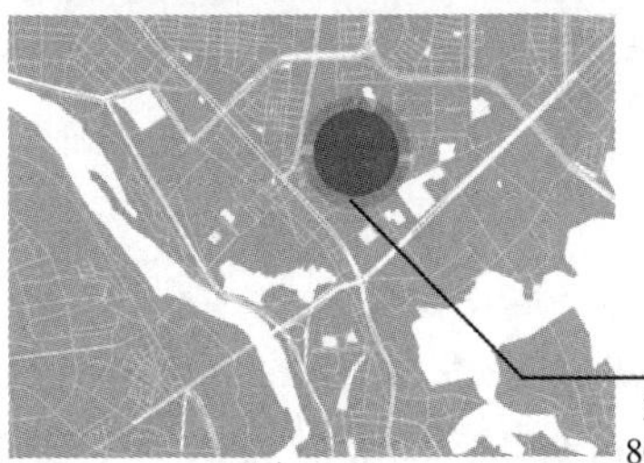

20世纪80年代后

台大规划学习美国俄勒冈大学的校园规划理念及做法，开始走入理性和秩序，近十几年来，校园空间环境品质受到重视，相关校园规划方案与工作组织有了具体初步的成果

图 4-223　台湾大学校园建设历史沿革（王帆绘）

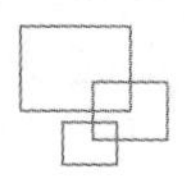

台北帝国大学时期，校园中央轴线大道除了表征台湾最高学府的地位与气势外，以植栽形塑其庄严肃穆之空间气氛。抗战胜利后，整个校区向东扩张，模糊了椰林大道轴线的角色。台大成立“校园设计会”，十分重视校内绿化工作，但没有整体系统规划，新建筑因未延续台大建筑原有风格，致使校内美好环境风貌及品质尽失。20 世纪 80 年代以来，台大成立“校园规划委员会”与工作小组，提出学习美国俄勒冈大学的校园规划理念及做法，此时规划开始走入理性和秩序，校园向东南方向扩张，此时陆续完成的建筑物，包括新总图书馆、管理学院第一、二期建筑、生命科学馆等，均往高层建筑发展（图 4-224）。

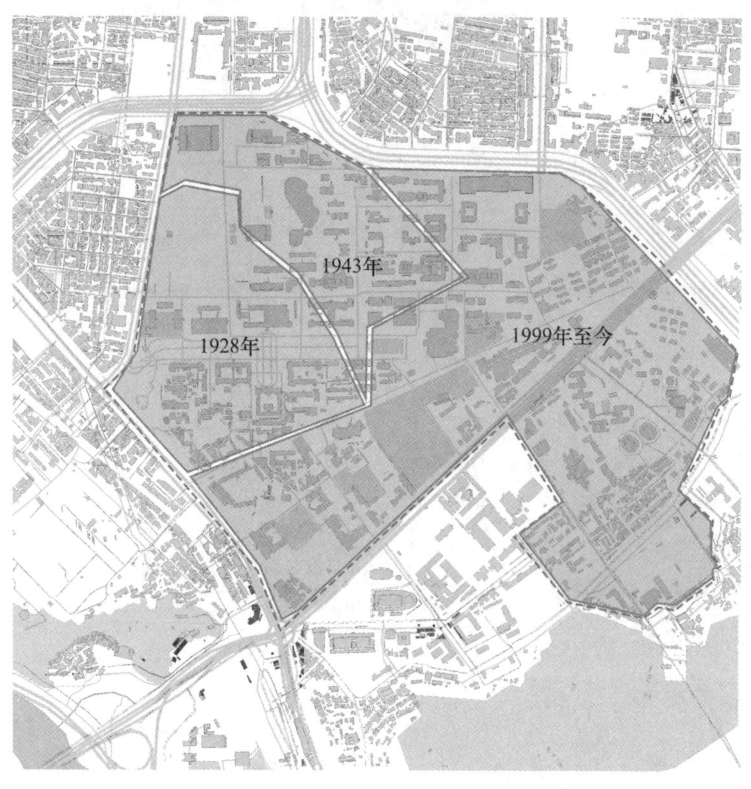

图 4-224　台湾大学更新发展阶段（王帆绘）

台湾大学受地形以及周边环境发展限制，在进行规划时，采用了周围建造高层建筑的想法，闹中取静，高大的绿色乔木与高层建筑围合，形成校园内一个安静的盆地空间。规划设计之初的思想一直影响了后来的台大校园规划。

台湾大学规划实施空间成长管理方案再发展计划，实施分区治理的原则，划分为 9 个功能分区，通过景观道路进行界定划分。这 9 个分区主要为一般发展区、历史建筑景观管制区、宿舍区、生活技能服务区、绿地、广场、运动设施用地、景观大道和农场用地。台湾大学校园空间规划遵循了巴洛克式空间规划布局，校园建筑采用了罗马式建筑风格，将椰林大道作为校园的主轴，重要建筑分布两侧，为校园营造了一种庄严气氛，整个校园有着欧洲大学的缩影。

随着城市的发展，台湾大学校园逐渐成为台北市城区的一部分，日据时期明确的轴

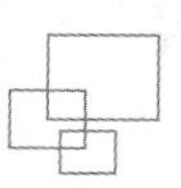

线空间逐渐模糊，仍采用网格状模式作为校园空间结构发展模式，最终形成枝形与网格形组合模式，以椰林大道和舟山路两条轴线作为主要景观序列空间。

台湾大学校园后期缺乏统一规划，虽然校园环境伴随城市发展与扩张，出现众多违章建筑，无序景观，校园边缘开始被不同的机构蚕食，舟山路也成为市民穿越校园的公共道路等情况，但是也让台湾大学逐步形成并体现了都市校园的空间开放性，与周围环境融合，成为台北市城区的一部分，弱化了原校园的严肃气氛，至今有傅钟、傅园等重要的景观节点，以及保留了具有人文情怀的社会科学院大楼、图书馆、博物馆群、校门等重要的建筑，形成了台大独特的景观簇群。

4.3.10　亚洲高校总结

在亚洲范围选取东京（东京大学）、首尔（首尔大学）、新加坡（新加坡国立大学）、北京（北京大学、清华大学、北京林业大学）、天津（天津大学卫津路校区、天津大学北洋区新校区）、长沙（湖南大学）和台北（台湾大学）七个城市共九所学校为样本，均为各自区域内的一流大学，均有历史悠久的校区（图 4-225）。其中东京大学是日本第一所国立综合性大学，也是 1911 年前中国大部分综合大学的建造蓝本。首尔大学也是韩国最早的国立综合大学，在首尔有多个校区，其中主校区（冠岳校区）位于冠岳山山脚。近代以来，我国大学校园建设发展迅速，在国内众多高校校园中，既有历史悠久的校区，如北京大学等，也有新建校区，如天津大学新校区等。

图 4-225　亚洲典型高校分布示意图（王帆绘）

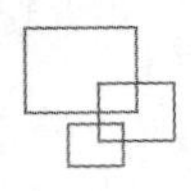

相较于欧洲，亚洲近代城市发展水平落后，直至二战以后，校园规模增大，校园空间变化多元，大学走向复杂化、综合化。19 世纪以来，日本的近代高等教育发展深受欧洲国家影响，尤其是法国和德国大学的影响，最先摆脱了传统书院模式，学习西方校园规划方法。从东京大学的校园形态来看，日本近代校园规划带有明显的西方色彩，其类型摆脱了传统书院模式，仿效欧洲中世纪学院式大学形态，运用当时日本及欧洲较为盛行的“学院派”理念方法，通过多轴线布局，对建筑高度、形体的仔细推敲，设立中央公共空间以及美化校园景观等手法体现整个校园形象。首尔大学则是在 1946 年后才正式发展起来，坐落于冠岳山脚下的校园规划受地形影响，轴线空间模糊，整个校区缺乏系统规划，校园建设难以满足师生需求，正在积极探索校园新的发展模式。

中国近代的社会转型直接影响了中国近现代大学的产生、发展。近代以来，封建统治者或教会组织效仿西方进行大学校园规划，也多聘请外国设计师进行校园设计，西方设计者为了迎合中国人的传统理念，在校园规划中会吸收一些中国的传统思想。1949 年后国内高校林立，中国大学校园完成了从传统校园到新型校园的转化。随着社会的发展，大学校园的规划不断融入城市化建设，结构形态向集约型、节约型、生态型校园空间转变，延续并发展地域的文化特色，开始由大学的快速建设探索，转向大学的可持续建设探索，强调建设的综合效果。

以北京大学为代表的具有悠久历史的校园，从近代以来的传统书院式布局的京师大学堂到如今与古典园林巧妙融合的多轴线穿插布局，既满足了校园发展的建设与需求，又保留了校园浓厚的人文价值。而以天津大学新校区为代表的新时期校园规划建设，则表现出明确的轴线与景观序列。

4.4 研究总结

以上所有案例的校园景观空间模式主要体现为以下四种模式：轴线式、院落式、街区式、自由式。景观依靠建筑围合，紧凑、集中的校园不仅有利于学生方便地使用教学、生活资源，还在一定程度上避免了设施的重复建设。国外诸多院校的景观空间模式正是这种形式的体现：历史发展过程中遗存的古典建筑院落被保留下来，形成片区上的街区式和院落式的校园空间模式。院落与街区式的空间模式，也有利于组织校园的分期建设，为校园的有机、弹性生长创造了条件。

国内的大学校园景观设计多是吸取国外大学的设计思想，并结合国情及各自特点，兼收并蓄，逐步摆脱了古典主义的枷锁，在独立开敞式的基础上，出现了街区式和院落式校园的雏形，如湖南大学等。空间模式大致为：功能分区更加明确；中心教学区集中布局；出现环状交通体系的雏形；对校园的个性特色关注不足，空间层次往往过于均质化。但类似于传统轴线式的校园景观空间模式，多处于校园早期建筑阶段，国外早期的校园建设景观多受到西方古典园林影响，对称分布是主要引导方式，国内如清华大学等在早期建设阶段体现了这一影响。

校园的景观结构多是依托校园主要的空间模式发展的。大多数校园景观结构都是由中轴线模式发展而来，从中心到周围的主次空间关系明显，且都提出了开敞型的空间环

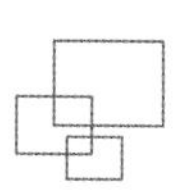

境。中国在引入西方理念的同时，主张建筑与环境的结合而不是将场地围合成一定的院落空间。在一些拥有比较独特的地形或景观条件的中国大学中，池塘、湖泊、茂林、山丘等自然景观往往得到保护和利用，环绕出自然化的园林空间，并用流动的景观带与之联系。

除此之外，由于国外一些国家城市化进程较快，拥有较为规整的交通线路，因而对校园景观的影响也显得均质整齐，例如多伦多大学等。而中国的大学校园由于发展迅速，不断扩建，校园景观形成了一种总体包含多种风格、多个校园中心区的复合性空间，如天津大学、北京大学等。校园景观的更新模式多是采用以下几种方式：轴线式延伸、同心圆式扩张、单元生长、重建新校区。大学校园的整体布局虽然难以更改，但可以通过局部功能的更新来满足新的使用需求。

加强校园自身内部的稳定性，适度打破原有的功能分类，在新的时代背景下，重组和重构部分校园功能是功能转化与整合的有效手段。拆除临建违建，腾退空间，塑造优质、尺度宜人的公共空间，通过规划集中绿地、庭院绿地等绿化类型营造多层次丰富的景观，也可以在一定程度上体现出更新模式的建设成效。

对于校园景观未来的发展和研究展望，高校校园的景观要充分考虑校园可能的发展方向与生态问题，校园景观规划必须科学、合理，并且要为未来的发展留有空间。首先，在科学地分析高校校园景观结构的基础上，体现以人为本，注重景观生态效益的设计理念。其次，要高效、合理地利用有限的校园空间，及体现节约低碳的发展思想。最后，在不破坏高校景观的整体结构和不影响其内部正常运行机制的情况下，使校园面向社会开放，景观融合城市公共空间与绿地体系。

5 校园空间景观实景鉴赏

5.1 北美高校

加州大学伯克利分校

（引自 University of California，Berkeley 校园官网）

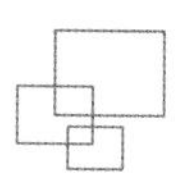

不列颠哥伦比亚大学
（引自 University of British Columbia 校园官网）

斯坦福大学
（李翊摄）

华盛顿大学
（李翊摄）

多伦多大学
（李翊摄）

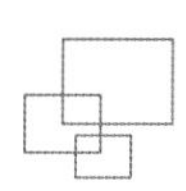

宾夕法尼亚大学

（李翅摄）

麻省理工学院

（李翅摄）

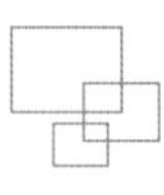

哥伦比亚大学

（王久钰、鲁慧摄）

5.2　欧洲高校

剑桥大学
（李翅摄）

帝国理工大学
（邵筠婷摄）

瑞典皇家理工学院

（刘艳林摄）

荷兰代尔夫特理工大学

（冯一凡摄）

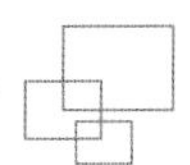

5.3 亚洲高校

新加坡国立大学

（出自 National University of Singapore 校园官网）

首尔大学
（李翅摄）

东京大学
（李翅摄）

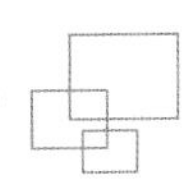

清华大学

（杨若凡摄）

北京大学

（刘钊摄）

天津大学
（魏敏摄）

北京林业大学
（冯一凡摄）

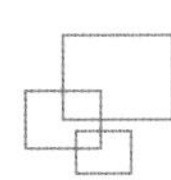

湖南大学

（熊益群摄）

台湾大学

（李翅摄）

参考文献

[1] 蔡凌豪. 大学校园记忆的开放空间建构浅论 [J]. 风景园林，2018，25 (03)：15-24.

[2] 曹伟，常咏梅，朱鹏辉. 玉山淡水 地灵人杰 敦品励学 精进不已——钟灵毓秀宝岛台湾的百年学府台湾大学 [J]. 中外建筑，2019 (07)：10-16.

[3] 曹羽. 基于空间句法的大学校园空间结构研究——以中国科学院大学雁栖湖校区为例 [J]. 建筑技艺，2021，27 (3)：116-117.

[4] 曹悦. 基于环境行为学的大学校园户外空间研究 [D]. 北京：北京林业大学，2010.

[5] 曾繁仁. 西方20世纪环境美学述评 [J]. 社会科学战线，2009 (02)：229-235.

[6] 陈胜. 美丽中国背景下高校绿色校园建设的实践与思考——以中国地质大学（武汉）新校区为例 [J]. 城市建筑，2020，17 (25)：147-149.

[7] 陈雪依，姚亦锋. 基于空间句法的新老校园空间形态差异性研究——以南京大学为例 [J]. 华中建筑，2010，28 (02)：103-106.

[8] 陈纵. "两观三性"视角下的当代大学校园空间更新、改造设计策略研究 [D]. 广东：华南理工大学，2020.

[9] 戴俊骋. 大学校园意象空间研究——以中国地质大学（武汉）校园为例 [J]. 世界地理研究，2009，18 (04)：141-150.

[10] 丹尼斯·派普斯，罗米尔·谢思，张韬，等. 反思校园的未来 [J]. 时代建筑，2021 (02)：22-29.

[11] 冯刚. 大学与城市的和谐共生——论组团式开放大学校园规划设计 [J]. 新建筑，2009，126 (5)：4-9.

[12] 甘草，孙沛. 基于锚点理论的校园路网形态对空间认知的影响研究——以北京大学和清华大学为例 [J]. 西部人居环境学刊，2020，35 (04)：88-96.

[13] 海佳. 基于共生思想的可持续校园规划策略研究 [D]. 广东：华南理工大学，2011.

[14] 韩宇翃，高世敏，齐羚，等. 可持续理念下的交互景观设计策略与方法研究 [J]. 中国园林，2020，36 (12)：47-51.

[15] 何镜堂. 基于"两观三性"的建筑创作理论与实践 [J]. 华南理工大学学报（自然科学版），2012，40 (10)：12-19.

[16] 胡锦洲. 校园空间开放式改造途径研究——以华中科技大学为例 [D]. 湖北：华中科技大学，2018.

[17] 胡楠，王宇泓，李雄. 绿色校园视角下的校园绿地建设——以北京林业大学为例 [J]. 风景园林，2018，25 (03)：25-31.

[18] 江立敏，潘朝辉，王涤非. 何为世界一流大学——基于校园规划与设计视角的思考 [J]. 当代

建筑，2020，7（7）：14-18.

［19］江立敏，潘朝辉，张佳，等．大学校园空间进化的四个维度面向未来的整体观建构［J］．时代建筑，2021（02）：6-14.

［20］库帕，盖里．场景再造——哈佛大学新校区的规划［J］．建筑与文化，2007（5）：63-65.

［21］林宪德．绿建筑解说评估手册［R］．“内政部”建筑研究所．台北．2007.

［22］刘华东，滕华忠，刘新田，等．美国高校的校园规划建设与后勤管理拾掇［J］．中国高等教育，2014（21）：61-63.

［23］刘佳．美国华盛顿大学校园空间意向解析［J］．创意与设计，2020（02）：81-88.

［24］刘建现．基于文脉思想的美国高校校园景观文化研究［D］．重庆：重庆大学，2012.

［25］刘建新，高岚．简述环境心理学的形成与发展［J］．学术研究，2005（11）：9-12.

［26］刘世弘，包铁竹，倪晓军．清华大学校园发展回顾及启示［J］．清华大学教育研究，2005（S1）：98-102＋108.

［27］刘玉杰．现代景观规划设计诠释——由西蒙兹的《景观设计学》谈起［J］．中国园林，2002（01）：19-22.

［28］卢倚天．基于规划文件分析的当代美国大学校园动态更新规划设计方法初探［D］．广东：华南理工大学，2016.

［29］吕锐，刘文野．大学校园景观规划设计综述［J］．芜湖职业技术学院学报，2016，18（2）：84-87.

［30］彭琼莉．宾夕法尼亚大学校园发展规划，宾夕法尼亚州，美国［J］．世界建筑，2003（03）：69-71.

［31］齐晓晨．基于融合理念的高校校园原地扩建整合规划研究［D］．黑龙江：哈尔滨工业大学，2013.

［32］郄海霞，郑宜坤．世界一流大学战略规划特征与制定逻辑——基于牛津大学和帝国理工学院规划文本的分析［J］．天津大学学报（社会科学版），2021，23（05）：395-402.

［33］秦耀辰，荣培君，杨群涛，等．城市化对碳排放影响研究进展［J］．地理科学进展，2014，33（11）：1526-1534.

［34］屈张．美国大学校园规划设计漫谈：以加州大学伯克利分校和哈佛大学为例［J］．住区，2017，080（4）：126-131.

［35］全德生．天津大学——北洋大学校园规划建设过程研究（1895—2015）［D］．天津：天津大学，2016.

［36］申晨．清华大学校园开敞空间特征及类型初步研究［J］．南方建筑，2013（04）：43-46.

［37］沈祖光，刘文．新形势下大学校园规划的空间模式研究［J］．城市，2011（04）：61-65.

［38］史建成．北美环境美学的起源与启示［J］．旅游学刊，2019，34（12）：98-108.

［39］孙苏晶．基于碳氧平衡模型的中环院校园低碳优化策略研究［D］．黑龙江：哈尔滨工业大学，2013.

［40］索凯峰，喻頔，陈杰．校城融合背景下城市型大学服务经济社会发展路径选择——以江汉大学为例［J］．湖北经济学院学报（人文社会科学版），2019，16（08）：133-135.

［41］谭海霞．开放式高校边界空间活力营造［D］．湖南：湖南大学，2017.

［42］唐晓岚，杜瑶，许丰思．叙事景观：关于校园景观设计的后现代风格探讨［J］．华中科技大学学报（城市科学版），2009，26（03）：41-45.

［43］涂慧君，任君炜．大学功能、社会期许与个性发展——西方大学校园规划模式的类型演变［J］．新建筑，2009，126（5）：24-31.

［44］涂俊．绿色大学管理模式与运行机制研究［D］．天津：天津大学，2015.

［45］王灿．碳中和愿景下的低碳转型之路［J］．中国环境管理，2021，13（01）：13-15.

[46] 王苍龙，王泽宇. 剑桥大学鼓励创新，推动国际化 [J]. 上海教育，2016 (08)：12-13.
[47] 王建国. 从城市设计角度看大学校园规划 [J]. 城市规划，2002 (05)：29-32.
[48] 王彦. 日常生活维度：英国1960年代“新大学”校园规划研究 [D]. 北京：清华大学，2018.
[49] 吴正旺. 景观生态学在大学校园规划中的应用 [J]. 华中建筑，2008，26 (11)：104-110.
[50] 吴志强，汪滋淞，王清勤，等. 国家标准《绿色校园评价标准》编制情况介绍 [J]. 工程建设标准化，2016 (09)：43-46.
[51] 夏铸九. 台湾大学与台北城市关系演进研究 [J]. 城市与区域规划研究，2013，6 (02)：27-37.
[52] 肖笃宁，李秀珍. 当代景观生态学的进展和展望 [J]. 地理科学，1997 (04)：69-77.
[53] 新时代高校优秀校园规划图集（上）北京大学燕园校区总体规划（2016—2030）P001-P006.
[54] 徐浚宜，王伯伟. 基于空间句法分析的芝加哥大学校园深层结构研究 [J]. 华中建筑，2010，28 (10)：137-139.
[55] 杨琳琳，林坚，楚建群. 国内外大学校园用地布局与结构比较研究 [J]. 现代城市研究，2014 (5)：32-38.
[56] 杨一美，罗学农. 依山傍水，创造校园新环境——湖南大学南校区总体规划设计 [J]. 南方建筑，2001 (01)：31-34.
[57] 杨玉桢，尹汝海，史宝娟. 校城融合促进区域经济的路径 [N]. 中国县域经济报，2019-12-02 (008).
[58] 余菲菲，李桂媛. 基于场所精神的大学校园景观空间探讨 [J]. 规划师，2010，26 (12)：97-101.
[59] 袁朝晖，胡飞，王霞. 历时性与共时性——以湖南大学校园空间演变为例 [J]. 华中建筑，2020，38 (7)：69-72.
[60] 张建召，徐建刚，胡畔. 城市中心区的大学文化特色空间整体性研究——基于南京实证区的空间定量分析 [J]. 城市发展研究，2009，16 (11)：71-77.
[61] 张健. 欧美大学校园规划历程初探 [D]. 重庆：重庆大学，2004.
[62] 张杰. 高校老校区记忆与遗存在新校区中的传承规划设计研究 [D]. 天津：南开大学，2015.
[63] 张津奕，张建. 新型大学校园空间形态规划研究 [J]. 城市规划，2009，33 (S1)：62-65.
[64] 张明莹. 论校园景观改造设计的叙事性研究 [D]. 北京：北京林业大学，2016.
[65] 张同文，楚新正. 高校校园景观结构分析及校园规划的初步研究 [J]. 新疆师范大学学报（自然科学版），2006 (03)：201-205.
[66] 张霞，钱佳欢. 基于OD和行为分析的高校边界开放策略研究——以武汉大学为例 [J]. 新建筑，2020，193 (6)：37-41.
[67] 张旭红. 东京大学本乡校园的成长和再开发 [J]. 世界建筑，2006 (03)：129-134.
[68] 张洋，李长霖，吴菲. 数字化技术驱动下的交互景观实践与未来趋势 [J]. 风景园林，2021，28 (04)：99-104.
[69] 章健玲. 英属哥伦比亚大学校园公共区改造 [J]. 风景园林，2015 (07)：82-95.
[70] 周安伟，黄红武. 传承文脉强化特色——谈千年学府湖南大学校园规划 [J]. 南方建筑，2003 (04)：20-23.
[71] 周娅娜，王旭峰. 绿色校园实践模型探析：以耶鲁大学为例 [J]. 住区，2019 (05)：153-159.
[72] 周雨萍，廖建军. 基于空间句法理论的大学校园交通空间分析研究——以南华大学红湘校区为例 [J]. 中外建筑，2020，236 (12)：87-89.
[73] 邹靖宇. 基于空间句法的浙江大学紫金港校区户外空间组构研究 [D]. 浙江：浙江大学，2016.
[74] 邹萍秀，曹磊，王焱，等. 海绵城市理念在校园风景园林规划设计中的应用——以天津大学北洋园校区为例 [J]. 中国园林，2019，35 (08)：72-76.

[75] Ahmed M. S. Mohammed, Tetsuya Ukai. Michael Hall, Towards a sustainable campus-city relationship: A systematic review of the literature, Regional Sustainability, Volume 3, Issue 1, 2022, Pages 53-67, ISSN 2666-660X.

[76] B. Jacobs, N. Mikhailovich, C. Moy. Benchmarking Australia's Urban Tree Canopy: an i-Tree Assessment, Final Report Institute for Sustainable Futures, University of Technology Sydney, Sydney (2014), pp. 1-47.

[77] Chen Chen, Frank Vanclay, Yufang Zhang. The social impacts of a stop-start transnational university campus: How the impact history and changing plans of projects affect local communities, Environmental Impact Assessment Review, Volume 77, 2019, Pages 105-113, ISSN 0195-9255.

[78] L. Gratani, L. Varone, A. Bonito. Carbon sequestration of four urban parks in Rome Urban for Urban Gree., 19 (2016), pp. 184-193, 10. 1016/j. ufug. 2016. 07. 007.

[79] L. F. Weissert, J. A. Salmond, L. Schwendenmann. Photosynthetic CO_2 uptake and carbon sequestration potential of deciduous and evergreen tree species in an urban environment Urban Ecosyst, 20 (3) (2017), pp. 663-674.

[80] Matthew G. E. Mitchell, Kasper Johansen, Martine Maron, Clive A. McAlpine, Dan Wu, Jonathan R. Rhodes. Identification of fine scale and landscape scale drivers of urban aboveground carbon stocks using high-resolution modeling and mapping, Science of The Total Environment, Volumes 622-623, 2018, 57-70.

[81] Michael Charles, Vivek Vattyam, Bhavik R. Bakshi. Designing Climate Action and Regulations for sustainaBility (DCARB): Framework and campus application, Journal of Cleaner Production, Volume 356, 2022, 131690, ISSN 0959-6526.

[82] Mohamed S. Abdelaal, Biophilic campus: An emerging planning approach for a sustainable innovation-conducive university, Journal of Cleaner Production, Volume 215, 2019, Pages 1445-1456, ISSN 0959-6526.

[83] N. Grulke, C. Bienz, K. Hrinkevich, J. Maxfield, K. Uyeda. Quantitative and qualitative approaches to assess tree vigor and stand health in dry pine forests Forest Ecol. Manag, 465 (2020), Article 118085.

[84] Trinity Gomez, Victoria Derr. Landscapes as living laboratories for sustainable campus planning and stewardship: A scoping review of approaches and practices, Landscape and Urban Planning, Volume 216, 2021, 104259, ISSN 0169-2046.

[85] Yanan Wang, Qing Chang, Xinyu Li. Promoting sustainable carbon sequestration of plants in urban greenspace by planting design: A case study in parks of Beijing, Urban Forestry & Urban Greening, Volume 64, 2021, 127291.